U0678994

毛衣编织新动态1200

洋 洋 选编

辽宁科学技术出版社
·沈阳·

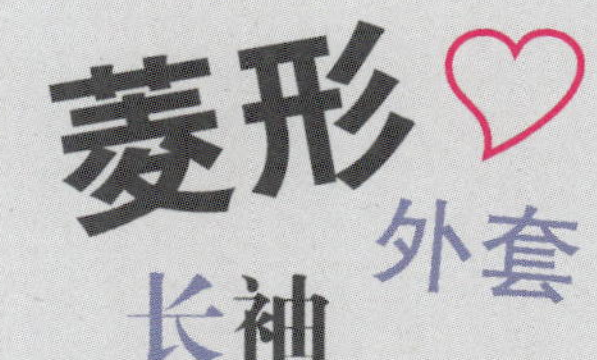

菱形外套 长袖

整件衣服由一个个菱形图案组成，醒目的花形，给人俏皮可爱的感觉。

※搭配指数：★★★★
这款衣服适合与各种裤型搭配。
※适合人群：
各年龄层次的女士。
※适合体型：
高挑体型，微胖体型， 苗条体型。
※适合肤色：
各种肤色。

01

精致带帽长外套

衣袖上那一层精细的花纹，上半身和下半身不一样的花纹，还有帽子上的小球球，衣服上每一处都是亮点。

※搭配指数：★★★★★

搭配修身的裤子是不错的选择。

※适合人群：

各年龄层次的女士。

※适合体型：

高挑体型，苗条体型。

※适合肤色：

各种肤色。

02

03

个性长袖外套

具有独特个性的花纹，穿在身上显得落落大方。

※搭配指数：★★★★★
百搭型的款式。
※适合人群：
各年龄层次的女士。
※适合体型：
高挑体型，微胖体型，苗条体型。
※适合肤色：
各种肤色。

麻花形长袖长外套

明显的麻花形袖套，整件衣服的花样互相对称，由多种花样组合而成，给人精致的感觉。

※搭配指数：★★★★
百搭的款式，与任何版型的裤子都能进行组合。
※适合人群：
各年龄层次的女士。
※适合体型：
高挑体型，微胖体型，苗条体型。
※适合肤色：
各种肤色。

04

粉红甜美的颜色，细致而对称的花纹，穿上它，你就是典雅高贵的淑女。

※搭配指数：★★★

搭配休闲风格的牛仔裤能恰当地挡住腰部的赘肉，显得典雅大方。

※适合人群：

各年龄层次的女士。

※适合体型：

高挑体型，微胖体型， 苗条体型。

※适合肤色：

各种肤色。

粉红♡文雅淑女装

05

性感温柔可人装

别致的小花儿，一朵朵组合成一件性感的外套，让众人着迷。

※搭配指数：★★★★★
搭配能起到修身效果的裤裙。
※适合人群：
各年龄层次的女士。
※适合体型：
高挑体型，苗条体型。
※适合肤色：
各种肤色。

06

编织 简洁大披肩

07

简洁的编织，很轻松就能学会，穿上它又非常的时尚，何乐而不为呢！

※搭配指数：★★★★

忌搭配与它同样下摆的裤裙。

※适合人群：

各年龄层次的女士。

※适合体型：

微胖体型，苗条体型。

※适合肤色：

各种肤色。

纯黑长袖小外套

V形的花样，彰显性感，再加上纯黑色，增加了神秘感。

※搭配指数：★★★★
搭配修身的裤裙均可。
※适合人群：
各年龄层次的女士。
※适合体型：
微胖体型，苗条体型。
※适合肤色：
各种肤色。

08

大翻领长装时尚

09

大大的翻领成为整件衣服的亮点，整件衣服给人的感觉是简洁却不单调。

※搭配指数：★★★★★

搭配修身的裤子，忌搭配宽松肥大的裤子。

※适合人群：

各年龄层次的女士。

※适合体型：

高挑体型，微胖体型，苗条体型。

※适合肤色：

各种肤色。

韩版阔袖长装

宽松的衣服，宽松的袖套，让我们舒适地过好每一天。

※搭配指数：★★★★★

搭配修身的裤子，吸引的目光一定不少。

※适合人群：

各年龄层次的女士。

※适合体型：

高挑体型，微胖体型，苗条体型。

※适合肤色：

白皙肤色。

10

可爱 V领 长袖装

公主裙式的下摆显得非常可爱，V领又充满了诱惑的美丽。

※搭配指数：★★★★★
可爱的造型可以搭配修身的牛仔裤。
※适合人群：
各年龄层次的女士。
※适合体型：
高挑体型，苗条体型。
※适合肤色：
各种肤色。

11

粉红宽松休闲装

粉红甜美的颜色，细致而简洁的花纹，穿上它，你就是带有运动气息的淑女。

※搭配指数：★★★★★

搭配休闲风格的牛仔裤，不但能恰当地挡住腰部的赘肉，还显得典雅大方。

※适合人群：

各年龄层次的女士。

※适合体型：

高挑体型，微胖体型。

※适合肤色：

各种肤色。

12

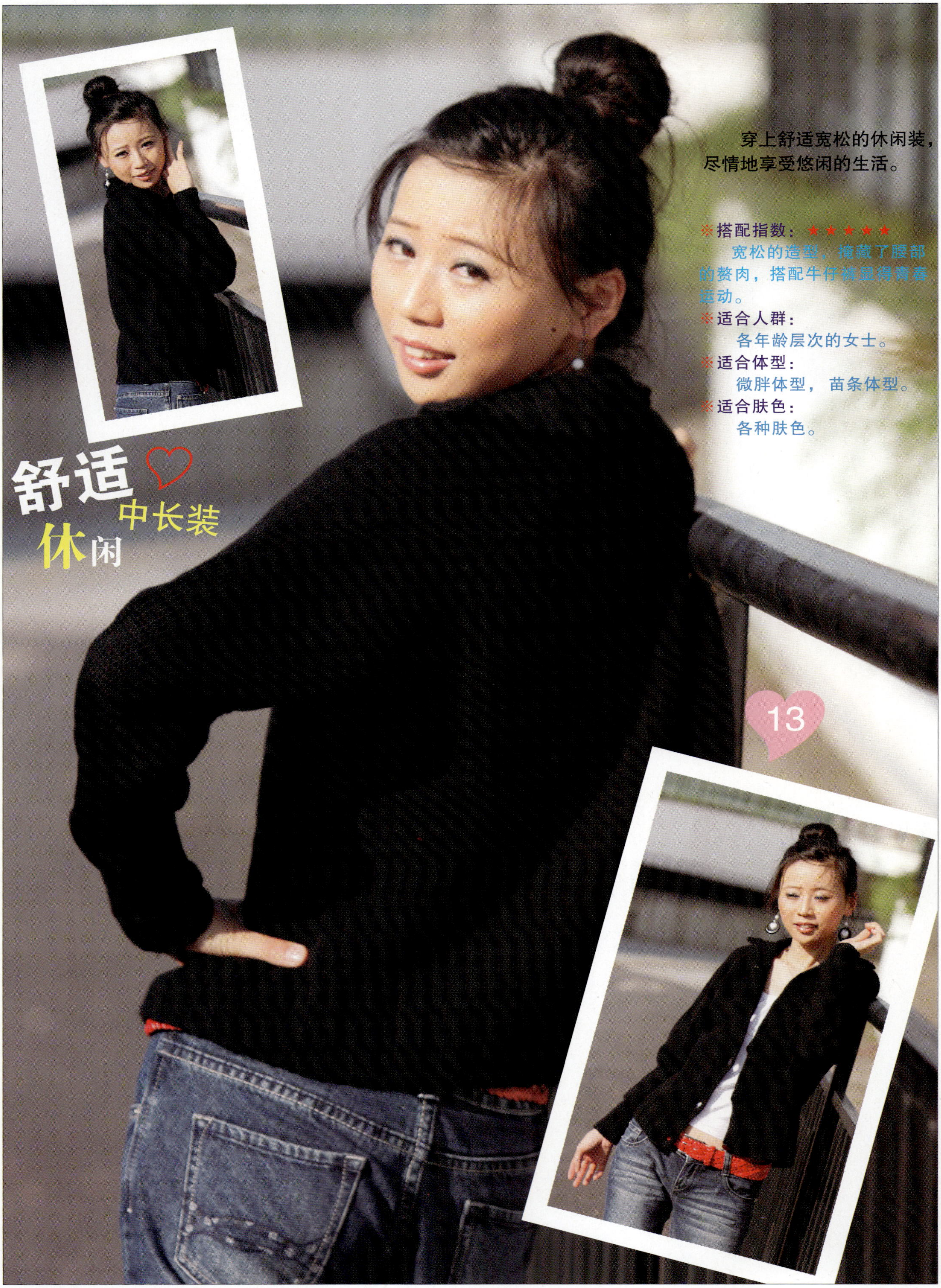

舒适休闲中长装

穿上舒适宽松的休闲装，尽情地享受悠闲的生活。

※搭配指数：★★★★★
宽松的造型，掩藏了腰部的赘肉，搭配牛仔裤显得青春运动。
※适合人群：
各年龄层次的女士。
※适合体型：
微胖体型，苗条体型。
※适合肤色：
各种肤色。

13

纯白♡长外套 休闲

整件衣服为纯白色，这个颜色给人一种亲切、清爽的感觉，显得青春时尚，生机勃勃。

※搭配指数：★★★★★
搭配清爽无太多修饰的裤子即可。

※适合人群：
各年龄层次的女士。

※适合体型：
高挑体型，微胖体型， 苗条体型。

※适合肤色：
各种肤色。

14

高贵 长外套 个性

长长的大衣，给人一种高贵的感觉，却又很休闲，不知不觉中锁定众人目光。

※搭配指数：★★★★

搭配简洁的裤裙是不错的选择。

※适合人群：

各年龄层次的女士。

※适合体型：

高挑体型，苗条体型。

※适合肤色：

白皙肤色。

15

可爱
外套
休闲
16
衣服上可爱的装饰，给整件衣服带了亮点。
※搭配指数：★★★
百搭型衣服，与任何类型裤子搭配效果都不错。
※适合人群：
各年龄层次的女士。
※适合体型：
微胖体型，苗条体型。
※适合肤色：
各种肤色。

时尚
披肩
简洁
此款披肩虽然图案简洁，
但却能彰显出自己的个性，
也是非常吸引人眼球的。
※搭配指数：★★★★
搭配休闲的牛仔裤，显得与众不同。
※适合人群：
各年龄层次的女士。
※适合体型：
高挑体型，微胖体型，苗条体型。
※适合肤色：
各种肤色。
17

18

扭花宽松开衫

衣服两侧对称的麻花图案，还有那一串串的葡萄，使衣服显得美丽、精致。

※搭配指数：★★★

宽松的造型，把赘肉隐藏得完美无瑕。搭配休闲的裤子就行。

※适合人群：

中年女士。

※适合体型：

高挑体型，微胖体型。

※适合肤色：

各种肤色。

清新小外套 大翻领

收腰型的小外套，更能把身材完美地展现出来。还有那有层次感的领部设计，给这件衣服增添了亮点。

※搭配指数：★★★★★

搭配牛仔裤显得高挑干练，端庄大方。

※适合人群：

各年龄层次的女士。

※适合体型：

高挑体型，苗条体型。

※适合肤色：

各种肤色。

19

六瓣花式小外套

胸前和两袖上各有一个独特的大花吸引人的眼球，宽松的造型，点缀着女性的美丽。

※搭配指数：★★★★★

搭配修身的裤子，能体现出美丽的身材。

※适合人群：

各年龄层次的女士。

※适合体型：

高挑体型，微胖体型，苗条体型。

※适合肤色：

各种肤色。

20

简洁长外套
带帽
此款衣服的样式落落大方，虽然编织很简洁，但却能吸引很多眼球。
※搭配指数：★★★★
搭配修身的牛仔裤是不错的选择。
※适合人群：
各年龄层次的女士。
※适合体型：
高挑体型，微胖体型，苗条体型。
※适合肤色：
各种肤色。
21

舒适
中长装
休闲系
穿上舒适的休闲装，尽情地享受悠闲时光。
※搭配指数：★★★★
超大宽松的造型，完全掩藏了腰部的赘肉，搭配牛仔裤显得青春活力。
※适合人群：
各年龄层次的女士。
※适合体型：
微胖体型，苗条体型。
※适合肤色：
各种肤色。
22

宽松V领外套

宽松的款式能很好地隐藏腰部的赘肉，把身体完美的一面展现出来。

※搭配指数：★★★

搭配牛仔裤显得青春运动，活力四射。

※适合人群：

各年龄层次的女士。

※适合体型：

高挑体型，微胖体型，苗条体型。

※适合肤色：

各种肤色。

23

纯白带帽小外套

清爽的白色，款式新颖别致，彰显出优雅气质与卓越品位。

※搭配指数：★★★★
搭配修身的各种款式的裤子都是不错的选择。

※适合人群：
各年龄层次的女士。

※适合体型：
高挑体型，微胖体型， 苗条体型。

※适合肤色：
各种肤色。

24

活泼 大翻领开衫

整件衣服为粉红色的宽松板型，大大的翻领，个性的衣袖。

※搭配指数：★★★★★

搭配休闲的牛仔裤，显得动感十足。

※适合人群：

中青年女士。

※适合体型：

高挑体型，苗条体型。

※适合肤色：

各种肤色。

25

带帽长袖大外套
简洁的编织，美丽的腰带，加上时尚的帽子，穿在身上魅力十足。
※搭配指数：★★★★
搭配各种款式的裤子均可。
※适合人群：
各年龄层次的女士。
※适合体型：
高挑体型，微胖体型，苗条体型。
※适合肤色：
各种肤色。
26

时尚个性小外套

全身菱形的花样给这件衣服带来了亮点，增添了不少可爱的气息。

※搭配指数：★★★★

搭配修身的裤子，能显示出完美的身材。

※适合人群：

各年龄层次的女士。

※适合体型：

高挑体型，苗条体型。

※适合肤色：

各种肤色。

27

性感的领边、腰边、袖边，特别引人注目。

※搭配指数：★★★★★

搭配修身的裤子是非常不错的选择，里面不能搭配与它有同样下摆的衣服。

※适合人群：

各年龄层次的女士。

※适合体型：

微胖体型， 苗条体型。

※适合肤色：

白皙肤色。

28

29

贵气套头收腰

每天的工作生活都要用美好心情去迎接。穿上这款衣服，会给自己一个美好的心情。

※搭配指数：★★★

搭配青春活力的牛仔裤，显得动感十足。

※适合人群：

各年龄层次的女士。

※适合体型：

高挑体型，苗条体型。

※适合肤色：

各种肤色。

个性 无袖小背心

大翻领的造型，虽然编织针法单一，却因领的造型独特而显得这件衣服特别有个性。

※搭配指数：★★★

搭配修身的裤子即可。

※适合人群：

各年龄层次的女士。

※适合体型：

高挑体型，微胖体型。

※适合肤色：

白皙肤色。

30

休闲舒适中长装

穿上舒适宽松的休闲装，完全掩藏住腰部的赘肉。

※搭配指数：★★★

搭配休闲的裤子，显得青春运动，活力四射。

※适合人群：

各年龄层次的女士。

※适合体型：

高挑体型，微胖体型。

※适合肤色：

各种肤色。

31

个性 ♡ 成熟 大翻领装

大大的翻领，成熟的颜色正是女人魅力的具体表现。

※搭配指数：★★★★★

这是一款适合成熟女人的大翻领外套，适合搭配成熟的裤子。

※适合人群：

中青年女士。

※适合体型：

高挑体型，微胖体型， 苗条体型。

※适合肤色：

白皙肤色。

32

※搭配指数：★★★★★

穿上宽松的衣服，眼神都透露着光芒。

※适合人群：

青年女士。

※适合体型：

高挑体型，微胖体型。

※适合肤色：

各种肤色。

轻松♡闲适套头衫

宽松让人放松，心情自然也舒畅，美丽和自信便伴随前行。

33

毛衣编织新动态1200

粉色♡休闲套头衫

穿上这件粉色的衣服，来到郊外照几张照片，留下美好的回忆。

※搭配指数：★★★★

衣服具有淡淡的粉色，可能搭配任意一款休闲裤或休闲裙。

※适合人群：

中青年女士。

※适合体型：

高挑体型，微胖体型。

※适合肤色：

各种肤色。

34

035

气派方格长袖装

这件衣服在设计上采用了夸张的设计风格，大气之风加以色彩的点缀，便完美呈现了如今的气派。

※搭配指数：★★★★★

搭配大气宽松的休闲裤。

※适合人群：

中年女士。

※适合体型：

高挑体型，微胖体型。

※适合肤色：

各种肤色。

35

颜色鲜明的无袖装，对称的图案，这件衣服穿在身上一定能吸引不少目光。
※搭配指数：★★★★
色彩艳丽，做工细腻，无袖自在，可与任意款型的裤子搭配。
※适合人群：
中年女士。
※适合体型：
高挑体型，微胖体型，苗条体型。
※适合肤色：
各种肤色。
炫色♡无袖装
花纹
36

37

典雅贵气开衫

别致的花纹图案，串联了整件毛衣，小巧的扣子，显得贵气十足。

※搭配指数：★★★

如此贵气的衣服适合搭配质量上乘的裤子穿着。

※适合人群：

中年以上的女士。

※适合体型：

高挑体型， 苗条体型。

※适合肤色：

各种肤色。

纯色披肩炫丽

纯黑色的披肩，给人以优雅的感觉，豪无保留的体现出了女人味。

※搭配指数：★★★★★
搭配修身的裤子即可。
※适合人群：
中青年女士。
※适合体型：
高挑体型，微胖体型， 苗条体型。
※适合肤色：
各种肤色。

38

贵气套头圆领装

这件套头圆领装穿在身上带有贵气的气息存在。

※搭配指数：★★★★★
搭配紧身牛仔裤是最佳的选择。

※适合人群：
中年女士。

※适合体型：
高挑体型，微胖体型， 苗条体型。

※适合肤色：
各种肤色。

39

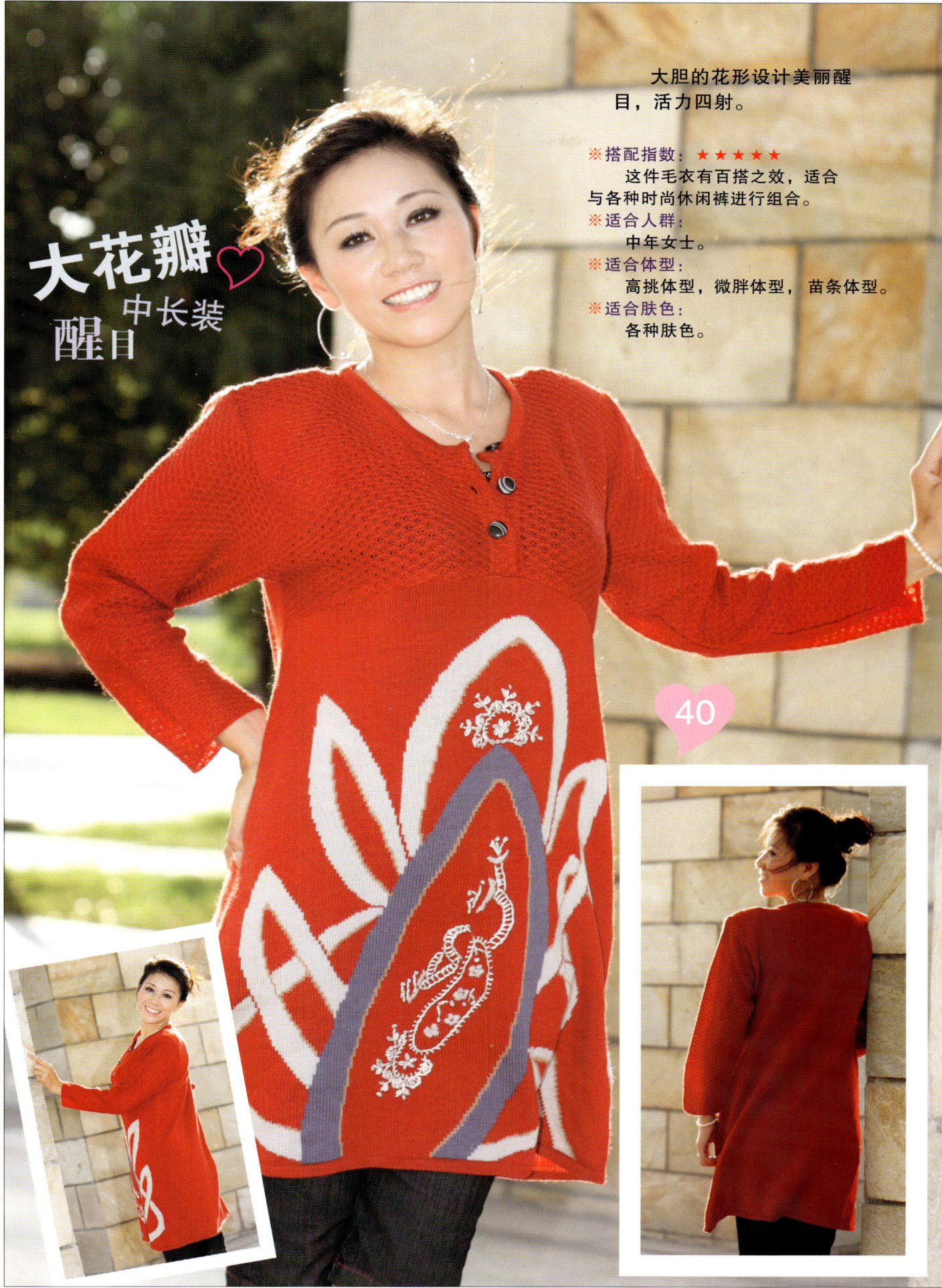

大花瓣 中长装 醒目

大胆的花形设计美丽醒目，活力四射。

※搭配指数：★★★★★

这件毛衣有百搭之效，适合与各种时尚休闲裤进行组合。

※适合人群：

中年女士。

※适合体型：

高挑体型，微胖体型， 苗条体型。

※适合肤色：

各种肤色。

40

单纯的黑色，靓丽的白色，这样的搭配给人清新的感觉。甜蜜的笑容，会在这衣服的陪衬下灿烂绽放。收拾好心情，周末出去兜风吧。

※搭配指数：★★★★

黑白分明的毛衣，还镶嵌着许多花纹、花边，勾勒出一个完美的形象。时尚休闲长裤或牛仔短裤都是较好的搭配选择。

※适合人群：

中年女士。

※适合体型：

高挑体型，微胖体型， 苗条体型。

※适合肤色：

各种肤色。

41

炫色♡洒脱套头衫

时尚丽人 中袖衫

淡淡的粉色，细腻的钩针小洞，暗暗地透露着性感与美丽的诱惑。

※搭配指数：★★★★★

一条修身丽人裤，这样的搭配绝对是极品。

※适合人群：

各年龄层次的女士。

※适合体型：

高挑体型，苗条体型。

※适合肤色：

各种肤色。

42

淘气 长袖装 圆领

43

色彩与花样的艳丽组合，魅力无限。美丽的图案无疑为这件毛衣锦上添花。

※搭配指数：★★★★★
与休闲裤搭配最佳。
※适合人群：
各年龄层次的女士。
※适合体型：
高挑体型，苗条体型。
※适合肤色：
各种肤色。

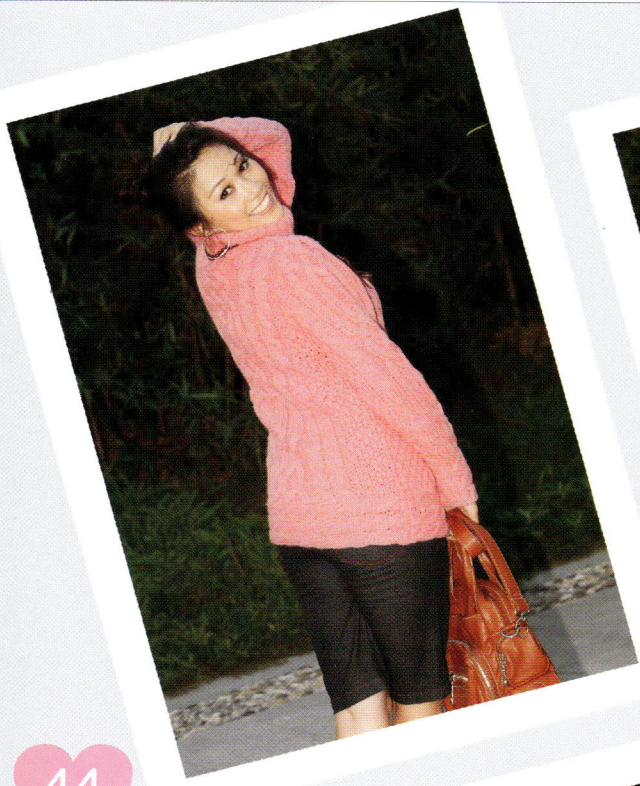

44

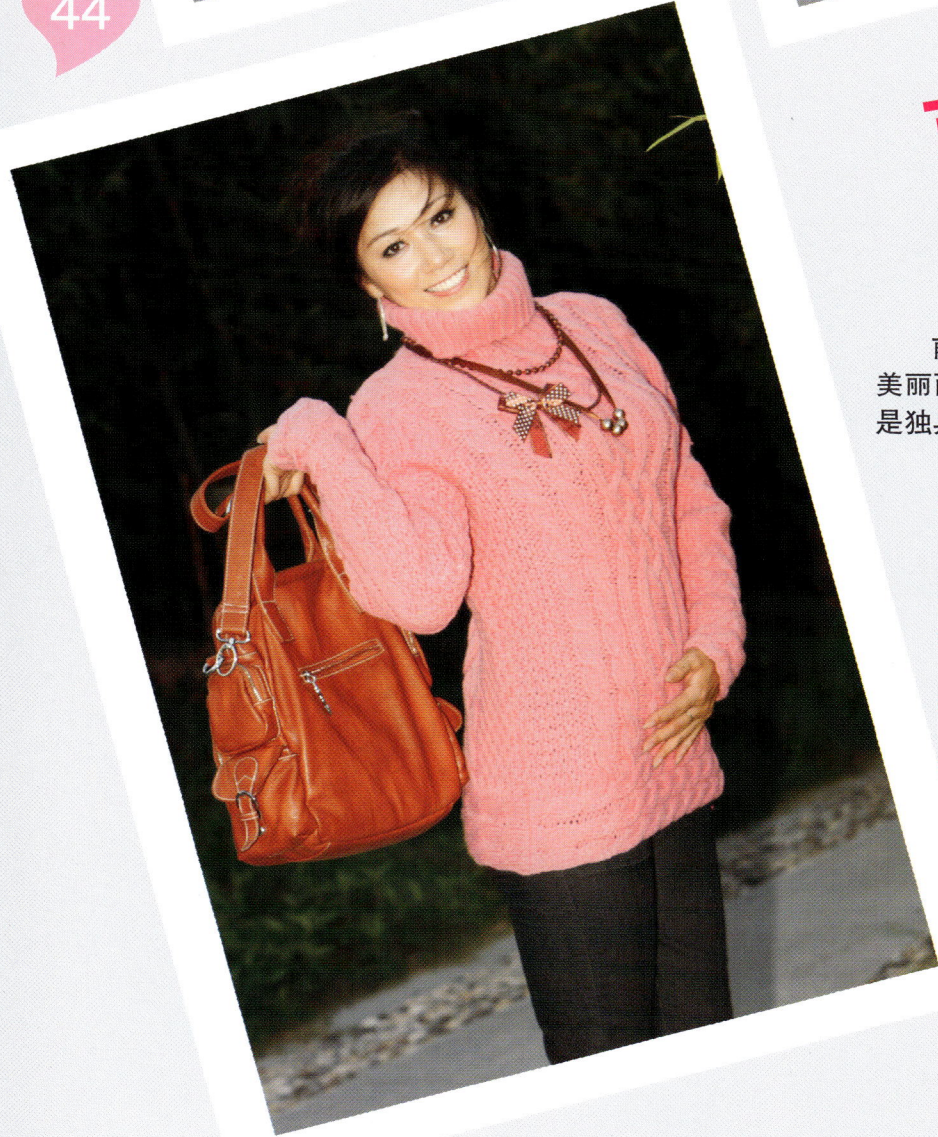

可爱花纹高领装

前面大片的麻花图案，使衣服显得美丽而且精致，背部独特的链形花纹更是独具匠心。

※搭配指数：★★★★★

微微向外敞开的下摆，既飘逸又有遮身的效果，适合搭配休闲风格的牛仔裤。

※适合人群：

各年龄层次的女士。

※适合体型：

高挑体型，微胖体型。

※适合肤色：

白皙肤色。

纯黑 宽领装 简洁

45

整件衣服胸前的镂空织法，把性感与美丽全景展现。衣领上的链形花纹是最好的点缀。

※搭配指数：★★★★★

休闲又不失美丽的外套，适合搭配休闲风格的牛仔裤。

※适合人群：

各年龄层次的女士。

※适合体型：

高挑体型， 苗条体型。

※适合肤色：

各种肤色。

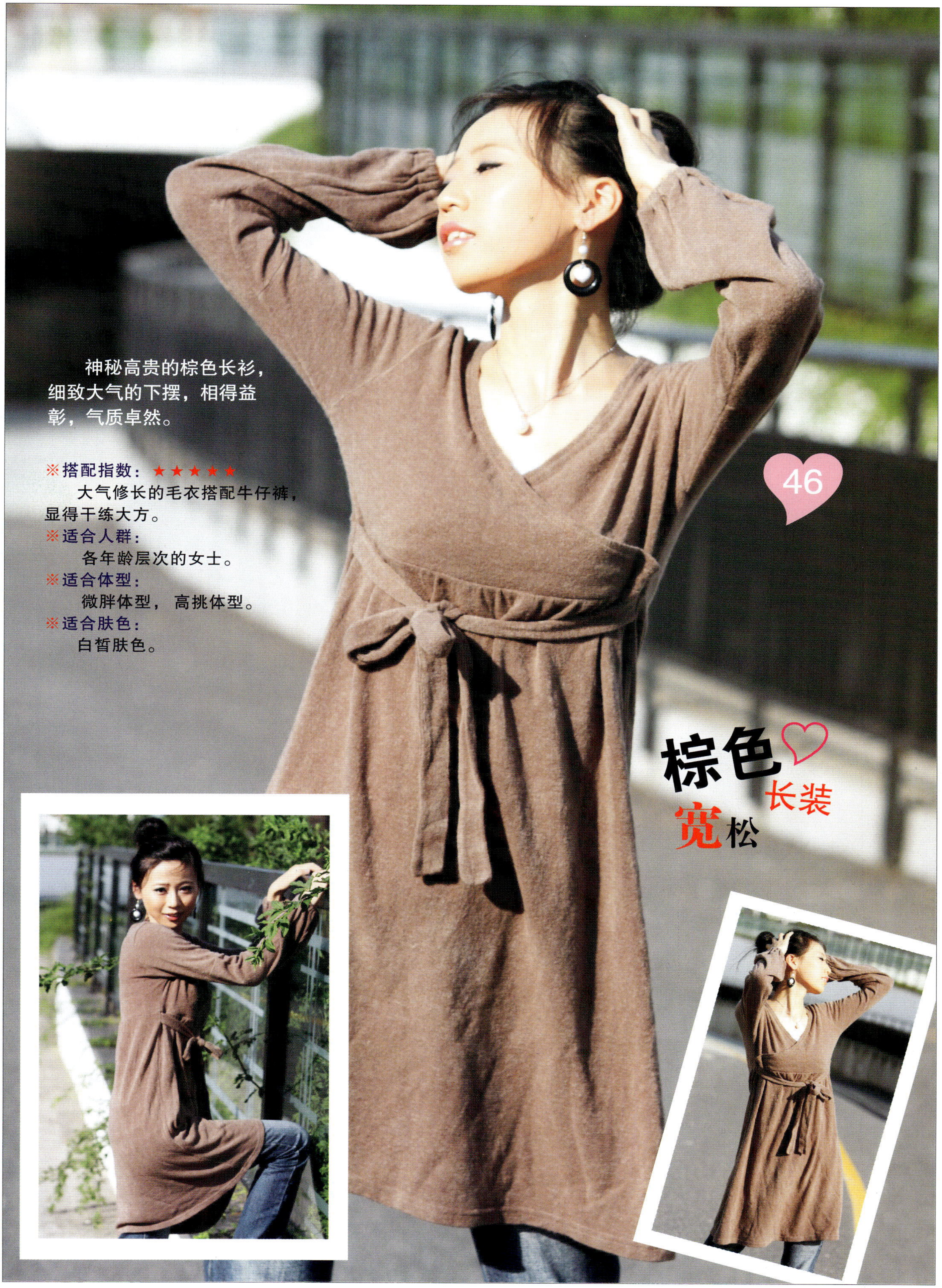

棕色长装宽松

46

神秘高贵的棕色长衫，细致大气的下摆，相得益彰，气质卓然。

※搭配指数：★★★★★

大气修长的毛衣搭配牛仔裤，显得干练大方。

※适合人群：

各年龄层次的女士。

※适合体型：

微胖体型，高挑体型。

※适合肤色：

白皙肤色。

艳丽 娃娃装

可爱

艳丽的橘红色，长长的造型宛如裙子一般飘逸，穿上它，立即吸引众人目光。

※搭配指数：★★★★★

本身具有裙式的设计，可以搭配靴子穿。

※适合人群：

各年龄层次的女士。

※适合体型：

高挑体型，微胖体型， 娇小体型。

※适合肤色：

白皙红润肤色。

47

飘逸垂吊衫 网眼

48

像围巾一样自然垂吊的效果，显得得体、飘逸，再有密密的网眼，增加了性感和美丽，同时有透气的作用。

※搭配指数：★★★★★

宽大飘逸的下摆显得很有活力，垂吊的围巾效果，为整件毛衣注入了飘逸、动感的元素，适合搭配同种风格的牛仔裤。

※适合人群：

青年女士。

※适合体型：

高挑体型，微胖体型， 苗条体型。

※适合肤色：

白皙肤色。

温婉 中长装 柔美

穿上这款毛衣给人一种温婉、柔美的知性的感觉，黑色、白色的选择更是引领了潮流。

※搭配指数：★★★★★

黑色、白色的毛衣，搭配相应色彩感的牛仔裤，无论是款式、风格，还是颜色的搭配，都浑然一体。

※适合人群：

各年龄层次的女士。

※适合体型：

高挑体型， 苗条体型。

※适合肤色：

各种肤色。

49

纯黑短袖装 梅花

梅花形的花纹，全身通透的设计，相配黑色的小纽扣，无不展示着女性的精致与可爱。

※搭配指数：★★★★★

搭配帽子、手链更显可爱。

※适合人群：

各年龄层次的女士。

※适合体型：

高挑体型，苗条体型。

※适合肤色：

各种肤色。

50

迷人
长袖装
纱网

亮眼的粉红色加上独特的造型和纱网式的设计，更显魅力十足！

※搭配指数：★★★★★

百搭的款式，无论搭配哪种感觉的长筒牛仔裤都可以。

※适合人群：

年轻女士。

※适合体型：

高挑体型，微胖体型，苗条体型。

※适合肤色：

白皙肤色。

51

52

鲜艳开衫装 橘红色

鲜艳的橘红色衣服，穿在身上给人以热情的感觉。

※搭配指数：★★★★★

鲜艳的衣服，搭配动感的裤子，显得更有活力。

※适合人群：

各年龄层次的女士。

※适合体型：

苗条体型。

※适合肤色：

各种肤色。

纯色
开衫
清逸
53

开放的敞怀式设计给人以热情爽朗、潇洒飘逸之感，纱网镂空更是点睛之笔。

※搭配指数：★★★★★

随意而又飘逸的镂空效果，隐约展示着你柔嫩的肌肤，给人无比的诱惑，当然与牛仔裤的搭配是首选。

※适合人群：

各年龄层次的女士。

※适合体型：

高挑体型，苗条体型。

※适合肤色：

白皙肤色。

清新♡开衫
棕色系

自然典雅的款式更显出着装的清新脱俗、天生丽质。

※搭配指数：★★★★★
棕色系的小开衫适合搭配淑女款式的长裤。

※适合人群：
各年龄层次的女士。

※适合体型：
高挑体型，苗条体型。

※适合肤色：
各种肤色。

54

粉色系
丽人装
花纹
55

周身细细的花纹，不但美丽而且细致，穿上它显得娇小可爱。

※搭配指数：★★★★★

这件衣服搭配裙子和裤子都是不错的选择哦！

※适合人群：

各年龄层次的女士。

※适合体型：

高挑体型，微胖体型，苗条体型。

※适合肤色：

各种肤色。

网格系♡ 腰带装 带扣

56

别致的网格图案，修身的束腰长带，大气的纽扣，显得时尚大方。

※搭配指数：★★★★★

宽松休闲的款式，很适合搭配休闲类的裤子，如牛仔裤等。

※适合人群：

各年龄层次的女士。

※适合体型：

高挑体型，微胖体型。

※适合肤色：

各种肤色。

网状式开衫 洒脱

无论是颜色还是款式，穿上它，就像回到那少年时洒脱的日子。

※搭配指数：★★★★★
这种款式的毛衣，搭配牛仔裤显得休闲、洒脱。

※适合人群：
各年龄层次的女士。

※适合体型：
高挑体型，微胖体型，苗条体型。

※适合肤色：
各种肤色。

57

棕色短袖小外套

此款与众不同的设计，让人眼前一亮。

58

※搭配指数：★★★★★

款式新颖独特，适合搭配牛仔裤，裙子亦可。

※适合人群：

青年女士。

※适合体型：

高挑体型，苗条体型。

※适合肤色：

各种肤色。

59

特色带扣装长袖

深色的外套穿在白色的衣服外面，大大的开领露出白皙的脖子和诱人的锁骨，显得美丽、时尚。

※搭配指数：★★★★★

适合搭配休闲或者淑女款的长裤，亦可搭配帽子、围巾等装饰。

※适合人群：

各年龄层次的女士。

※适合体型：

高挑体型，微胖体型，苗条体型。

※适合肤色：

各种肤色。

诱惑的透视装，飘逸的下摆，宽松的款式，魅力迷人。

※搭配指数：★★★★★

宽松透视的造型，亦可搭配轻松时尚的裤子和鞋子。

※适合人群：

各年龄层次的女士。

※适合体型：

高挑体型，微胖体型，苗条体型。

※适合肤色：

白皙肤色。

60

弧形透视装长袖

桃心领

长袖性感装

整件衣服素雅温馨，举手投足间柔情与洒脱并存。

※搭配指数：★★★★★

宽松的腰身，略显宽大却更能显示腰的纤细，有很好的瘦身效果哦！搭配牛仔裤穿着，更能体现洒脱与大方。

※适合人群：

各年龄层次的女士。

※适合体型：

高挑体型，微胖体型， 苗条体型。

※适合肤色：

各种肤色。

61

梅花式中袖清丽装

全身由梅花相连组成，通透美丽。

62

※搭配指数：★★★★★

休闲不失美丽的衣服，适合搭配休闲风格的牛仔裤。

※适合人群：

各年龄层次的女士。

※适合体型：

苗条体型。

※适合肤色：

白皙肤色。

网格式 无袖 活力装

63

纯黑的颜色和通身的网格显得帅气十足。

※搭配指数：★★★★★
搭配修身的裤子即可。
※适合人群：
各年龄层次的女士。
※适合体型：
高挑体型，微胖体型，苗条体型。
※适合肤色：
各种肤色。

性感 V领 套头装

64

由一朵朵小花组成的圆领，加上那袖口和衣边的图案，增添几分性感与魅力。

※搭配指数：★★★★
搭配修身的裤子是不错的选择。

※适合人群：
各年龄层次的女士。

※适合体型：
高挑体型，苗条体型。

※适合肤色：
各种肤色。

可爱♡无袖装 圆领

公主裙式的下摆显得很可爱，大大的圆领和裸露出的锁骨和手臂，充满了诱惑的美丽。

※搭配指数：★★★★★
可爱宽松的款式，可以搭配短裤或者七分裤穿着。

※适合人群：
各年龄层次的女士。

※适合体型：
高挑体型，微胖体型。

※适合肤色：
各种肤色。

65

清纯
修身
无袖装
那修身又清纯可爱的样子，恰似邻家小妹妹。
※搭配指数：★★★★
可以搭配修身的长裤或短裤。
※适合人群：
各年龄层次的女士。
※适合体型：
高挑体型，微胖体型。
※适合肤色：
各种肤色。
66

迷人
套头
时尚
67

带有神秘的颜色加上透视的款式，走在街上回头率一定100%。

※搭配指数：★★★★★

百搭型的衣服与任何裤、裙搭配都是非常漂亮的。

※适合人群：

各年龄层次的女士。

※适合体型：

高挑体型，苗条体型。

※适合肤色：

各种肤色。

运动小外套 短袖

小外套穿在身上增添了几分可爱的气息。

※搭配指数：★★★★★
搭配纯色的T恤是非常漂亮的。
※适合人群：
各年龄层次的女士。
※适合体型：
高挑体型，苗条体型。
※适合肤色：
各种肤色。

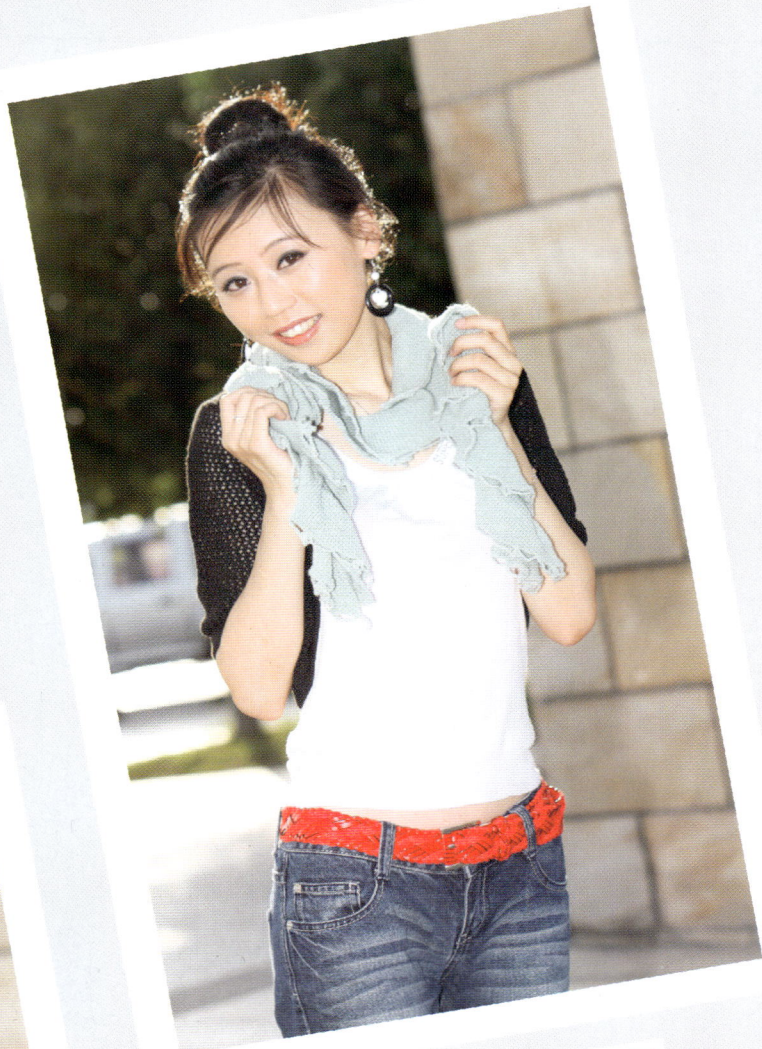

68

清纯 休闲 套头装

清纯的白色，突出亲和力，腰身的款式，完全隐藏了腰部的赘肉。

※搭配指数：★★★
　搭配修身的牛仔裤是不错的选择。
※适合人群：
　各年龄层次的女士。
※适合体型：
　高挑体型，微胖体型。
※适合肤色：
　各种肤色。

69

修身♡长裙无袖

长裙勾画出完美玲珑的曲线。

※搭配指数：★★★

适合搭配短裤、靴子穿着，若用围巾作为点缀就再好不过了。

※适合人群：

各年龄层次的女士。

※适合体型：

高挑体型，苗条体型。

※适合肤色：

白皙肤色。

70

个性♡时尚装 短袖

※搭配指数：★★★★
搭配休闲的裤子即可。
※适合人群：
各年龄层次的女士。
※适合体型：
高挑体型，微胖体型。
※适合肤色：
各种肤色。

由一朵朵小花组成的个性造型，加上七分的袖子，给人休闲运动、活力四射的感觉。

71

黑色
帅气装
高领

时尚的高领，显得大气，整体的黑色显得帅气十足。

※搭配指数：★★★★★

搭配牛仔裤，显得高挑干练、简洁活力。

※适合人群：

各年龄层次的女士。

※适合体型：

高挑体型，苗条体型。

※适合肤色：

各种肤色。

72

淑女长袖上衣

简洁又不失精细的设计，舒适的手感，显得优雅大方。

※搭配指数：★★★★★

美丽淑女型上衣，适合搭配长裤。搭配一条围巾，也是不错的选择哦！

※适合人群：

中青年女士。

※适合体型：

高挑体型，苗条体型。

※适合肤色：

各种肤色。

73

淡雅♡清纯可人装

美丽的花纹，淡雅的色彩，共同塑造出一个清新纯洁的形象。

※搭配指数：★★★★★

修身的设计恰到好处地掩藏了腰部的赘肉，很适合搭配淑女型的长裤穿着。

※适合人群：

中青年女士。

※适合体型：

高挑体型，微胖体型， 苗条体型。

※适合肤色：

各种肤色。

74

个性修身上装

修身的上装显得洒脱、大方。

※搭配指数：★★★★★

这种个性修身的衣服搭配牛仔裤显得活力、率性、潇洒。

※适合人群：

各年龄层次的女士。

※适合体型：

高挑体型，苗条体型。

※适合肤色：

白皙肤色。

75

简洁 青春 披肩

简洁超宽松的设计，很随意地披在肩上，增加了洒脱与活力。

※搭配指数：★★★★★

上身是宽松的披肩，下身搭配紧身的裤子，会很有型哦！再加上一顶帽子就更棒了。

※适合人群：

各年龄层次的女士。

※适合体型：

高挑体型，微胖体型，苗条体型。

※适合肤色：

各种肤色。

76

清爽套头衫编织

细细的花纹，独特的下摆和领口设计，看起来是那么的娇美迷人。

※搭配指数：★★★★★

超清爽的套头装穿在白色的吊带外面，显得很时尚，搭配靴子也是不错的选择哦！

※适合人群：

各年龄层次的女士。

※适合体型：

高挑体型，微胖体型，苗条体型。

※适合肤色：

各种肤色。

77

清纯精致披肩

穿上它显得精致又可爱。

※搭配指数：★★★★★

精致的网式设计，可以搭配清爽的裤子来穿。

※适合人群：

青年层次的女士。

※适合体型：

高挑体型，苗条体型。

※适合肤色：

各种肤色。

78

淡黄
可爱
披肩
79

无论是颜色还是款式，穿上它，就好像恢复了童年天真与浪漫。这是一个多彩的季节，应该好好享受美好的时光。

※搭配指数：★★★★★

可爱的披肩搭配牛仔裤显得休闲又随和。

※适合人群：

各年龄层次的女士。

※适合体型：

高挑体型，微胖体型，苗条体型。

※适合肤色：

各种肤色。

菱形长袖外套

01

★材料

白色粗羊毛线

★工具

8号棒针

★尺寸

衣长78厘米　胸围98厘米

袖长51厘米

花样A

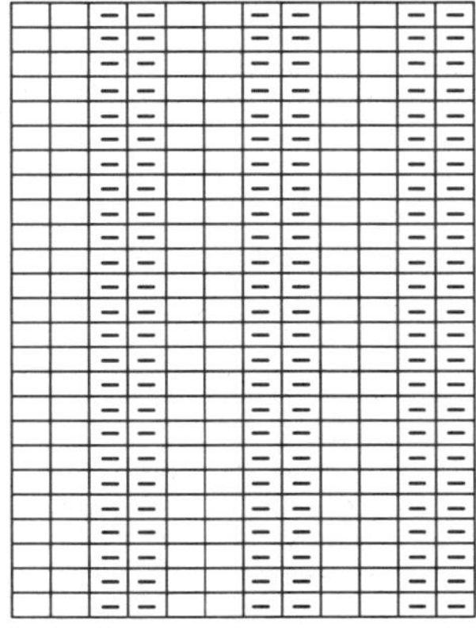

花样B

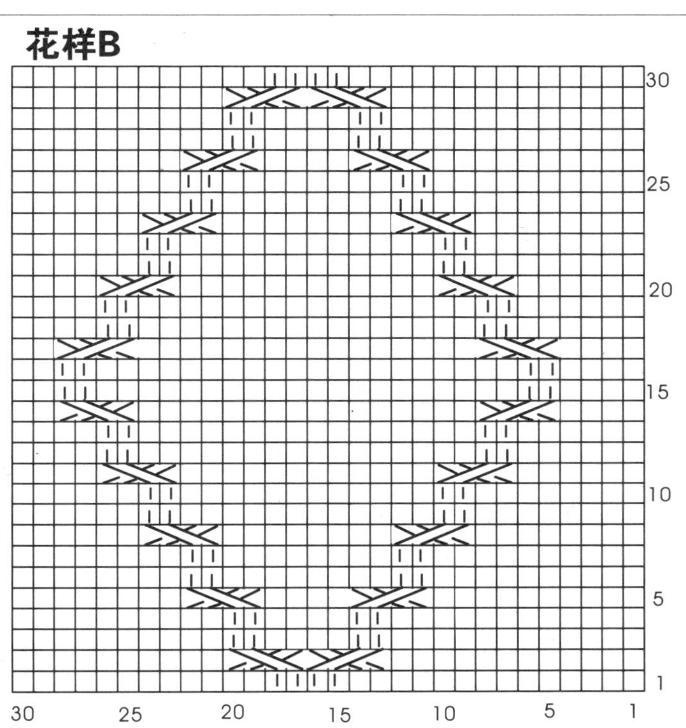

花样C

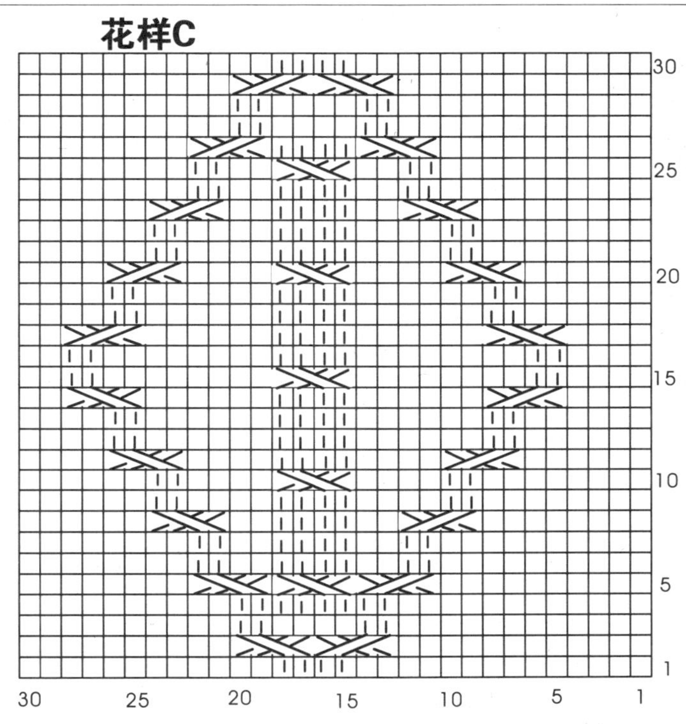

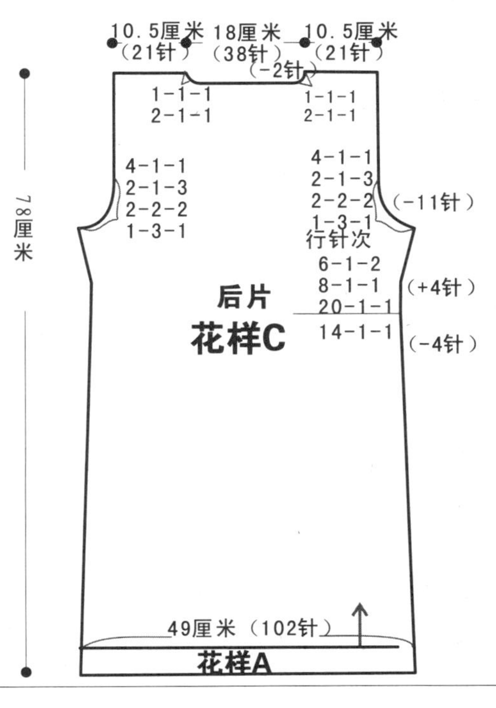

10.5厘米（21针）
18厘米（38针）
10.5厘米（21针）
(-2针)
1-1-1
2-1-1
4-1-1
2-1-3
2-2-2
1-3-1
(-11针)
行针次
6-1-2
8-1-1
20-1-1
14-1-1
(+4针)
(-4针)
78厘米
后片
花样C
49厘米（102针）
花样A

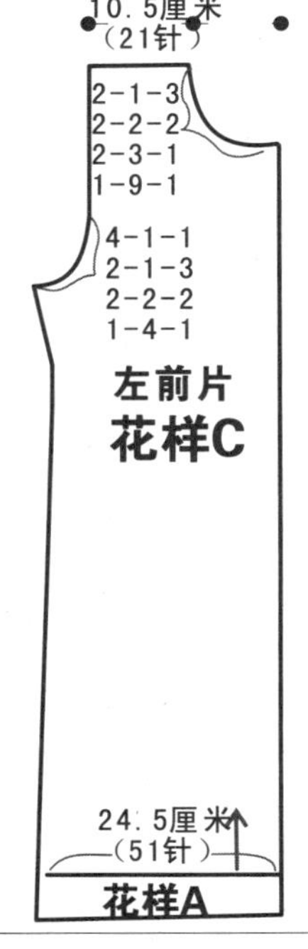

10.5厘米（21针）
2-1-3
2-2-2
2-3-1
1-9-1
4-1-1
2-1-3
2-2-2
1-4-1
19厘米
59厘米
左前片
花样C
24.5厘米（51针）
花样A

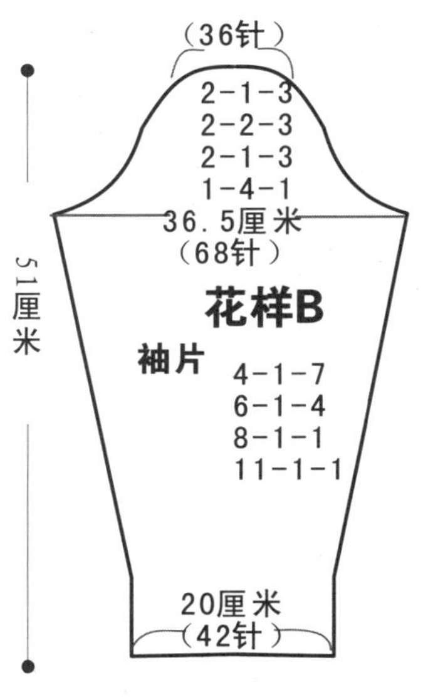

(36针)
2-1-3
2-2-3
2-1-3
1-4-1
36.5厘米（68针）
51厘米
花样B
袖片
4-1-7
6-1-4
8-1-1
11-1-1
20厘米（42针）

精致带帽长外套

★材料

紫红蔚蓝色中细线

★工具

8号棒针

★尺寸

衣长78厘米　胸围98厘米

袖长51厘米

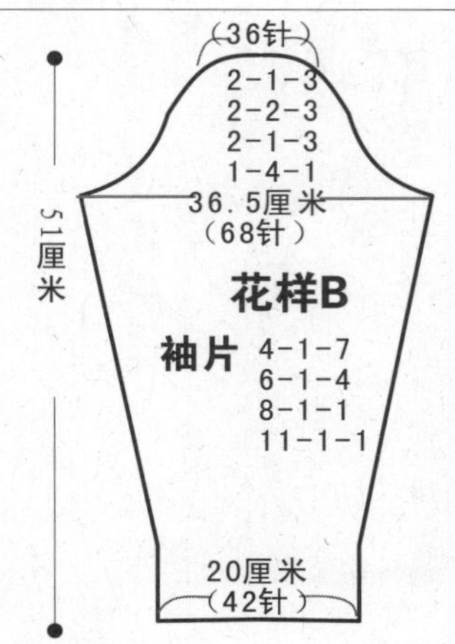
(36针)
2-1-3
2-2-3
2-1-3
1-4-1
36.5厘米
(68针)
51厘米
花样B
袖片
4-1-7
6-1-4
8-1-1
11-1-1
20厘米
(42针)

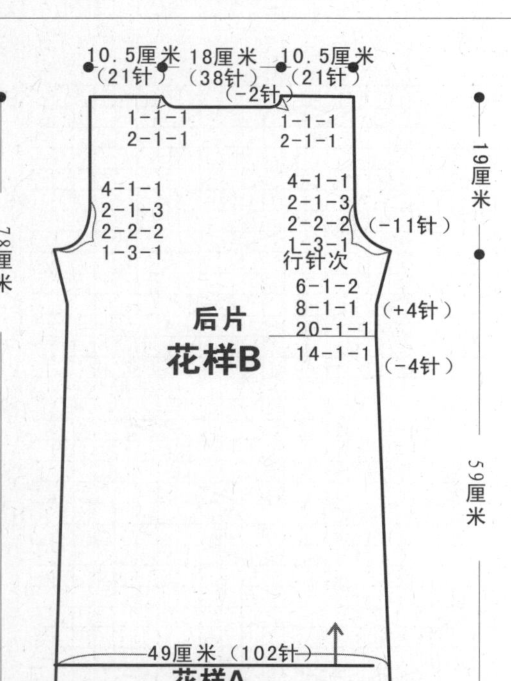
10.5厘米
(21针)
18厘米
(38针)
10.5厘米
(21针)
(-2针)
1-1-1
2-1-1
1-1-1
2-1-1
4-1-1
2-1-3
2-2-2
1-3-1
4-1-1
2-1-3
2-2-2
1-3-1
(-11针)
行针次
6-1-2
8-1-1
20-1-1
14-1-1
(+4针)
(-4针)
78厘米
后片
花样B
49厘米（102针）
花样A

10.5厘米
(21针)
19厘米
2-1-3
2-2-2
2-3-1
1-9-1
4-1-1
2-1-3
2-2-2
1-4-1
左前片
花样B
59厘米
24.5厘米
(51针)
花样A

02 花样A

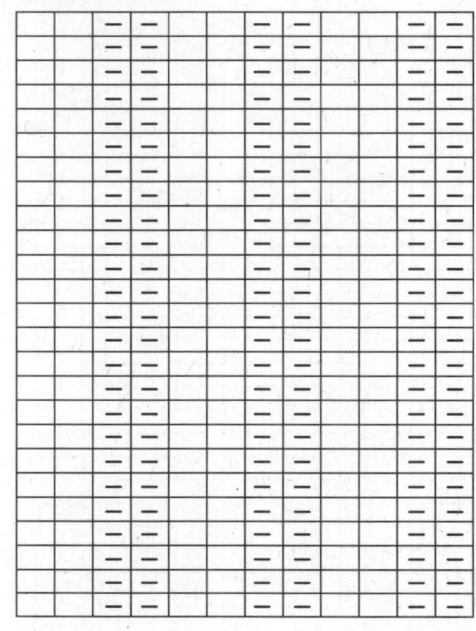

花样B

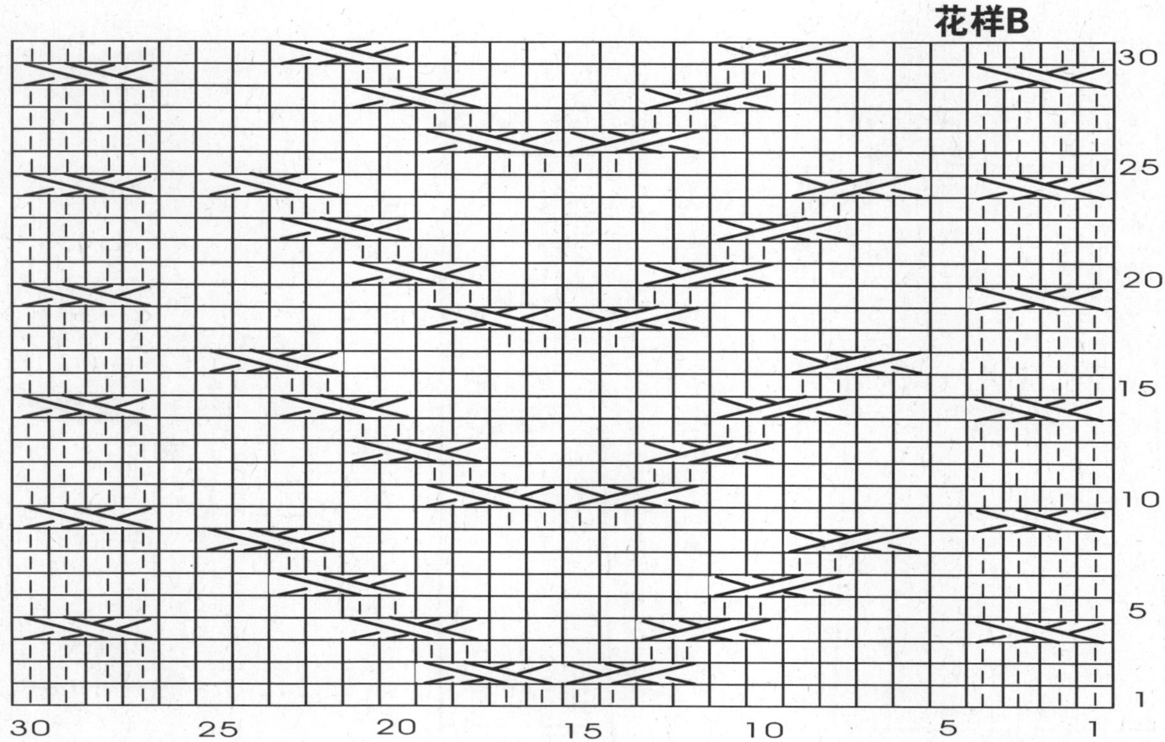
30
25
20
15
10
5
1
30
25
20
15
10
5
1

个性长袖外套

★**材料**

咖啡色中粗线

★**工具**

10号棒针

★**尺寸**

衣长78厘米　胸围98厘米

袖长51厘米

花样A

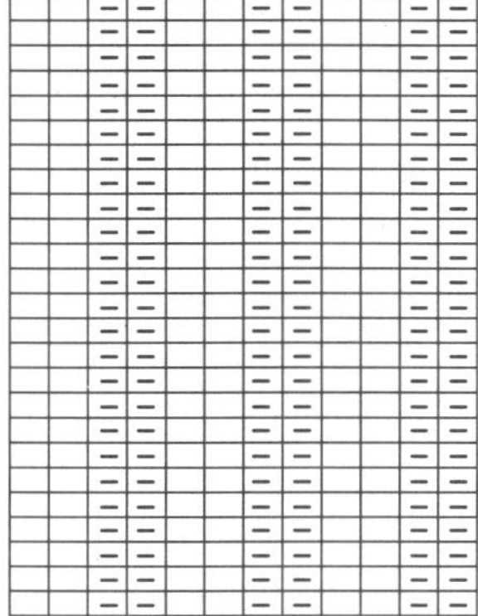

花样B

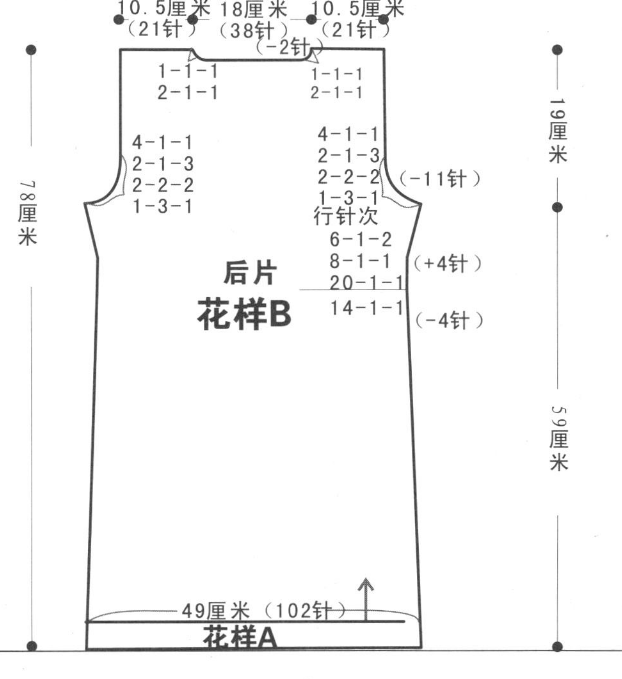

10.5厘米（21针）
18厘米（38针）
10.5厘米（21针）
（-2针）
1-1-1
2-1-1
1-1-1
2-1-1
4-1-1
2-1-3
2-2-2
1-3-1
4-1-1
2-1-3
2-2-2
1-3-1
行针次
（-11针）
6-1-2
8-1-1
20-1-1
14-1-1
（+4针）
（-4针）
78厘米
后片
花样B
49厘米（102针）
花样A

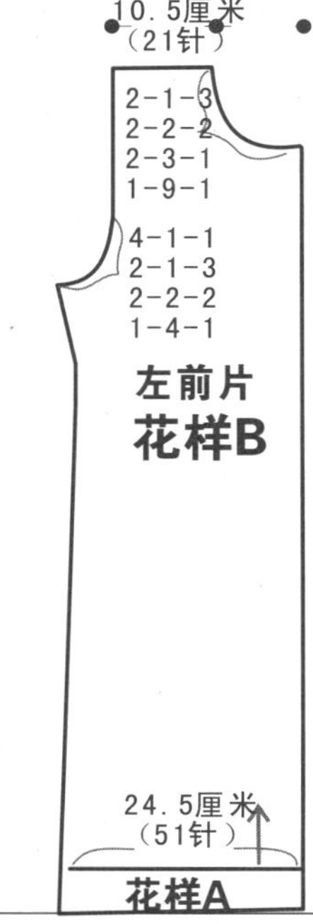

10.5厘米（21针）
2-1-3
2-2-2
2-3-1
1-9-1
4-1-1
2-1-3
2-2-2
1-4-1
19厘米
59厘米
左前片
花样B
24.5厘米（51针）
花样A

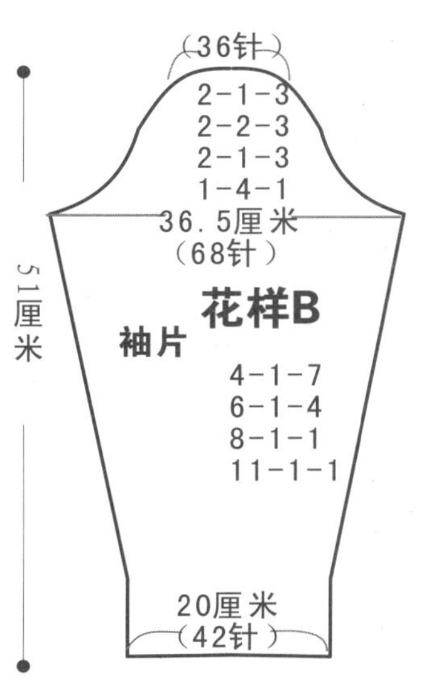

（36针）
2-1-3
2-2-3
2-1-3
1-4-1
36.5厘米（68针）
51厘米
花样B
袖片
4-1-7
6-1-4
8-1-1
11-1-1
20厘米（42针）

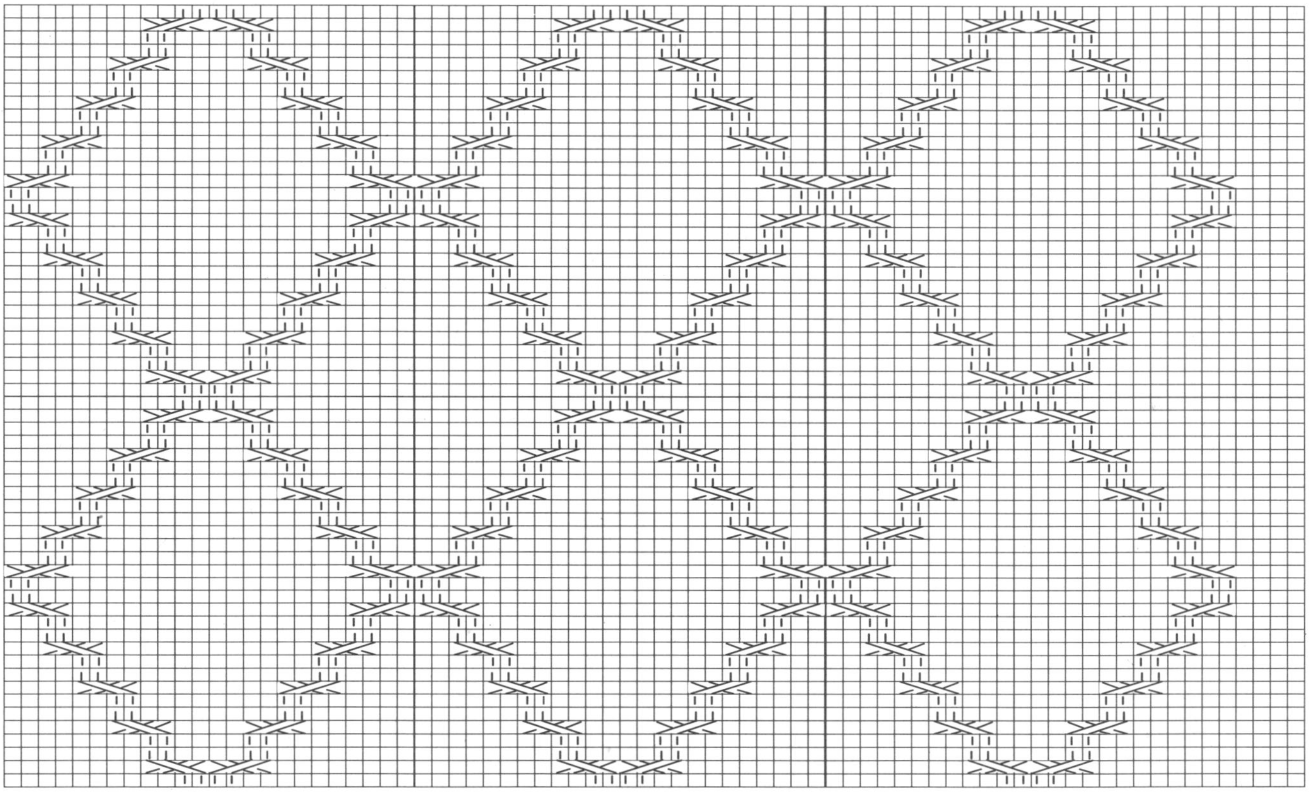

麻花形长袖长外套

★材料

米白色中粗线

★工具

10号棒针

★尺寸

衣长78厘米　胸围98厘米

袖长51厘米

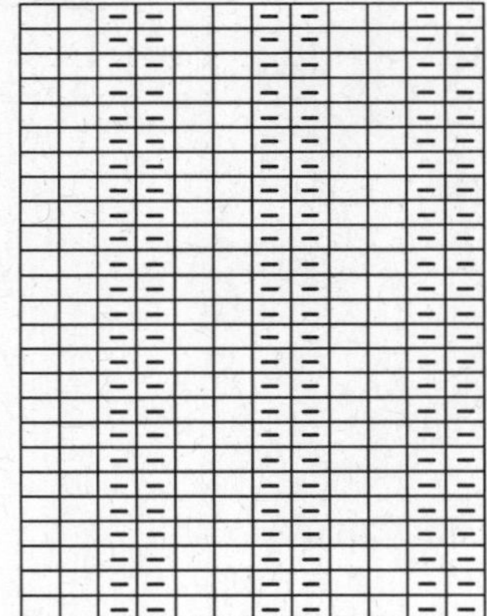

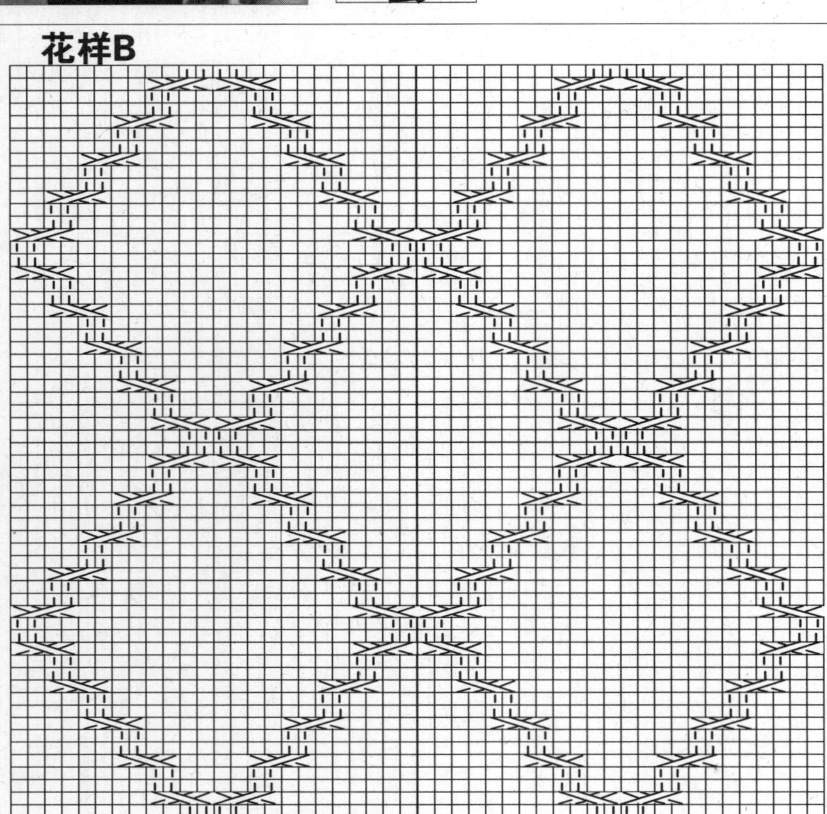

04

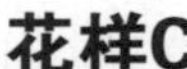

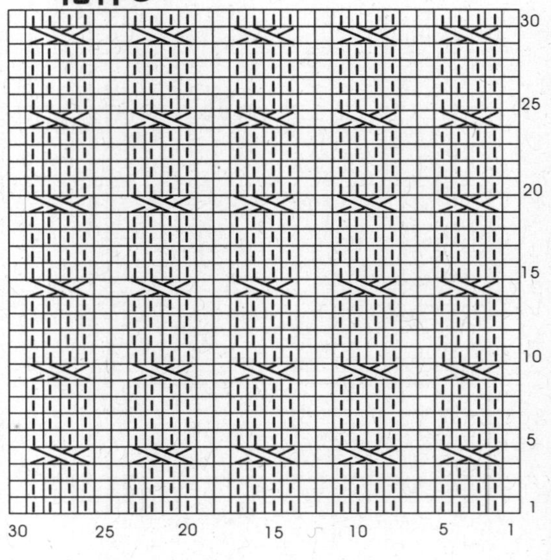

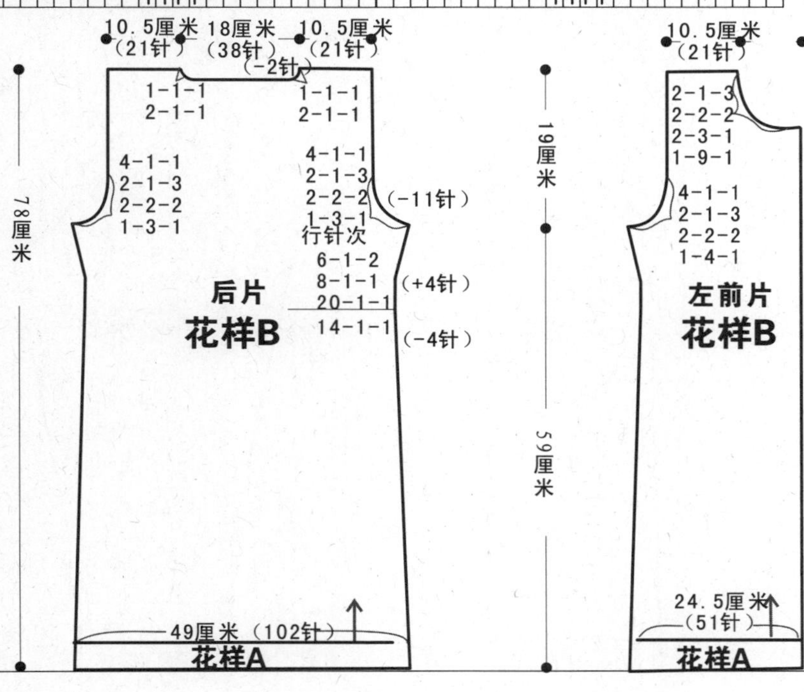
10.5厘米（21针）
18厘米（38针）
10.5厘米（21针）
（-2针）
1-1-1
2-1-1
4-1-1
2-1-3
2-2-2
1-3-1
（-11针）
行针次
6-1-2
8-1-1
20-1-1
14-1-1
（+4针）
（-4针）
78厘米
后片
花样B
49厘米（102针）
花样A
10.5厘米（21针）
2-1-3
2-2-2
2-3-1
1-9-1
4-1-1
2-1-3
2-2-2
1-4-1
19厘米
59厘米
左前片
花样B
24.5厘米（51针）
花样A

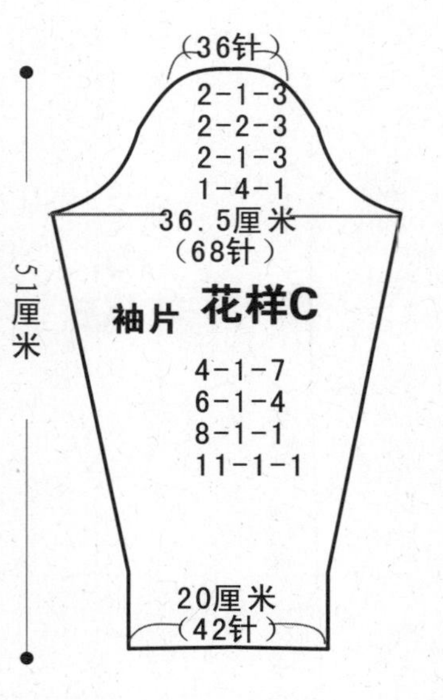
（36针）
2-1-3
2-2-3
2-1-3
1-4-1
36.5厘米（68针）
51厘米
袖片
花样C
4-1-7
6-1-4
8-1-1
11-1-1
20厘米（42针）

粉红文雅淑女装

★材料

白色中粗羊毛线

★工具

10号棒针

★尺寸

衣长52厘米　胸围98厘米

袖长51厘米

花样A

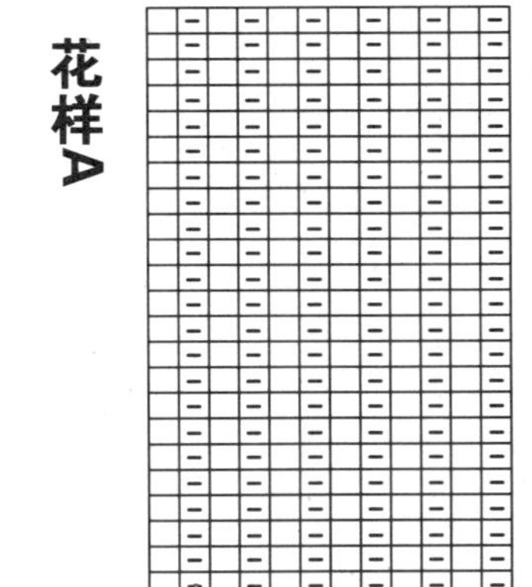

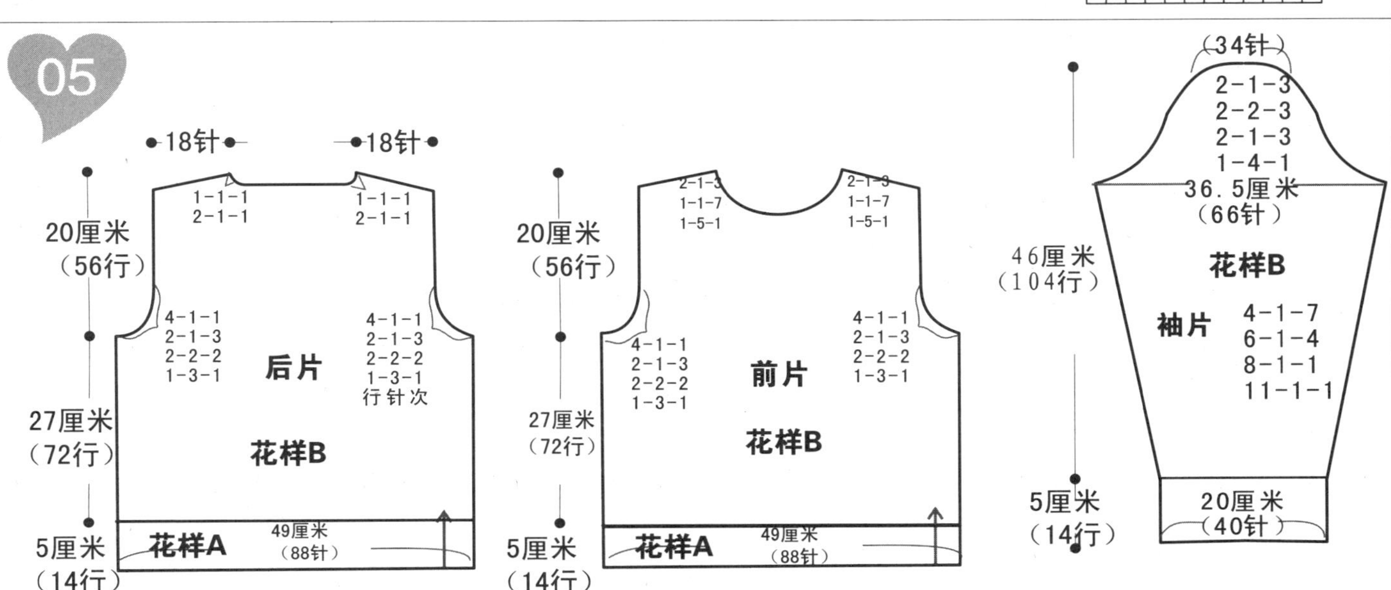

05
18针
18针
20厘米
（56行）
1-1-1
2-1-1
4-1-1
2-1-3
2-2-2
1-3-1
行针次
后片
27厘米
（72行）
花样B
5厘米
（14行）
花样A
49厘米
（88针）
2-1-3
1-1-7
1-5-1
前片
(34针)
2-1-3
2-2-3
2-1-3
1-4-1
36.5厘米
（66针）
46厘米
（104行）
袖片
4-1-7
6-1-4
8-1-1
11-1-1
20厘米
（40针）

花样B

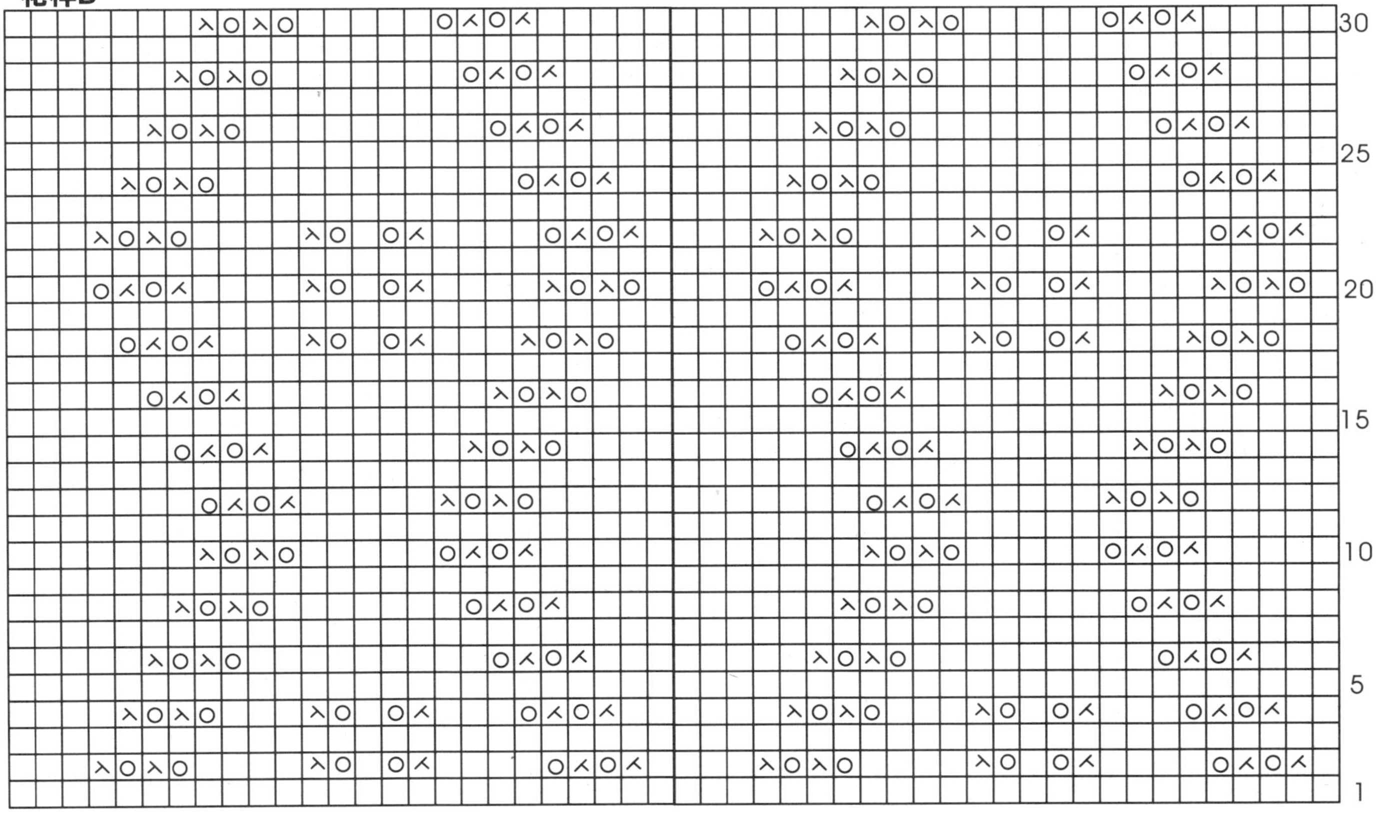

30

25

20

15

10

5

1

性感温柔可人装

★材料

米黄色中细线

★工具

10号棒针

★尺寸

衣长53厘米　胸围98厘米

袖长51厘米

花样A

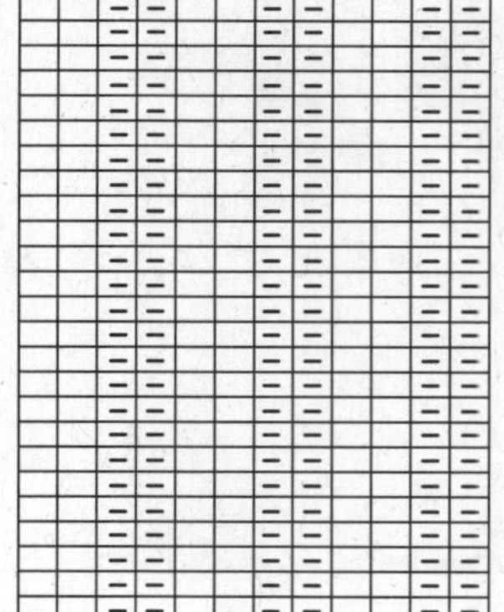

06

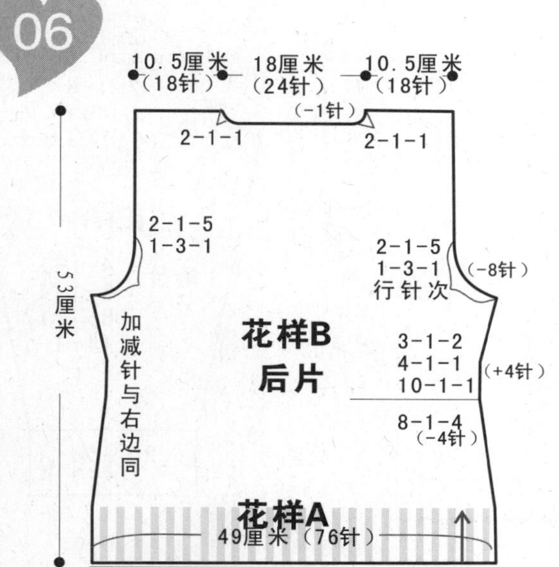

10.5厘米（18针）
18厘米（24针）
10.5厘米（18针）
（-1针）
2-1-1
2-1-1
2-1-5
1-3-1
2-1-5
1-3-1
行针次
（-8针）
53厘米
加减针与右边同
花样B
后片
3-1-2
4-1-1
10-1-1
（+4针）
8-1-4
（-4针）
花样A
49厘米（76针）

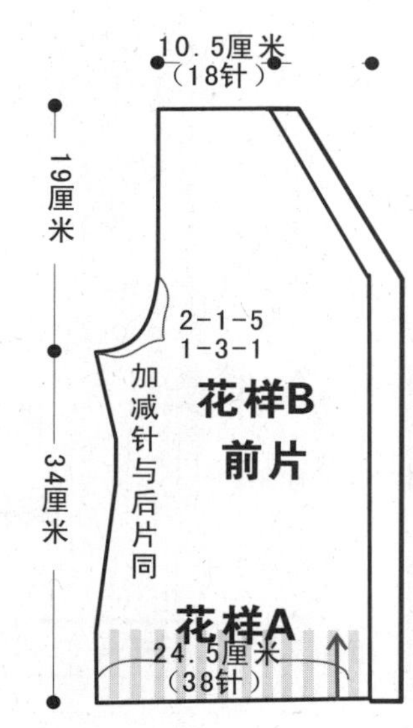

10.5厘米
（18针）
19厘米
2-1-5
1-3-1
34厘米
加减针与后片同
花样B
前片
花样A
24.5厘米
（38针）

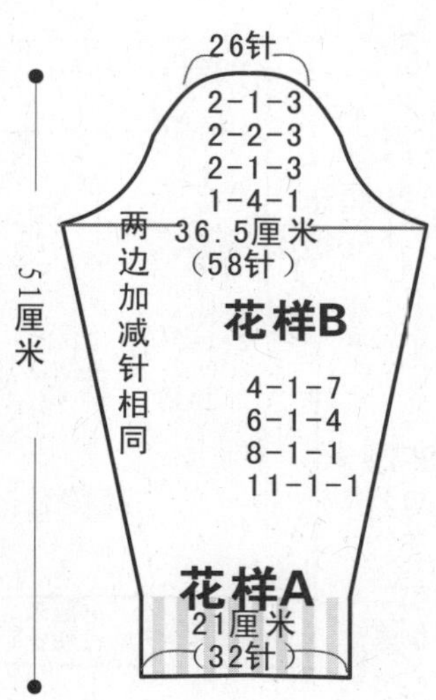

26针
2-1-3
2-2-3
2-1-3
1-4-1
36.5厘米
（58针）
两边加减针相同
51厘米
花样B
4-1-7
6-1-4
8-1-1
11-1-1
花样A
21厘米
（32针）

花样B

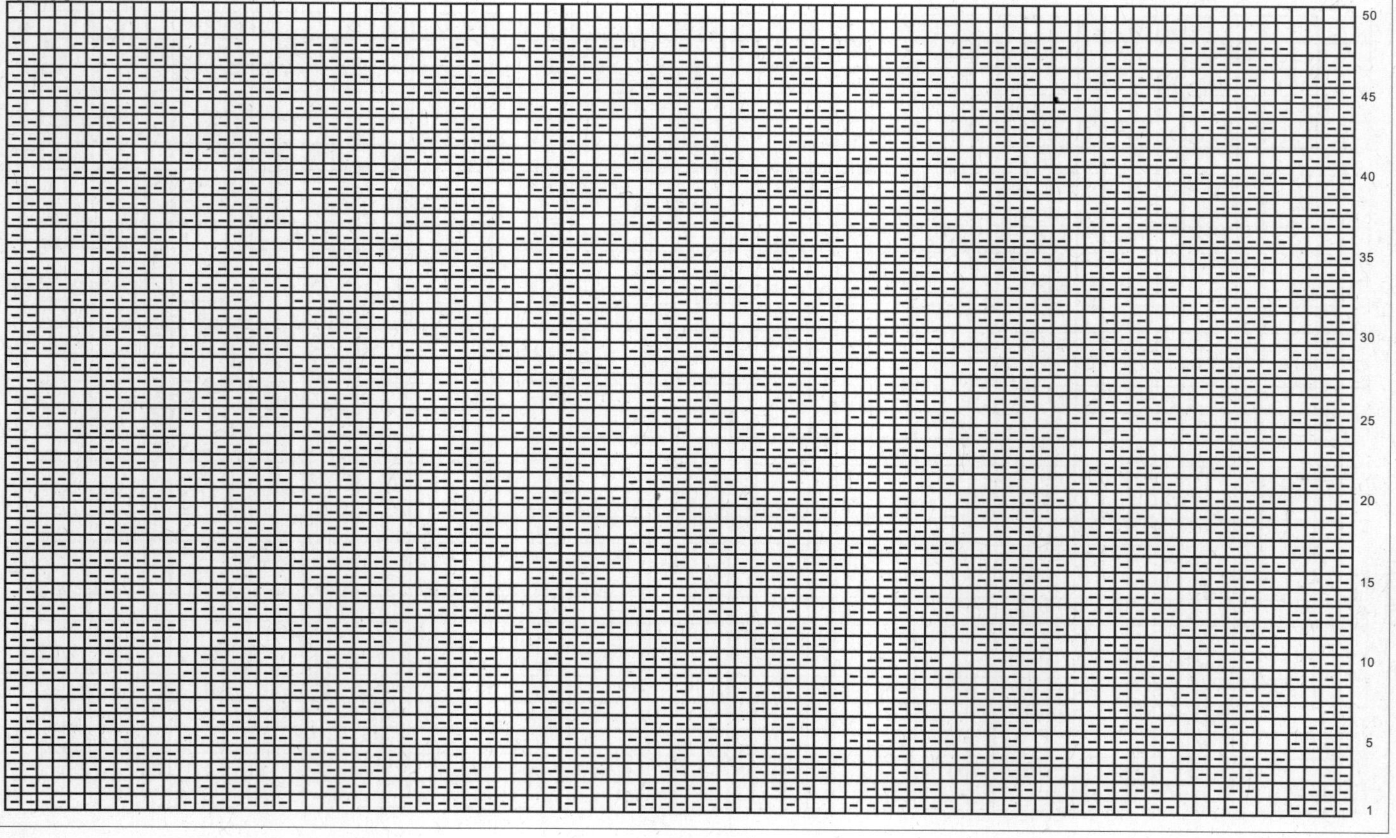

编织简洁大披肩

07

★材料

浅灰色中细线

★工具

12号棒针

★尺寸

衣长70厘米　胸围98厘米
袖长51厘米

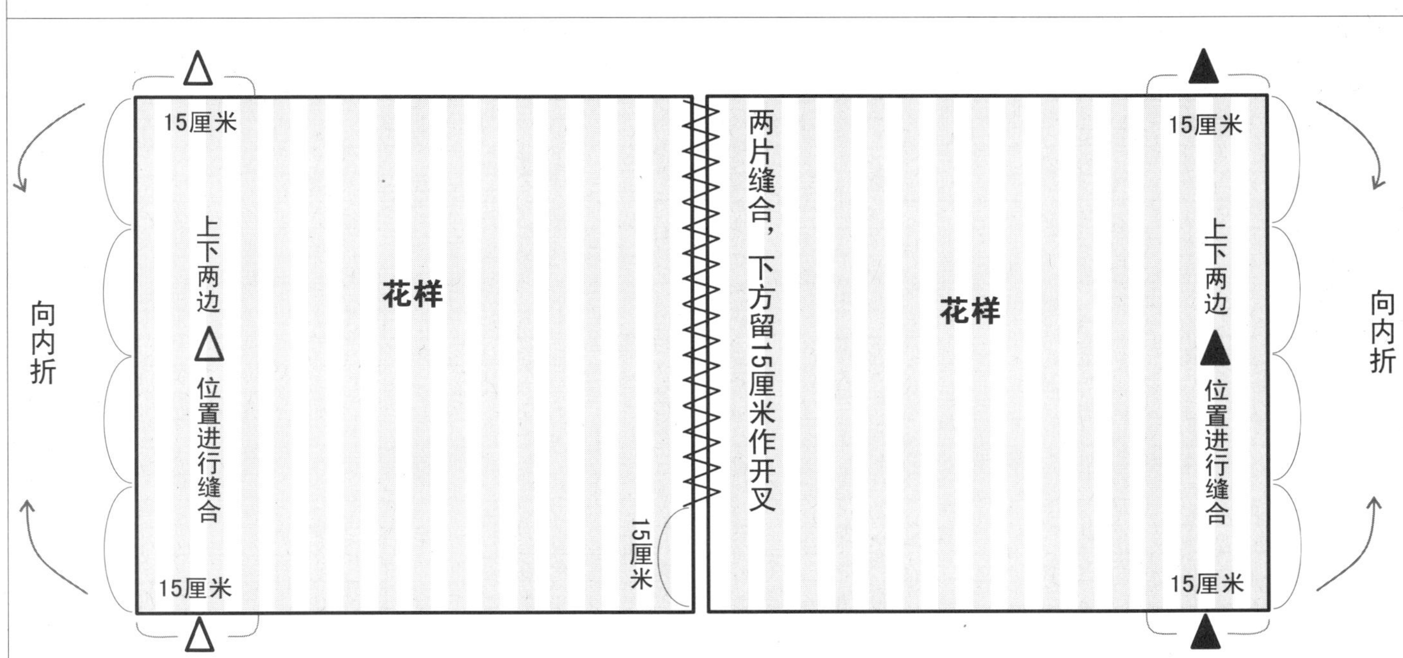
15厘米
15厘米
上下两边△位置进行缝合
向内折
花样
两片缝合，下方留15厘米作开叉
15厘米
15厘米
15厘米
花样
上下两边▲位置进行缝合
向内折

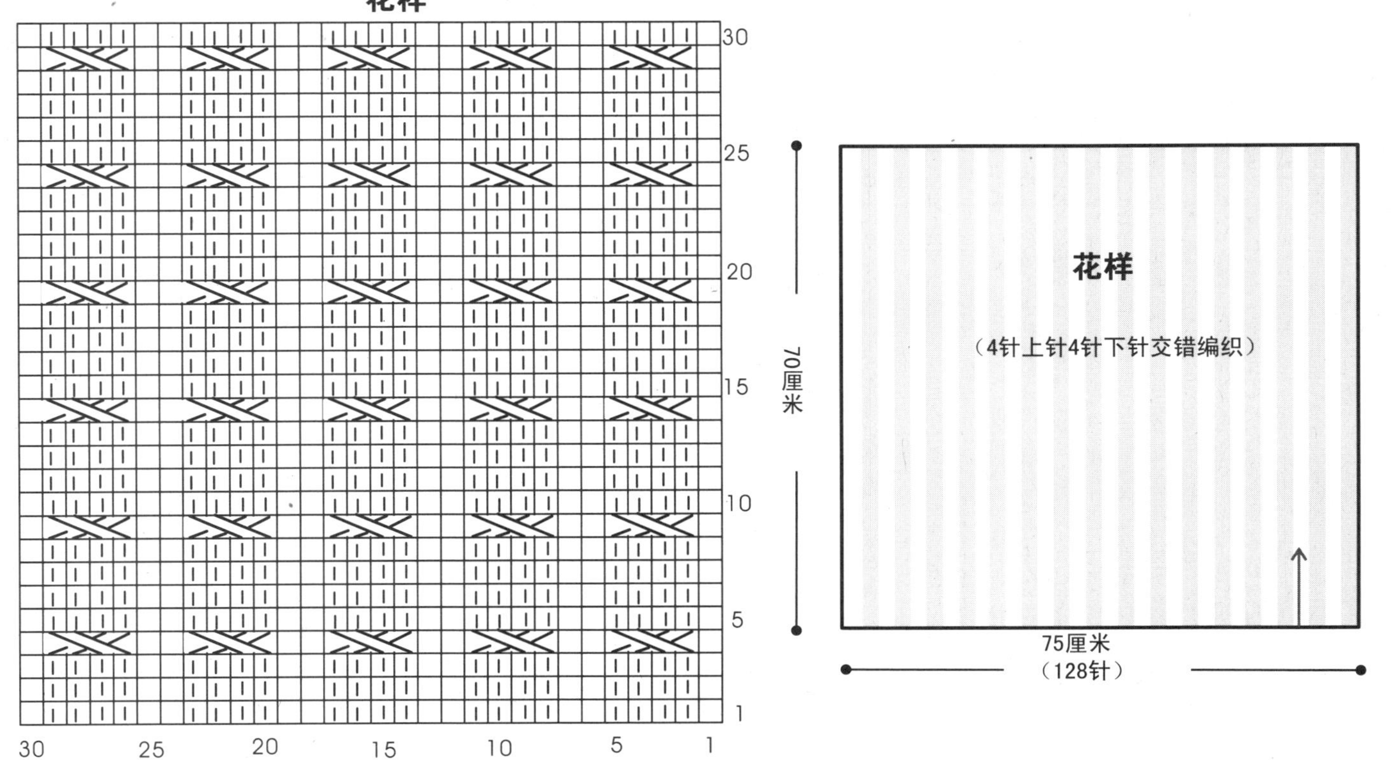
花样
30
25
20
15
10
5
1
30 25 20 15 10 5 1
70厘米
花样
（4针上针4针下针交错编织）
75厘米
（128针）

纯黑长袖小外套

★**材料**

咖啡色中细羊毛线

★**工具**

12号棒针

★**尺寸**

衣长51厘米　胸围98厘米

袖长52厘米

08

边缘花样

花样

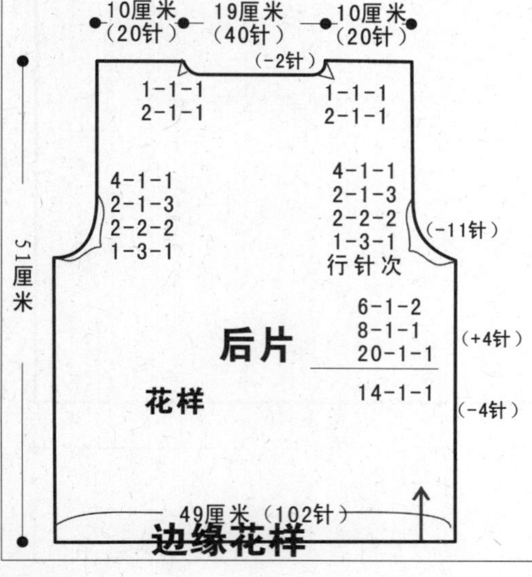

10厘米（20针）
19厘米（40针）
10厘米（20针）
（-2针）
1-1-1
2-1-1
1-1-1
2-1-1
4-1-1
2-1-3
2-2-2
1-3-1
4-1-1
2-1-3
2-2-2
1-3-1
行针次
（-11针）
51厘米
6-1-2
8-1-1
20-1-1
（+4针）
14-1-1
（-4针）
后片
花样
49厘米（102针）
边缘花样

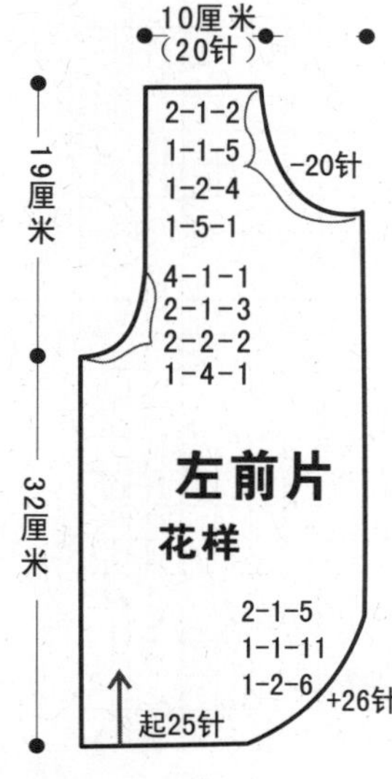

10厘米（20针）
19厘米
2-1-2
1-1-5
1-2-4
1-5-1
-20针
4-1-1
2-1-3
2-2-2
1-4-1
32厘米
左前片
花样
2-1-5
1-1-11
1-2-6
+26针
起25针

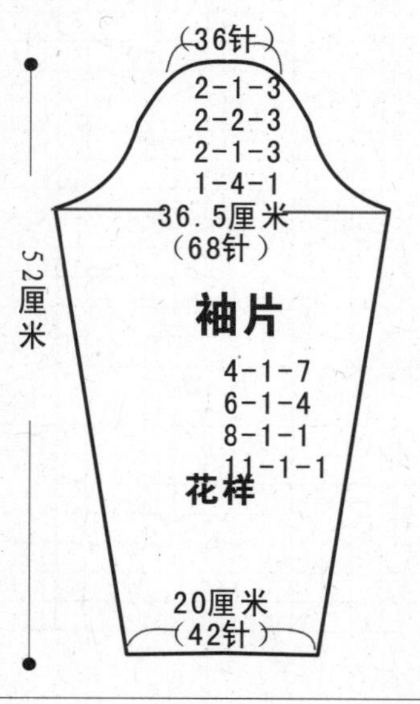

（36针）
2-1-3
2-2-3
2-1-3
1-4-1
36.5厘米（68针）
52厘米
袖片
4-1-7
6-1-4
8-1-1
11-1-1
花样
20厘米（42针）

大翻领时尚长装

09

★**材料**

深灰色中细线

★**工具**

12号棒针

★**尺寸**

衣长78厘米　胸围98厘米

袖长51厘米

花样B

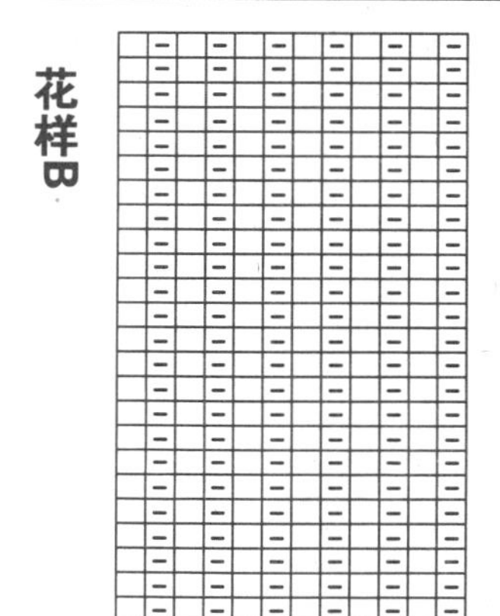

花样A

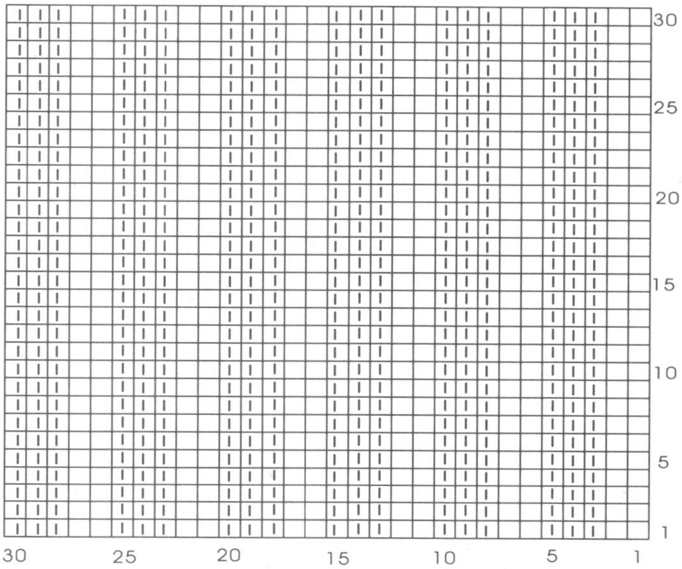

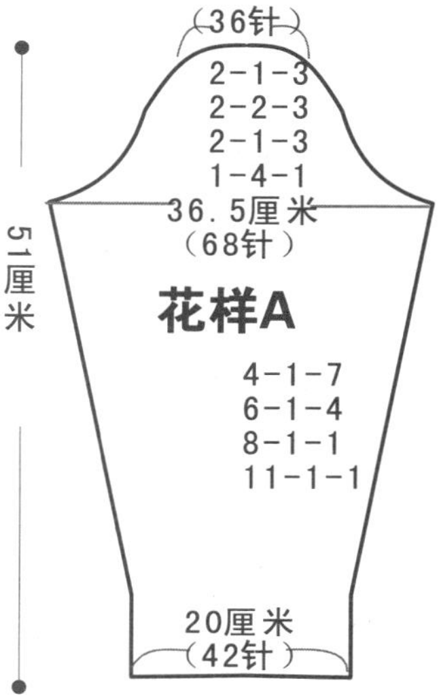

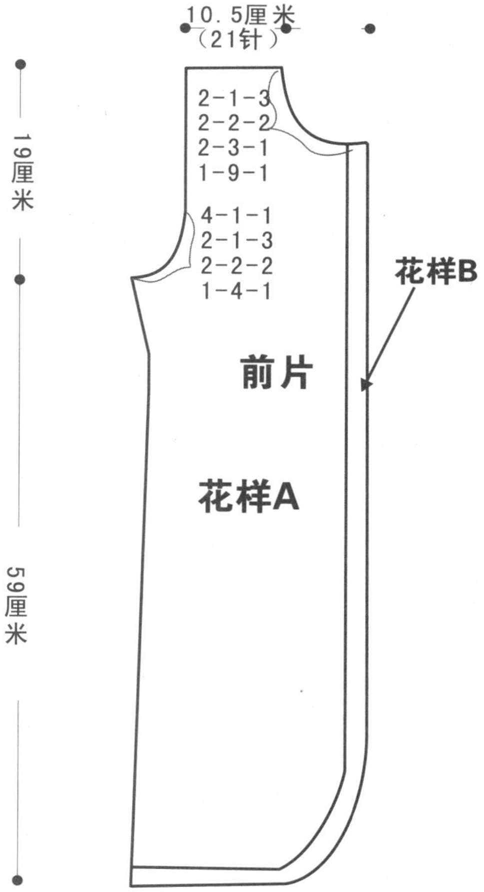

30
25
20
15
10
5
1
30 25 20 15 10 5 1
□=|

(36针)
2-1-3
2-2-3
2-1-3
1-4-1
36.5厘米
(68针)
51厘米
花样A
4-1-7
6-1-4
8-1-1
11-1-1
20厘米
(42针)

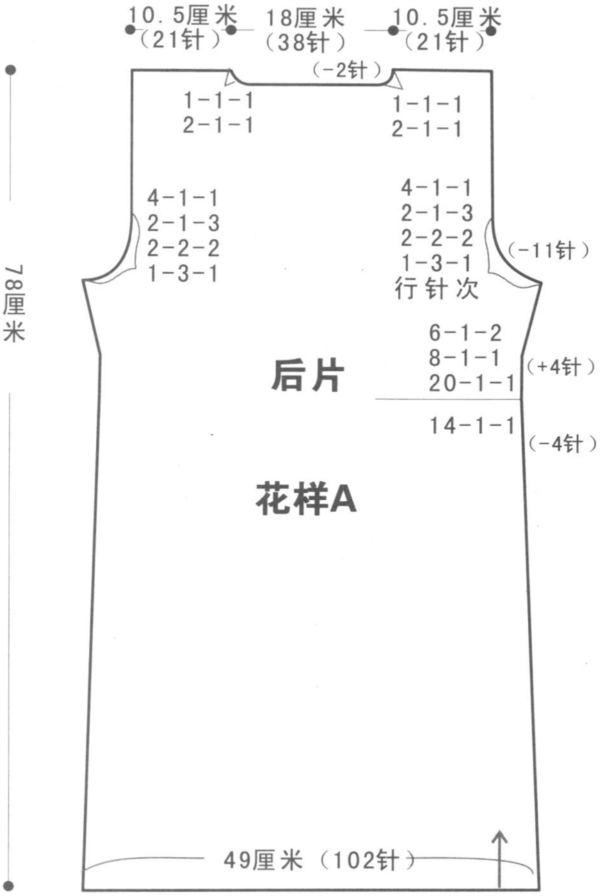

10.5厘米
(21针)
18厘米
(38针)
10.5厘米
(21针)
(-2针)
1-1-1
2-1-1
1-1-1
2-1-1
4-1-1
2-1-3
2-2-2
1-3-1
4-1-1
2-1-3
2-2-2
1-3-1
行针次
(-11针)
78厘米
6-1-2
8-1-1
20-1-1
(+4针)
14-1-1
(-4针)
后片
花样A
49厘米 (102针)

10.5厘米
(21针)
2-1-3
2-2-2
2-3-1
1-9-1
19厘米
4-1-1
2-1-3
2-2-2
1-4-1
花样B
前片
花样A
59厘米

韩版阔袖长装

10

★**材料**

黑色中粗羊毛线

★**工具**

10号棒针

★**尺寸**

衣长78厘米　胸围98厘米

袖长50厘米

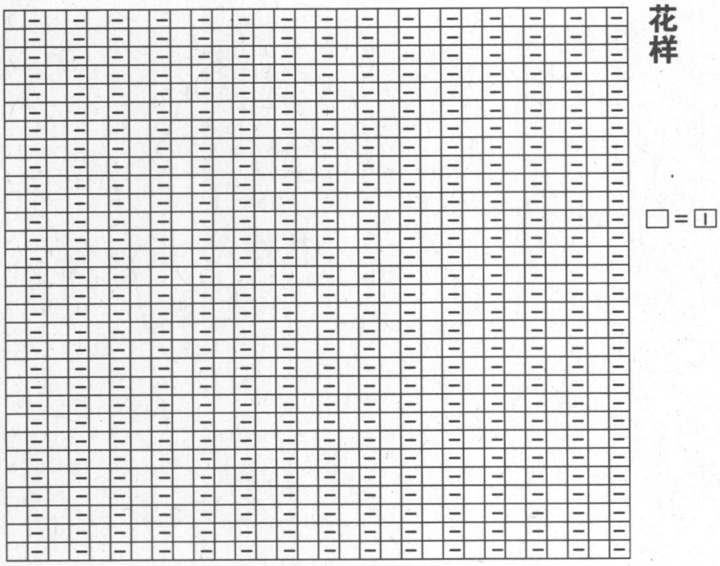

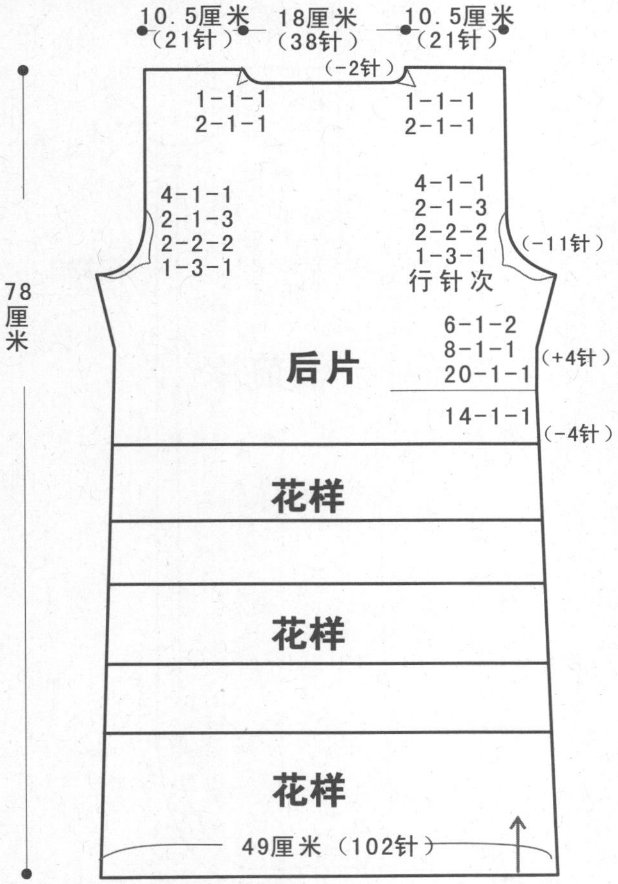

花样

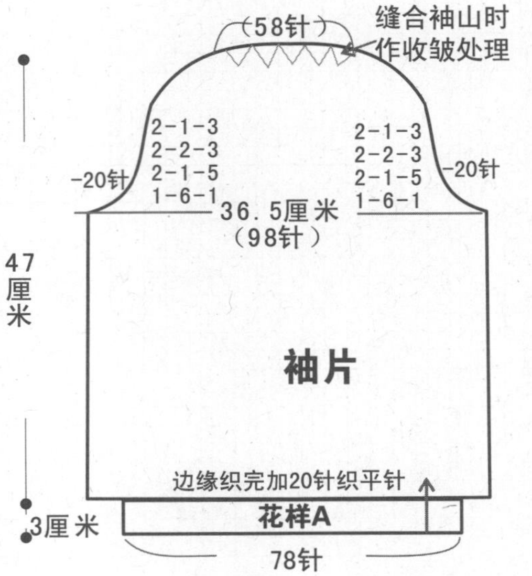

□=丨

(58针)
缝合袖山时作收皱处理
2-1-3
2-2-3
2-1-5
1-6-1
-20针
2-1-3
2-2-3
2-1-5
1-6-1
-20针
36.5厘米
(98针)
47厘米
袖片
边缘织完加20针织平针
3厘米
花样A
78针

10.5厘米(21针)　18厘米(38针)　10.5厘米(21针)
(-2针)
1-1-1
2-1-1
1-1-1
2-1-1
4-1-1
2-1-3
2-2-2
1-3-1
4-1-1
2-1-3
2-2-2
1-3-1
行针次
(-11针)
78厘米
6-1-2
8-1-1
20-1-1
(+4针)
后片
14-1-1
(-4针)
花样
花样
花样
49厘米(102针)

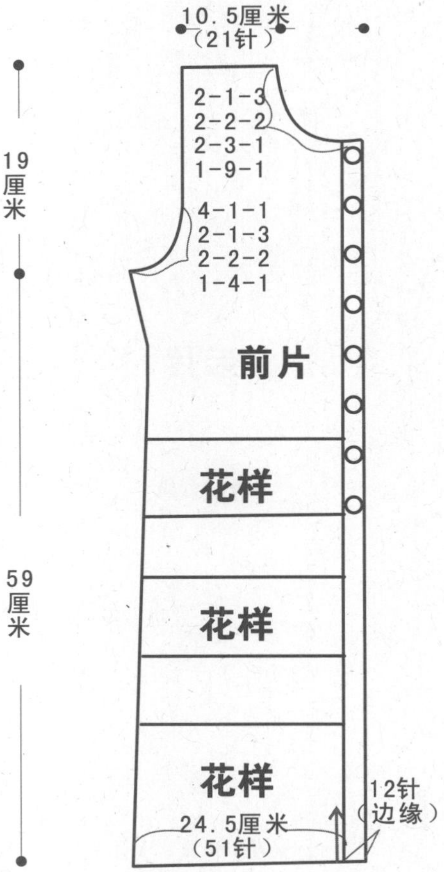

10.5厘米
(21针)
2-1-3
2-2-2
2-3-1
1-9-1
19厘米
4-1-1
2-1-3
2-2-2
1-4-1
前片
花样
59厘米
花样
花样
12针(边缘)
24.5厘米
(51针)

可爱V领长袖装

11

★材料

黑色中细线

★工具

12号棒针

★尺寸

衣长78厘米　胸围98厘米

袖长50厘米

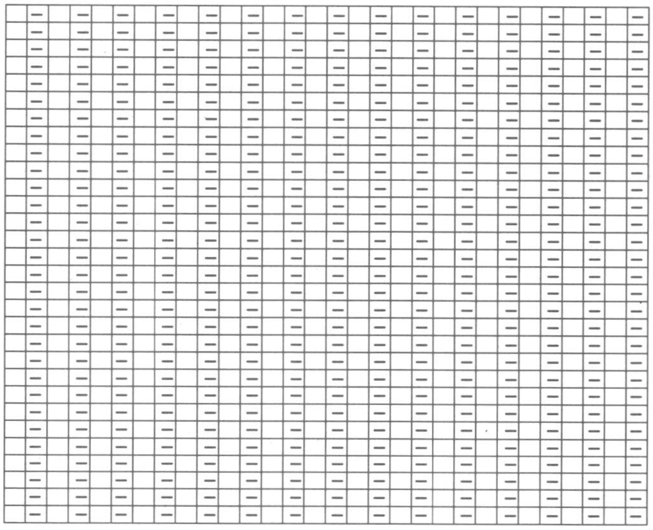

花样

□=⊟

（58针）
缝合袖山时作收皱处理
2-1-3
2-2-3
2-1-5
1-6-1
-20针
36.5厘米（98针）
47厘米
袖片
边缘织完加20针织平针
3厘米
花样
78针

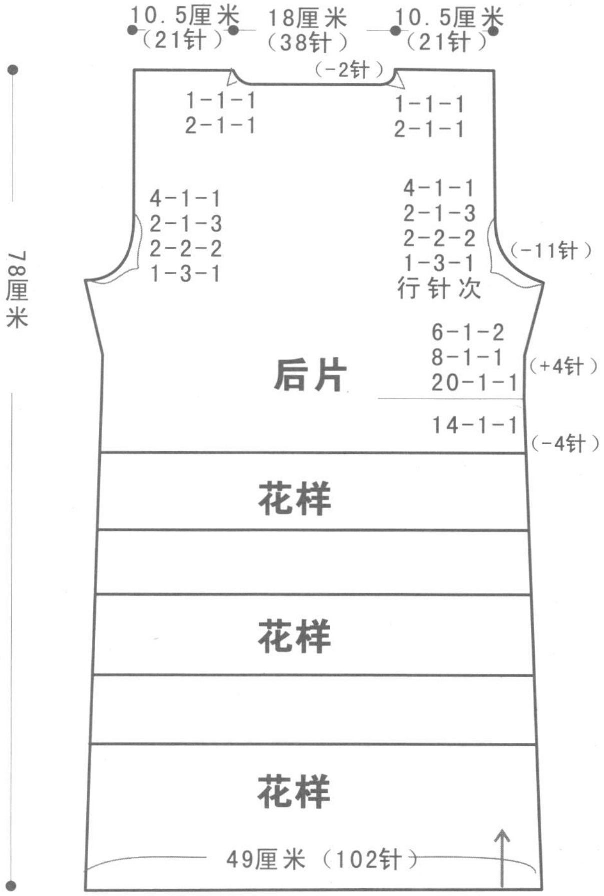

10.5厘米（21针）　18厘米（38针）　10.5厘米（21针）
（-2针）
1-1-1
2-1-1
4-1-1
2-1-3
2-2-2
1-3-1
行针次
（-11针）
78厘米
后片
6-1-2
8-1-1
20-1-1
（+4针）
14-1-1
（-4针）
花样
花样
花样
49厘米（102针）

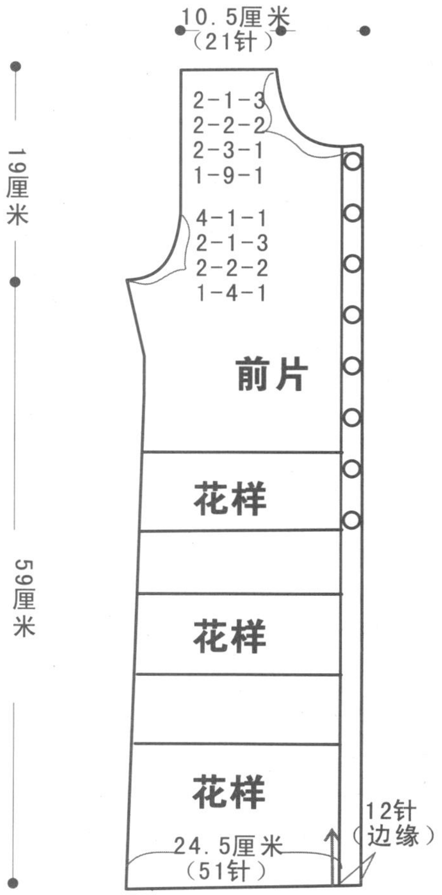

10.5厘米（21针）
2-1-3
2-2-2
2-3-1
1-9-1
19厘米
4-1-1
2-1-3
2-2-2
1-4-1
前片
59厘米
花样
花样
花样
24.5厘米（51针）
12针（边缘）

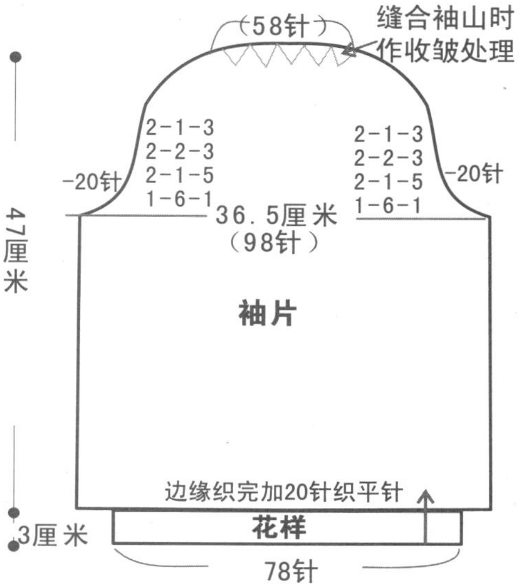

粉红宽松休闲装

★材料

粉红色中细线

★工具

10号棒针

★尺寸

衣长52厘米　胸围98厘米

袖长51厘米

花样

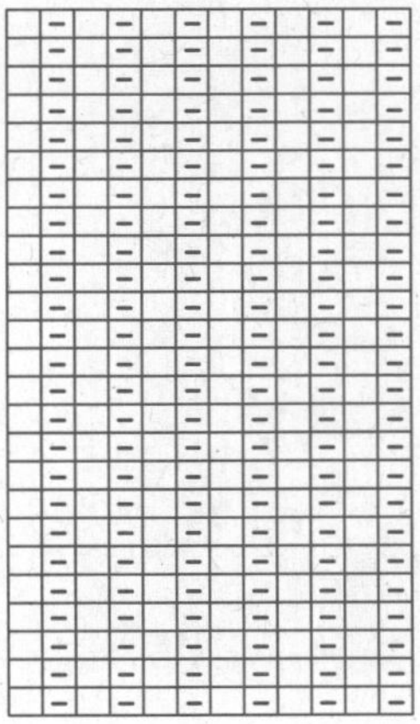

12

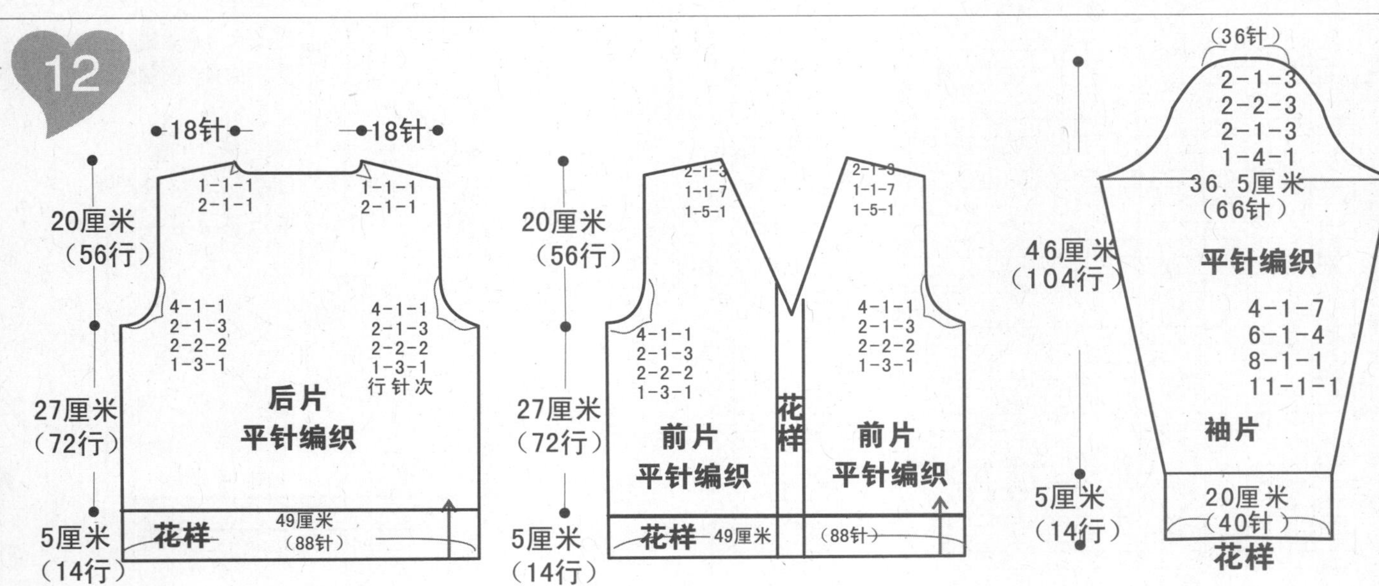
18针
18针
1-1-1
2-1-1
1-1-1
2-1-1
20厘米
（56行）
4-1-1
2-1-3
2-2-2
1-3-1
4-1-1
2-1-3
2-2-2
1-3-1
行针次
后片
平针编织
27厘米
（72行）
5厘米
（14行）
花样
49厘米
（88针）
2-1-3
1-1-7
1-5-1
2-1-3
1-1-7
1-5-1
20厘米
（56行）
4-1-1
2-1-3
2-2-2
1-3-1
4-1-1
2-1-3
2-2-2
1-3-1
27厘米
（72行）
前片
平针编织
花样
前片
平针编织
5厘米
（14行）
花样
49厘米
（88针）
（36针）
2-1-3
2-2-3
2-1-3
1-4-1
36.5厘米
（66针）
46厘米
（104行）
平针编织
4-1-7
6-1-4
8-1-1
11-1-1
袖片
5厘米
（14行）
20厘米
（40针）
花样

平针

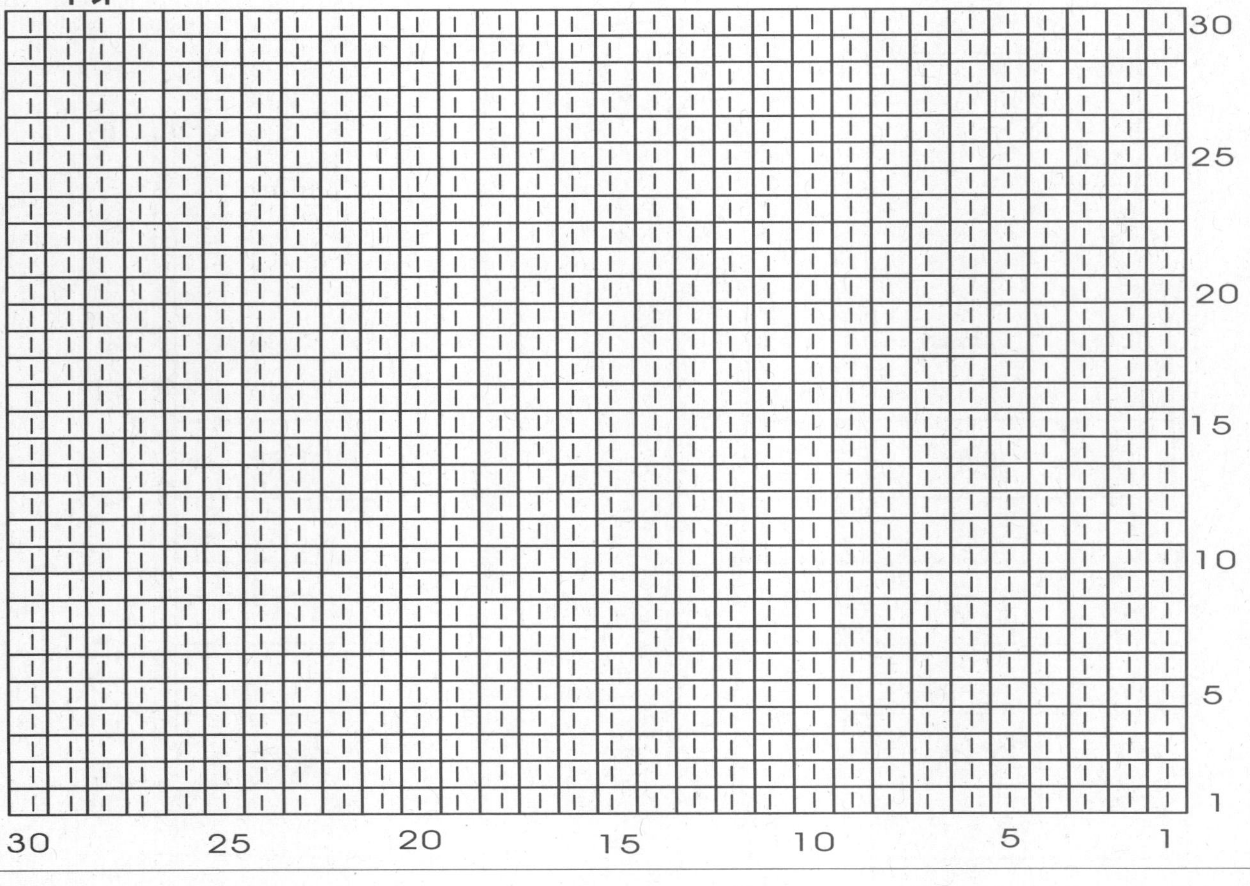

30 25 20 15 10 5 1

30 25 20 15 10 5 1

舒适休闲中长装

★**材料**

黑色中粗线

★**工具**

10号棒针

★**尺寸**

衣长53厘米　胸围98厘米

袖长51厘米

13

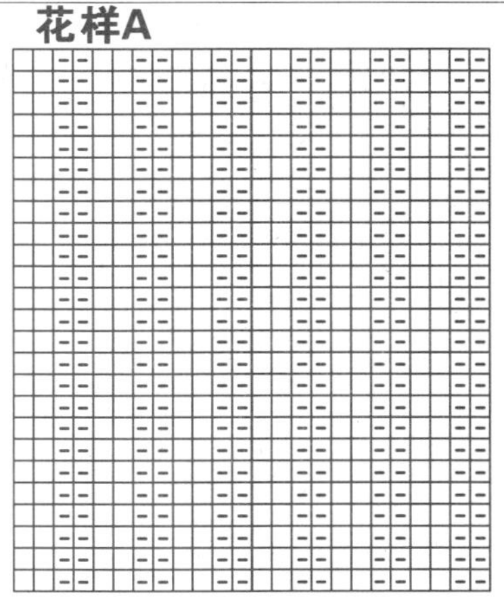

花样A

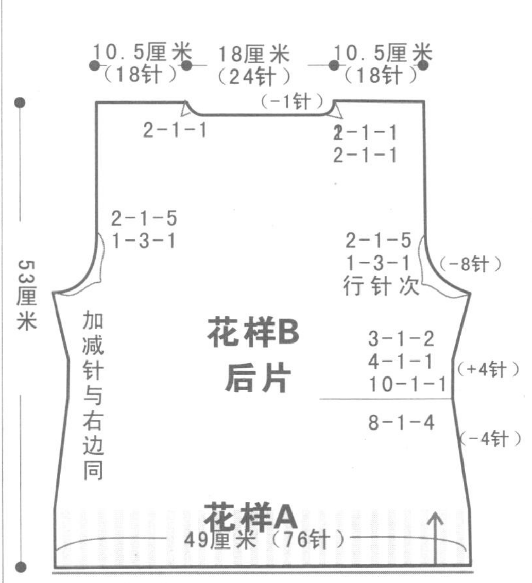

10.5厘米（18针）
18厘米（24针）
10.5厘米（18针）
（-1针）
2-1-1
2-1-1
2-1-1
53厘米
2-1-5
1-3-1
2-1-5
1-3-1
行针次
（-8针）
加减针与右边同
花样B
后片
3-1-2
4-1-1
10-1-1
（+4针）
8-1-4
（-4针）
花样A
49厘米（76针）

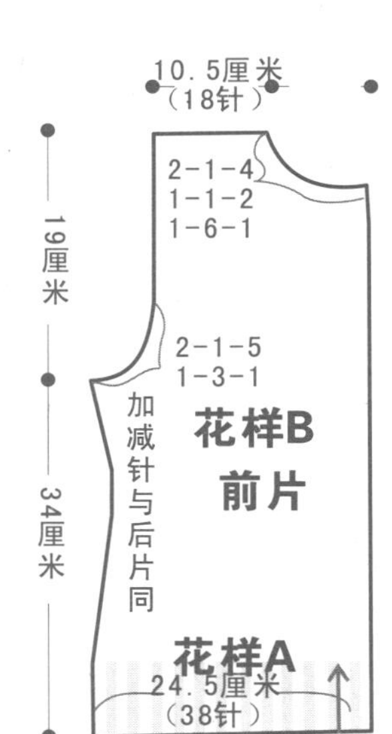

10.5厘米
（18针）
2-1-4
1-1-2
1-6-1
19厘米
2-1-5
1-3-1
34厘米
加减针与后片同
花样B
前片
花样A
24.5厘米
（38针）

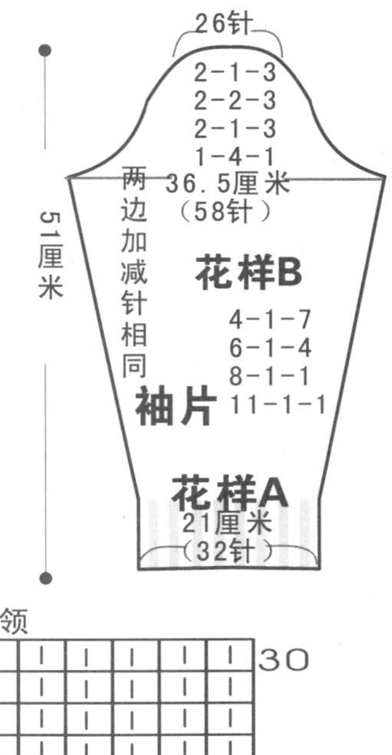

26针
2-1-3
2-2-3
2-1-3
1-4-1
36.5厘米
（58针）
51厘米
两边加减针相同
花样B
4-1-7
6-1-4
8-1-1
11-1-1
袖片
花样A
21厘米
（32针）

花样B

注：肩部缝合后，挑起领圈向上织平针20厘米作领

30　25　20　15　10　5　1

纯白休闲长外套

★材料

白色粗羊毛线

★工具

10号棒针

★尺寸

衣长78厘米　胸围98厘米

袖长51厘米

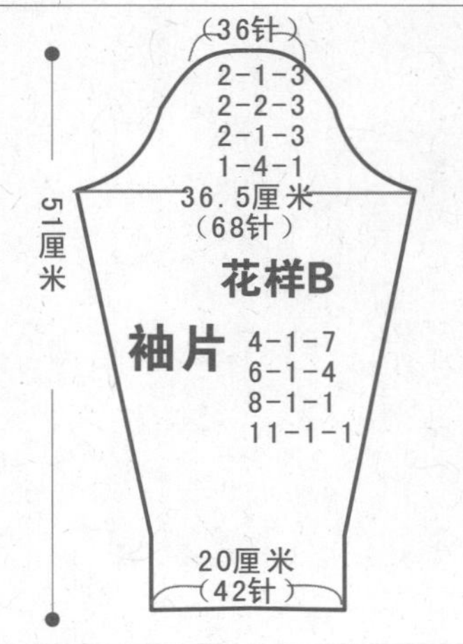

(36针)
2-1-3
2-2-3
2-1-3
1-4-1
36.5厘米
(68针)
51厘米
花样B
袖片
4-1-7
6-1-4
8-1-1
11-1-1
20厘米
(42针)

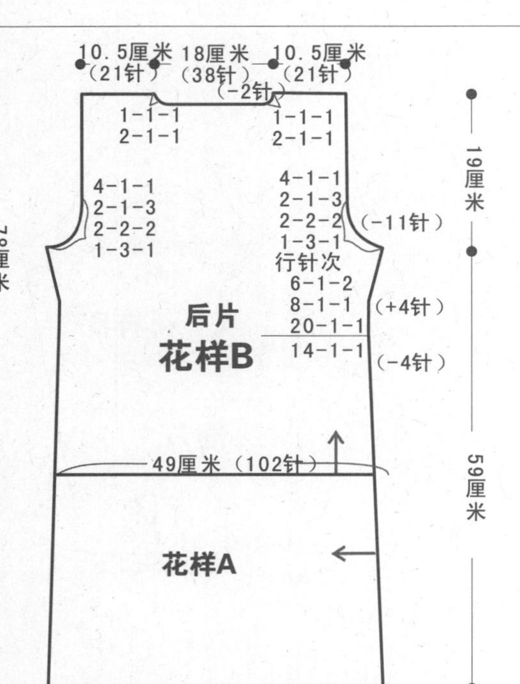

10.5厘米
(21针)
18厘米
(38针)
10.5厘米
(21针)
(-2针)
1-1-1
2-1-1
1-1-1
2-1-1
4-1-1
2-1-3
2-2-2
1-3-1
4-1-1
2-1-3
2-2-2
1-3-1
(-11针)
行针次
6-1-2
8-1-1
20-1-1
14-1-1
(+4针)
(-4针)
78厘米
后片
花样B
49厘米(102针)
花样A

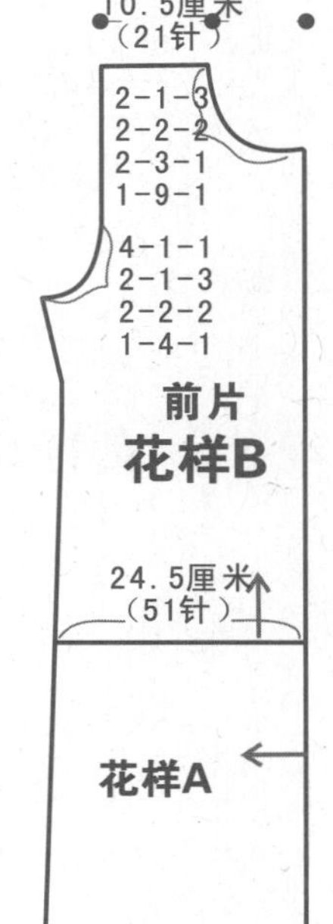

10.5厘米
(21针)
19厘米
2-1-3
2-2-2
2-3-1
1-9-1
4-1-1
2-1-3
2-2-2
1-4-1
前片
花样B
24.5厘米
(51针)
59厘米
花样A

14

花样B

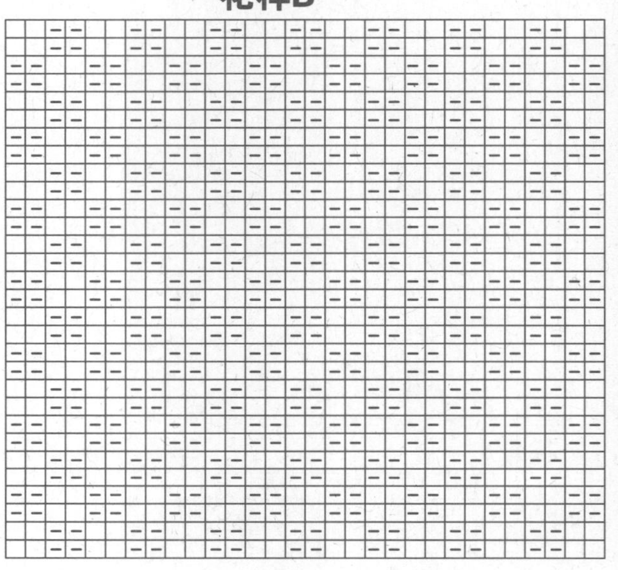

花样A

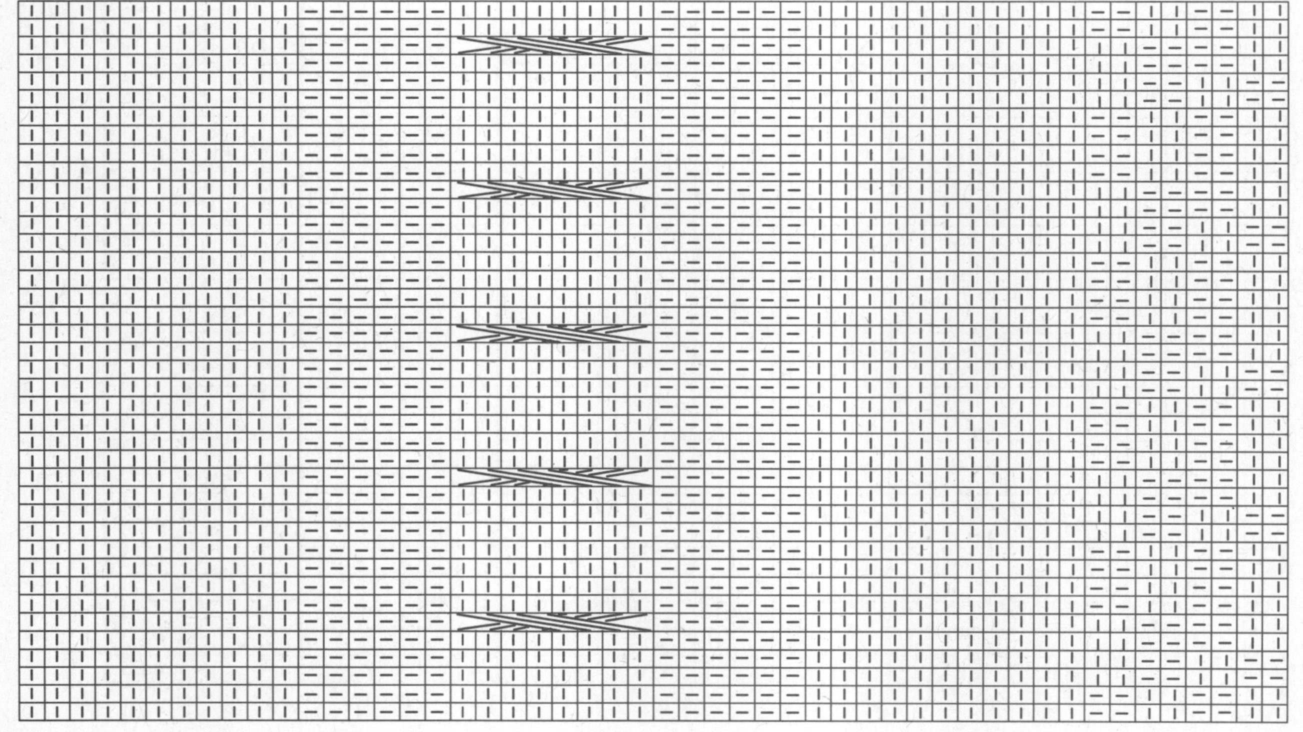

高贵个性长外套

★**材料**

枣红色中粗线

★**工具**

10号棒针

★**尺寸**

衣长78厘米　　胸围98厘米

袖长51厘米

花样A

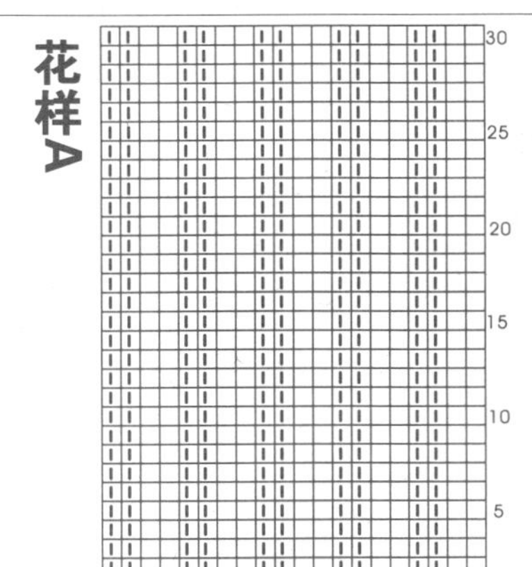

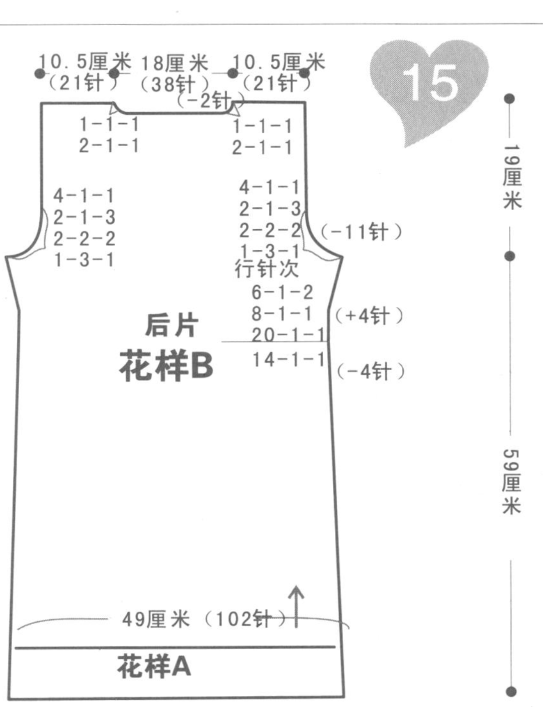

10.5厘米（21针）
18厘米（38针）
10.5厘米（21针）
（-2针）
1-1-1
2-1-1
1-1-1
2-1-1
4-1-1
2-1-3
2-2-2
1-3-1
4-1-1
2-1-3
2-2-2
1-3-1
（-11针）
行针次
6-1-2
8-1-1
20-1-1
14-1-1
（+4针）
（-4针）
78厘米
后片
花样B
49厘米（102针）
花样A
15

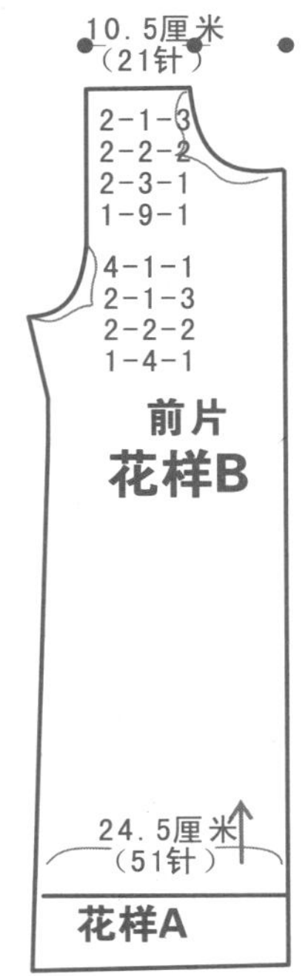

10.5厘米（21针）
2-1-3
2-2-2
2-3-1
1-9-1
4-1-1
2-1-3
2-2-2
1-4-1
19厘米
59厘米
前片
花样B
24.5厘米（51针）
花样A

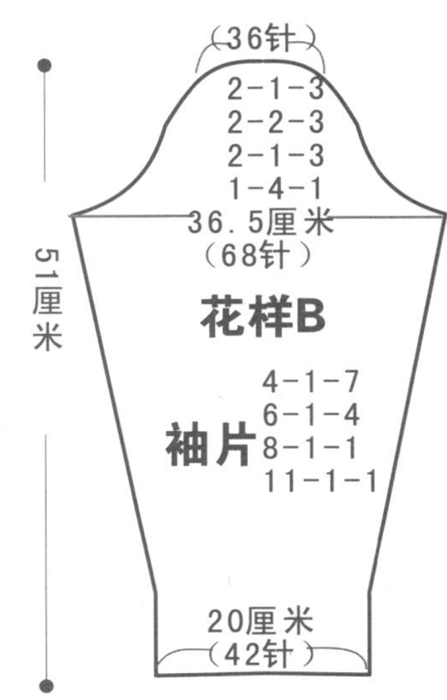

（36针）
2-1-3
2-2-3
2-1-3
1-4-1
36.5厘米（68针）
51厘米
花样B
袖片
4-1-7
6-1-4
8-1-1
11-1-1
20厘米（42针）

花样B

可爱休闲外套

★材料

大红色中细线

白色等多色中细线

★工具

1毫米钩针　12号棒针

★尺寸

衣长53厘米　胸围98厘米

袖长51厘米

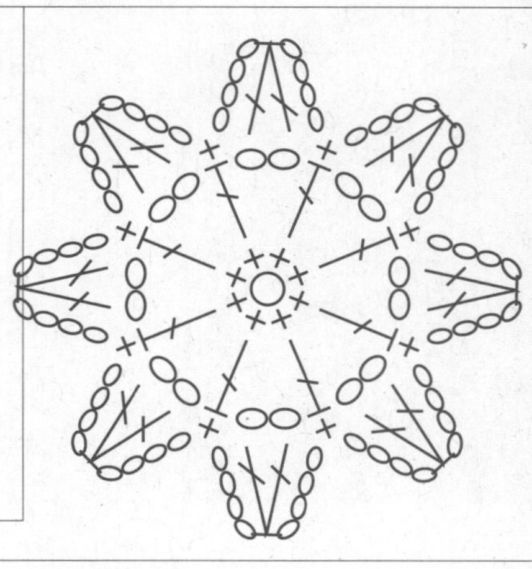

16

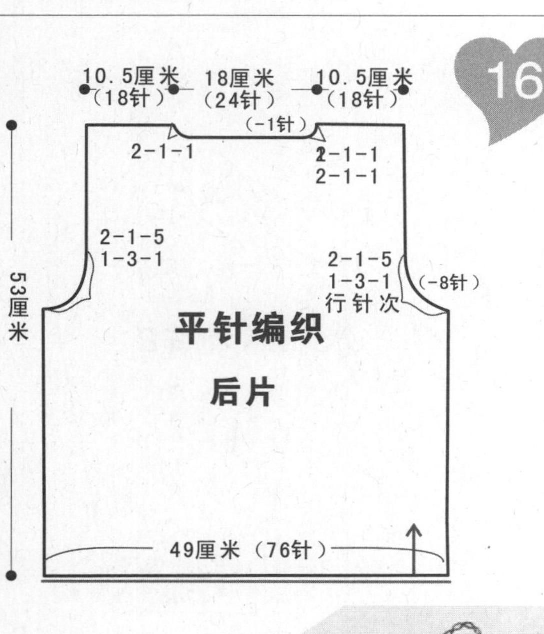

10.5厘米（18针）
18厘米（24针）
10.5厘米（18针）
（-1针）
2-1-1
2-1-1
2-1-1
2-1-5
1-3-1
2-1-5
1-3-1
行针次
（-8针）
53厘米
平针编织
后片
49厘米（76针）

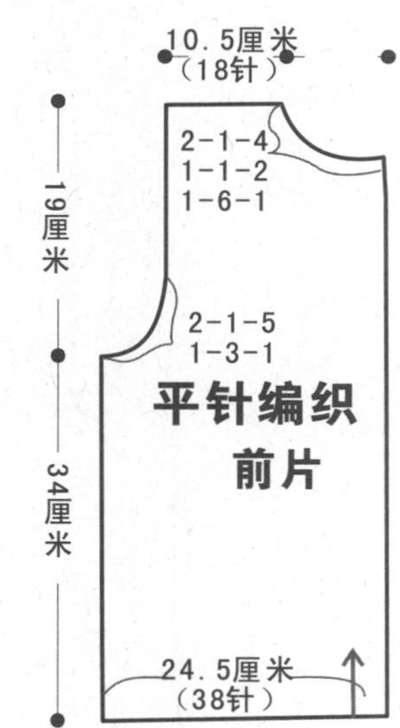

10.5厘米（18针）
2-1-4
1-1-2
1-6-1
19厘米
2-1-5
1-3-1
平针编织
前片
34厘米
24.5厘米（38针）

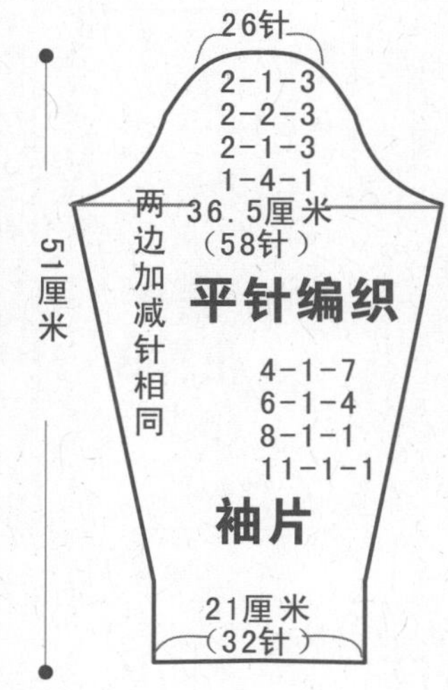

26针
2-1-3
2-2-3
2-1-3
1-4-1
36.5厘米（58针）
两边加减针相同
51厘米
平针编织
4-1-7
6-1-4
8-1-1
11-1-1
袖片
21厘米（32针）

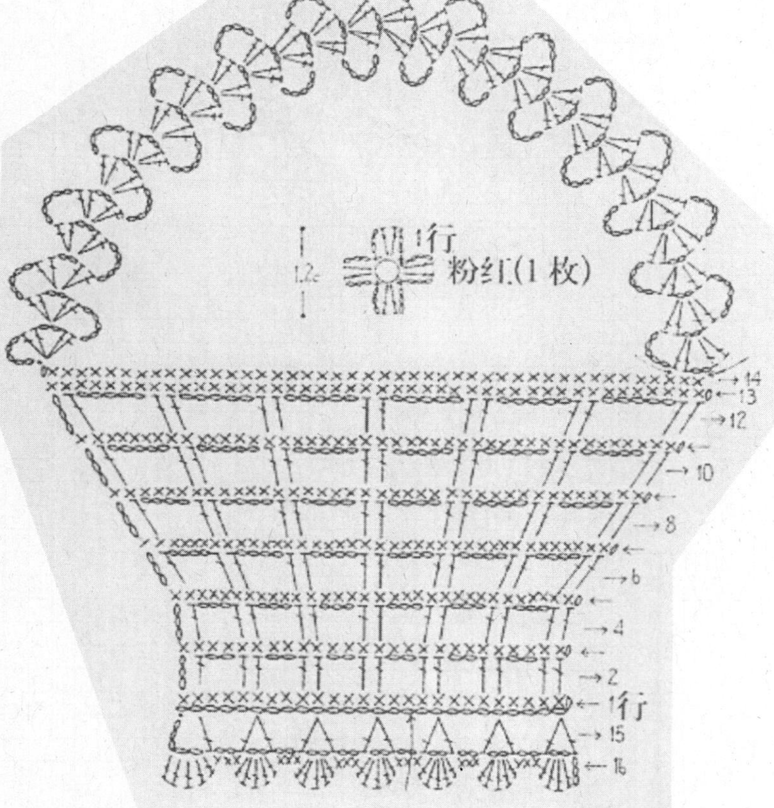

1行
粉红(1枚)
14
13
12
10
8
6
4
2
1行
15
16

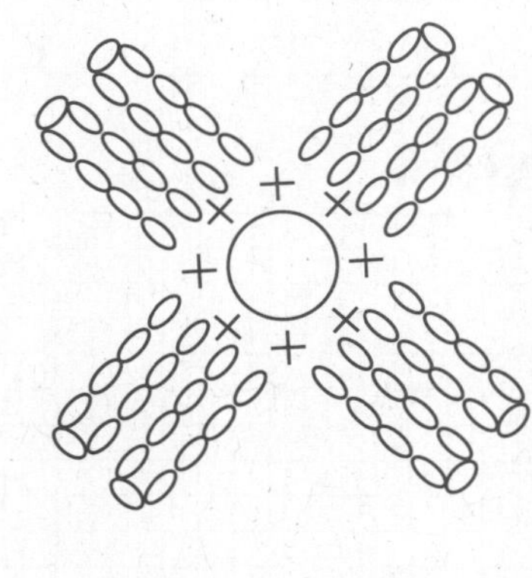

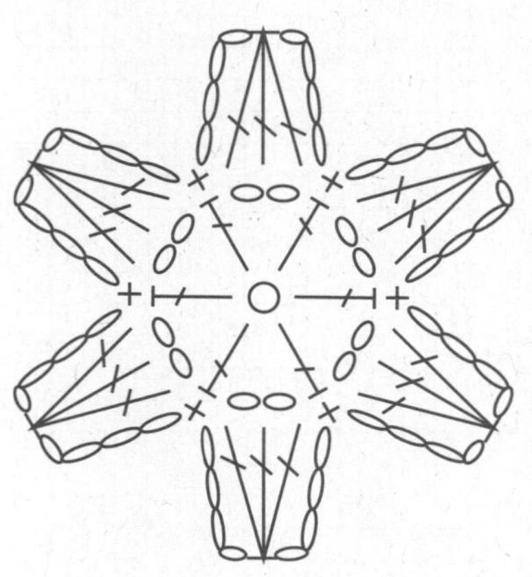

时尚简洁披肩

★材料

大红色中粗线

★工具

10号棒针

★尺寸

衣长55厘米　　胸围98厘米

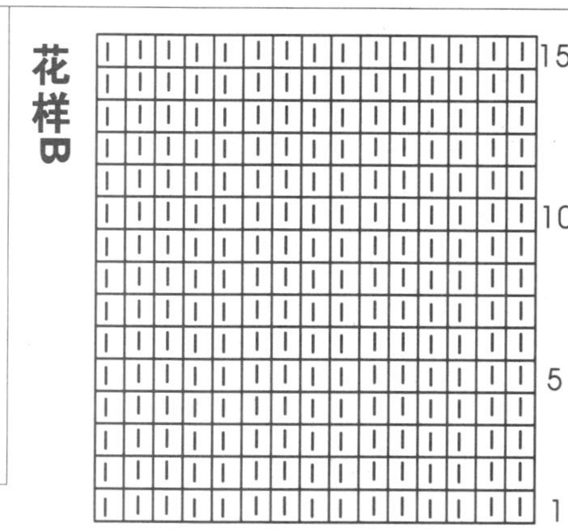
花样B
15
10
5
1
15
10
5
1

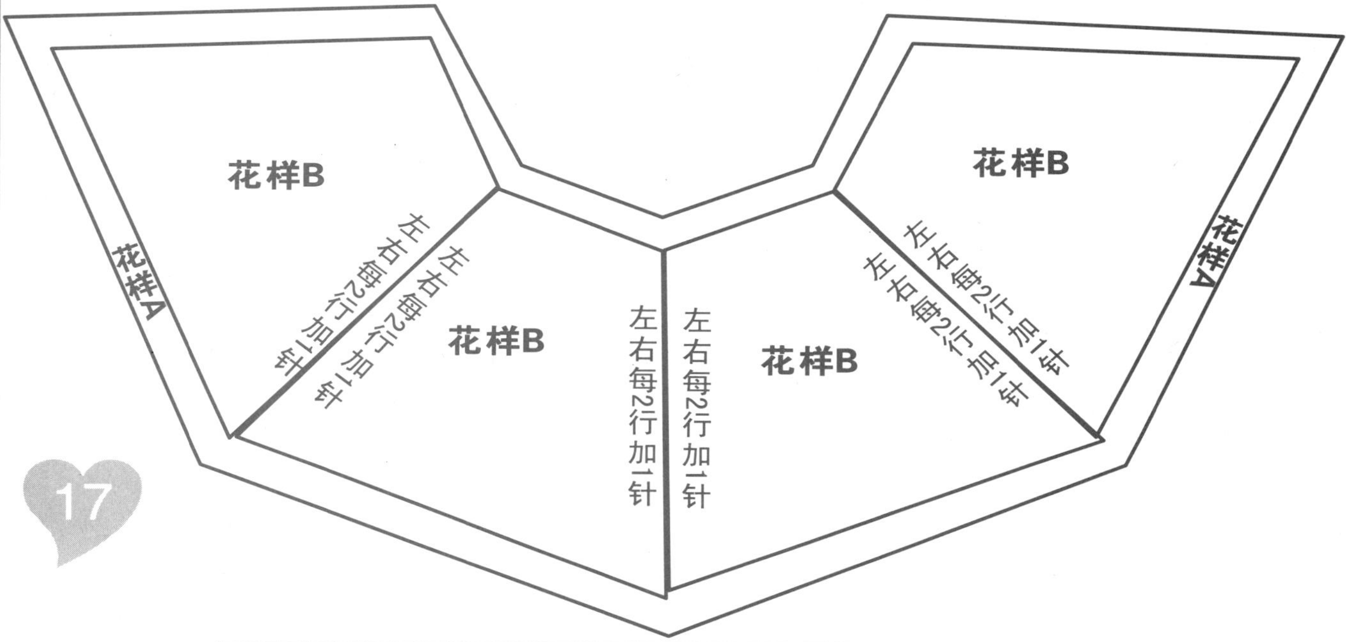

花样B

花样B

花样B

花样B

花样A

花样A

左右每2行加1针

左右每2行加1针

左右每2行加1针

左右每2行加1针

左右每2行加1针

左右每2行加1针

17

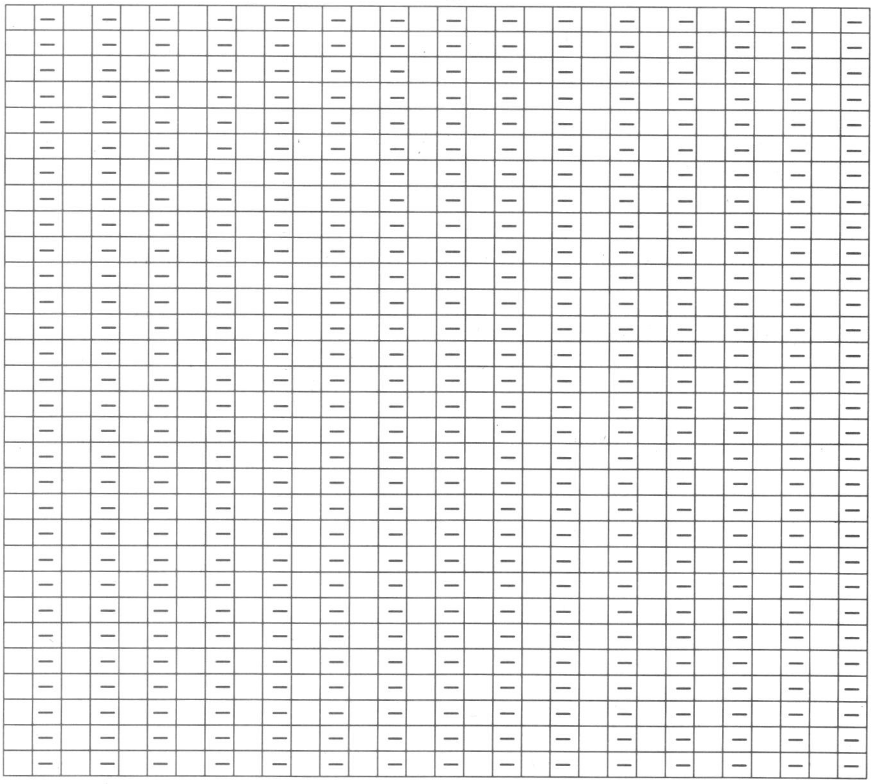

花样A

□=⊡

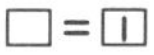

扭花宽松开衫

★材料

白色、红色、绿色中粗线

★工具

10号棒针

★尺寸

衣长51厘米　胸围98厘米

袖长51厘米

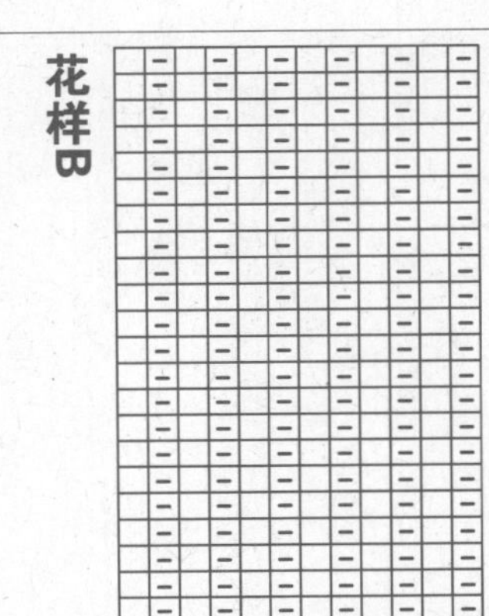
花样B

18

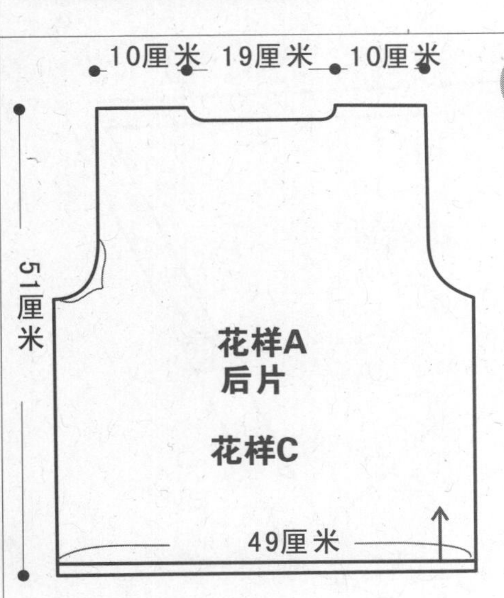
10厘米
19厘米
10厘米
51厘米
花样A
后片
花样C
49厘米

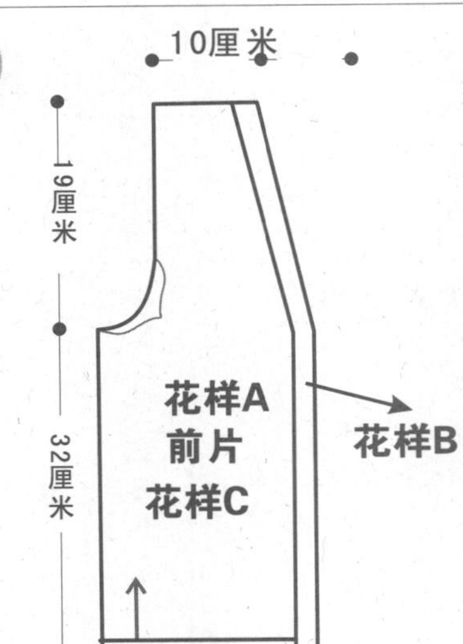
10厘米
19厘米
32厘米
花样A
前片
花样C
花样B

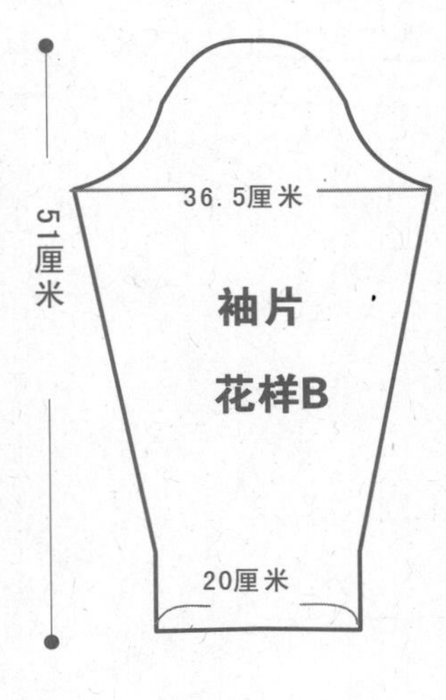
51厘米
36.5厘米
袖片
花样B
20厘米

花样C

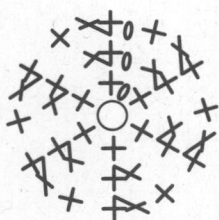

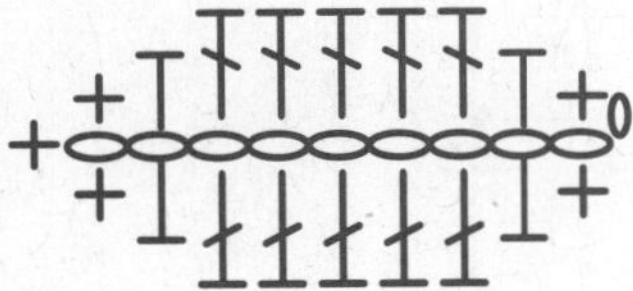

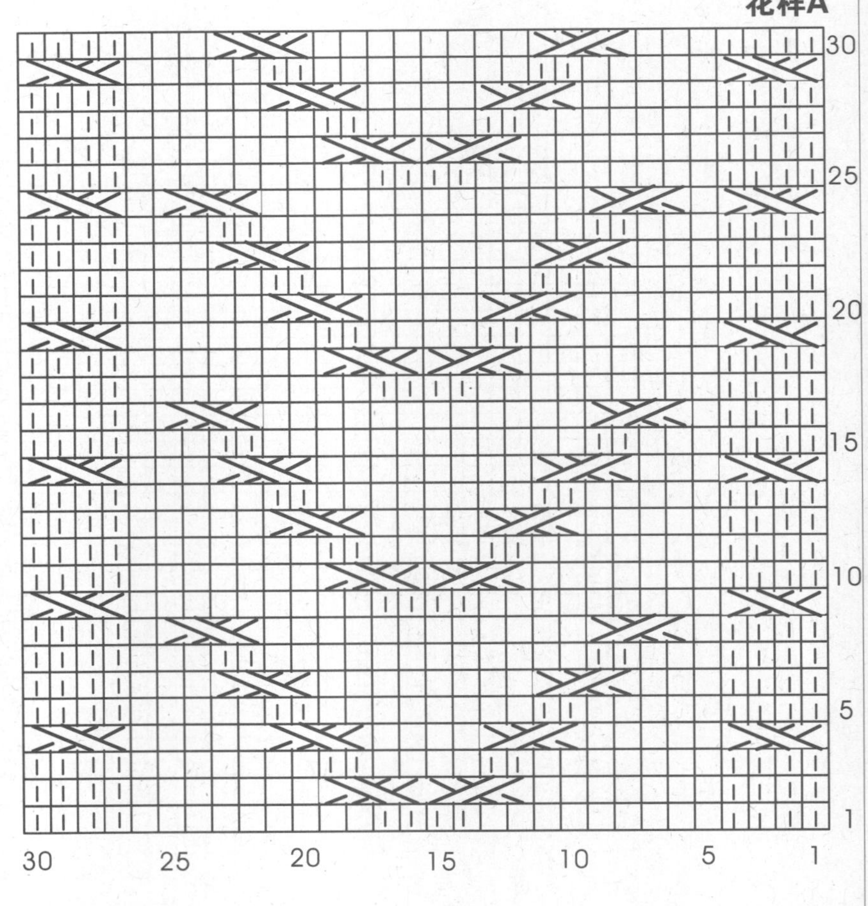
花样A
30
25
20
15
10
5
1

清新大翻领小外套

★材料

白色中细线

★工具

12号棒针

★尺寸

衣长52厘米　胸围98厘米

袖长51厘米

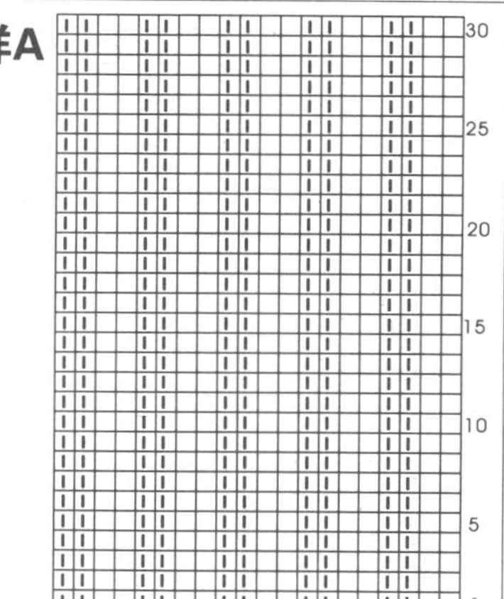

花样A
30
25
20
15
10
5
1
20
15
10
5
1

19

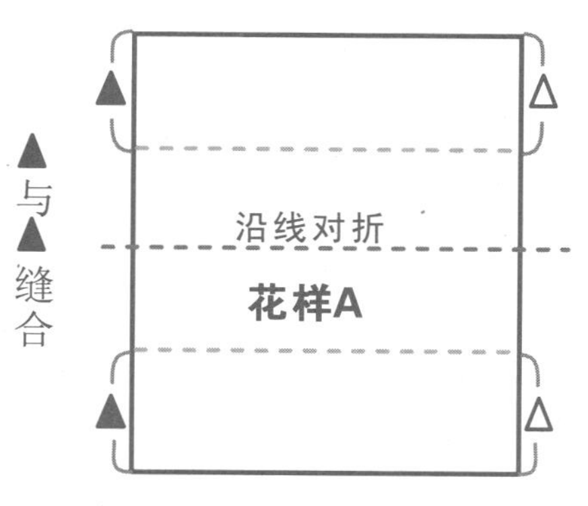

▲与▲缝合
沿线对折
花样A
△与△缝合

对折缝合后

花样B　挑起织　挑起织　花样B

挑起织
花样B

花样B

30
25
20
15
10
5
1

六瓣花式小外套

★材料

灰色粗羊毛线

★工具

8号棒针

★尺寸

衣长53厘米　胸围98厘米

袖长51厘米

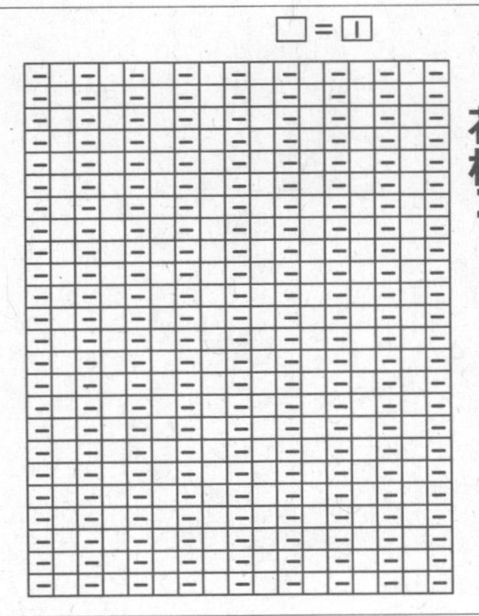

□=Ⅰ
花样A

20

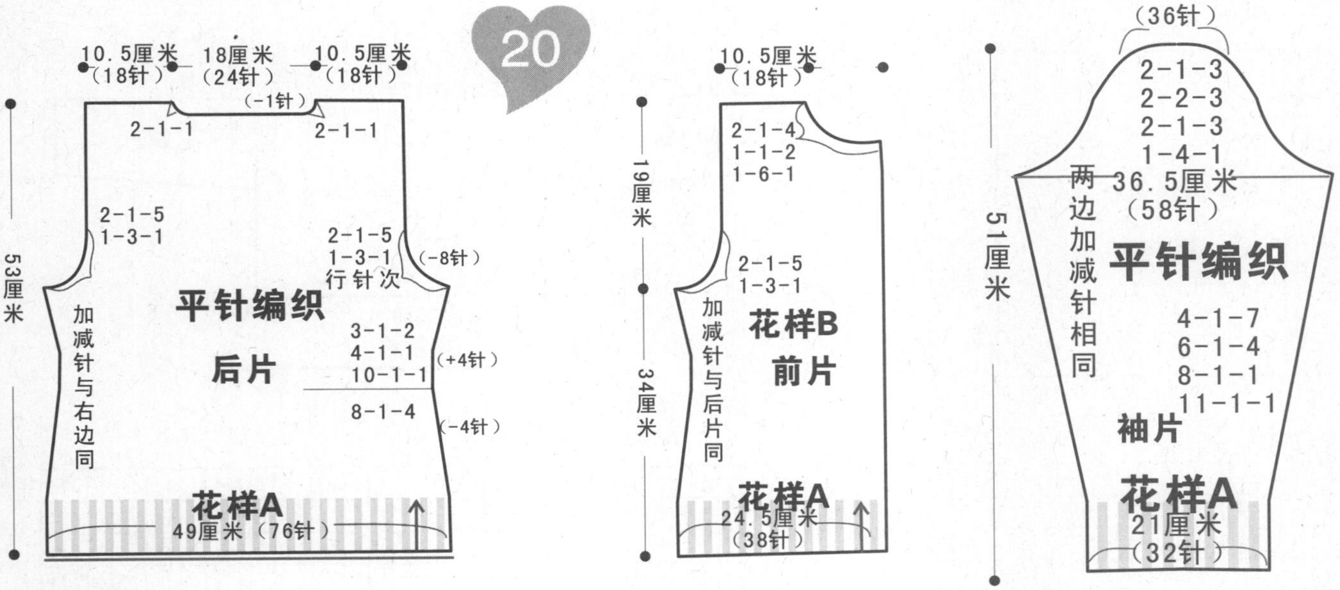

10.5厘米（18针）　18厘米（24针）　10.5厘米（18针）

（-1针）

2-1-1　2-1-1

2-1-5
1-3-1

2-1-5
1-3-1　（-8针）
行针次

53厘米

平针编织

加减针与右边同

3-1-2
4-1-1
10-1-1　（+4针）

后片

8-1-4　（-4针）

花样A

49厘米（76针）

10.5厘米（18针）

2-1-4
1-1-2
1-6-1

19厘米

2-1-5
1-3-1

加减针与后片同

花样B

前片

34厘米

花样A

24.5厘米（38针）

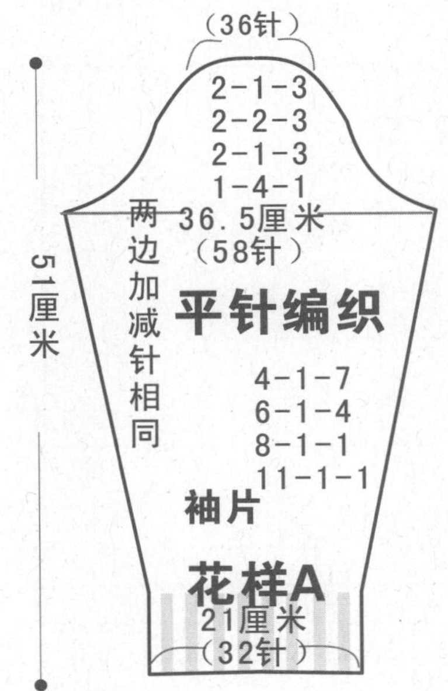

（36针）
2-1-3
2-2-3
2-1-3
1-4-1
两边加减针相同
36.5厘米（58针）
51厘米
平针编织
4-1-7
6-1-4
8-1-1
11-1-1
袖片
花样A
21厘米（32针）

花样B

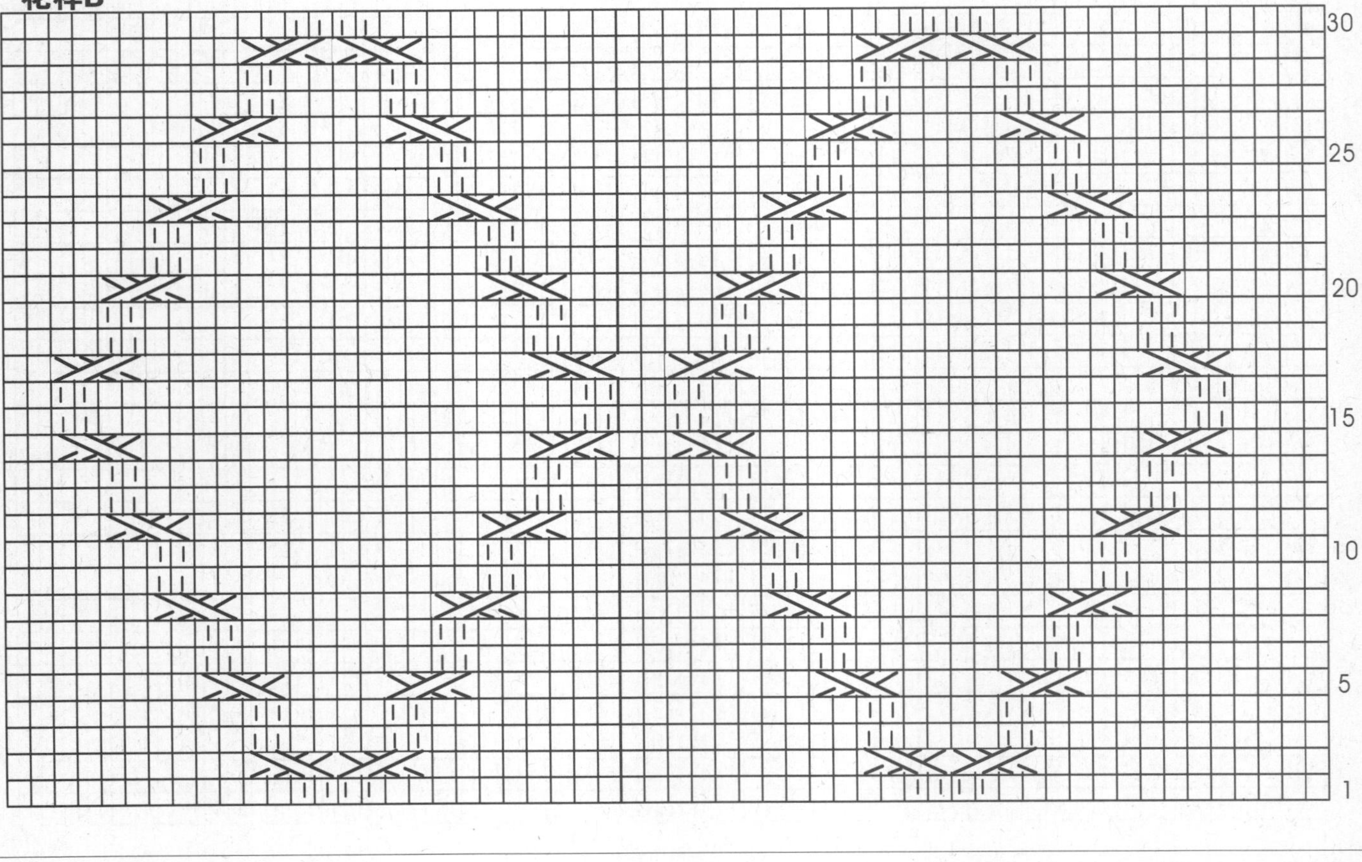

30
25
20
15
10
5
1

简洁带帽长外套

★材料

灰色中细线

★工具

12号棒针

★尺寸

衣长78厘米　胸围98厘米

袖长51厘米

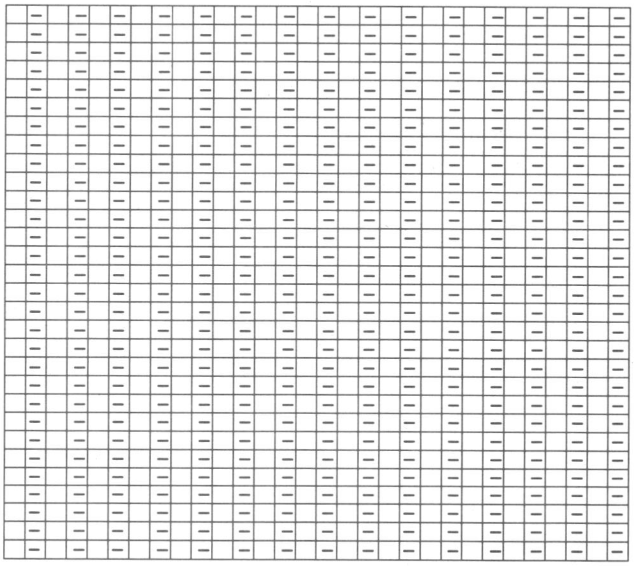

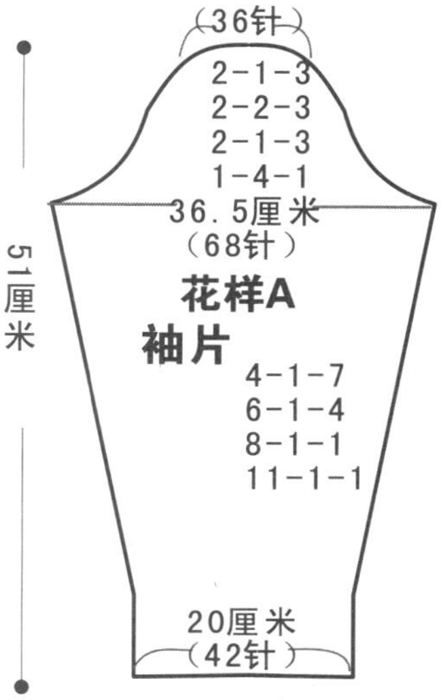

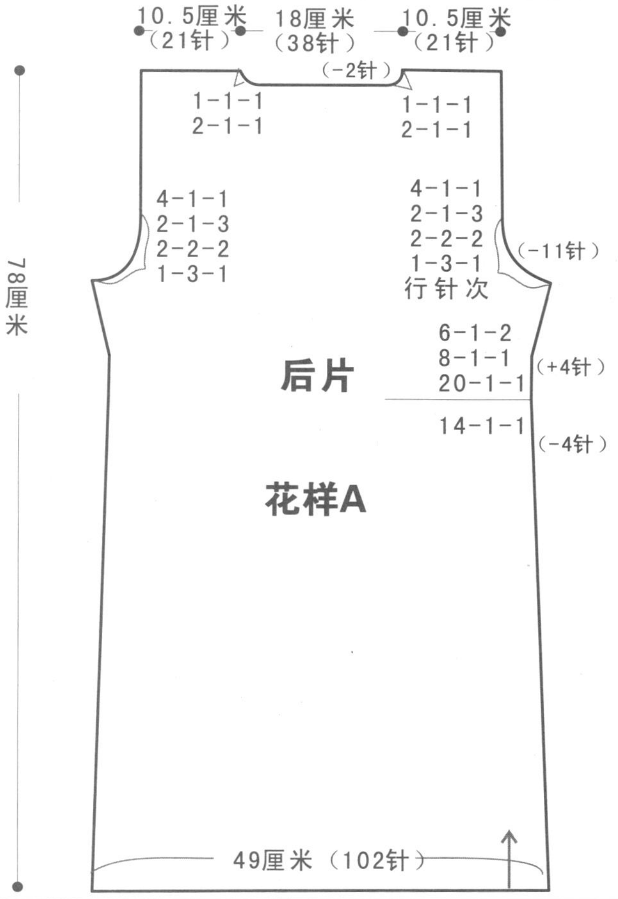

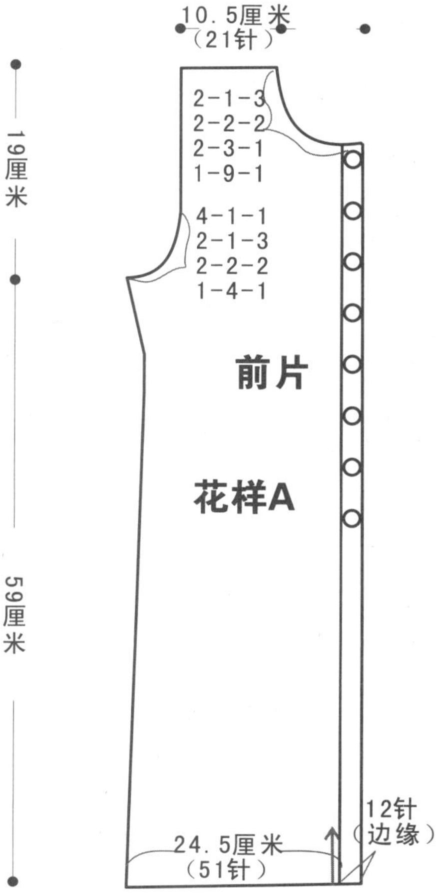

21

花样A

□=⊟

(36针)
2-1-3
2-2-3
2-1-3
1-4-1
36.5厘米
(68针)
花样A
袖片
4-1-7
6-1-4
8-1-1
11-1-1
51厘米
20厘米
(42针)
10.5厘米
(21针)
18厘米
(38针)
10.5厘米
(21针)
(-2针)
1-1-1
2-1-1
1-1-1
2-1-1
4-1-1
2-1-3
2-2-2
1-3-1
4-1-1
2-1-3
2-2-2
1-3-1
行针次
(-11针)
6-1-2
8-1-1
20-1-1
(+4针)
14-1-1
(-4针)
后片
花样A
78厘米
49厘米(102针)
10.5厘米
(21针)
2-1-3
2-2-2
2-3-1
1-9-1
4-1-1
2-1-3
2-2-2
1-4-1
19厘米
59厘米
前片
花样A
24.5厘米
(51针)
12针
(边缘)

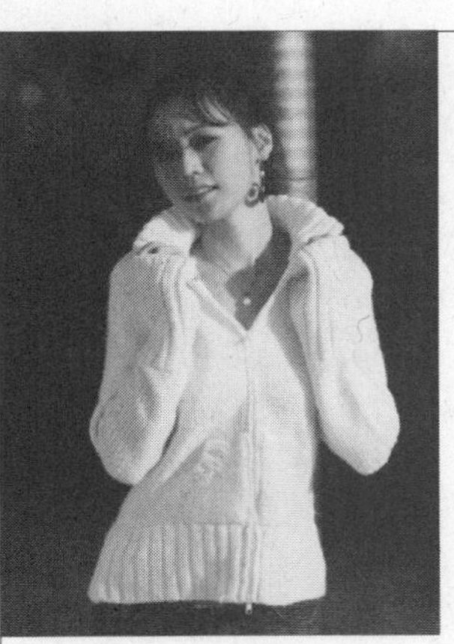

舒适休闲系中长装

★材料

米白色中粗线

★工具

10号棒针

★尺寸

衣长53厘米　胸围98厘米

袖长51厘米

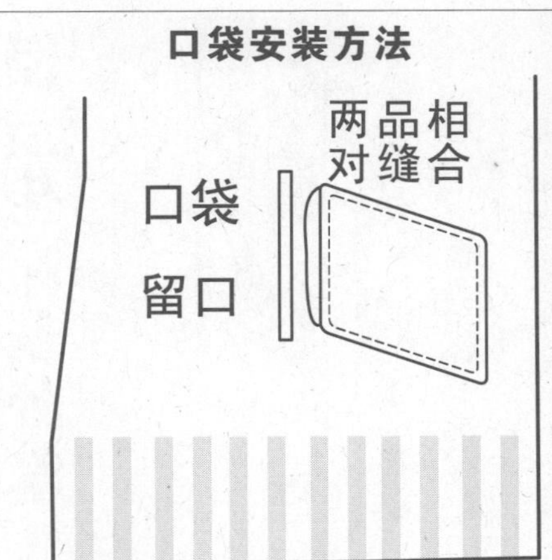
口袋安装方法
两品相对缝合
口袋
留口

22

10.5厘米（18针）　18厘米（24针）　10.5厘米（18针）

（-1针）

2-1-1　2-1-1　2-1-1

2-1-5　1-3-1

2-1-5　1-3-1　行针次　（-8针）

53厘米

加减针与右边同

后片

3-1-2　4-1-1　10-1-1　（+4针）

8-1-4　（-4针）

花样

49厘米（76针）

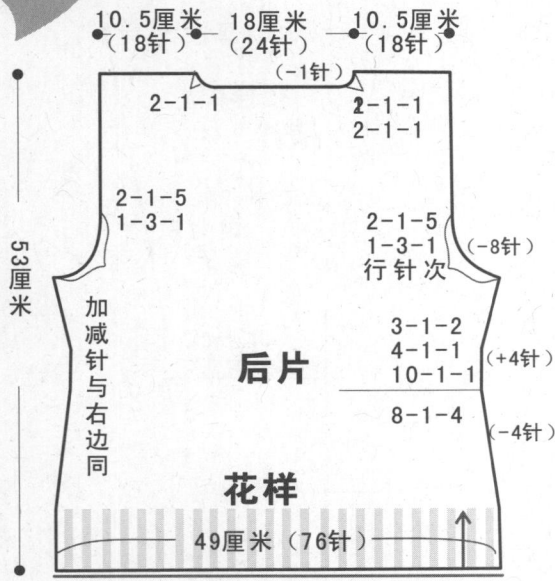

下摆起针76针，编织20行双罗纹（花样），其余采用平针编织，收针及添针见标注

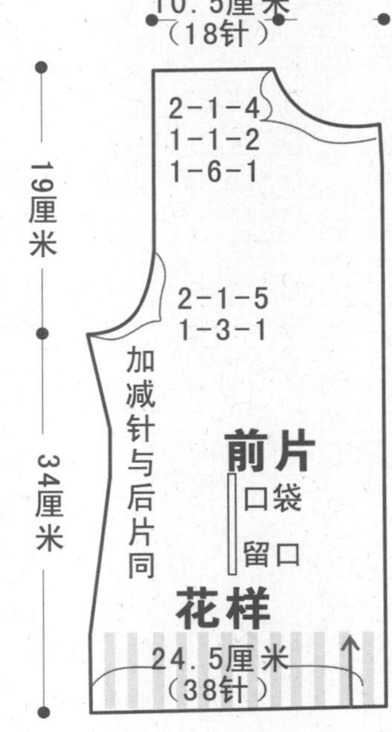
10.5厘米
（18针）
2-1-4
1-1-2
1-6-1
19厘米
2-1-5
1-3-1
加减针与后片同
34厘米
前片
口袋
留口
花样
24.5厘米
（38针）

从袖口起针32针，编织15行双罗纹（花样），其余部分为平针编织，加减针见标注

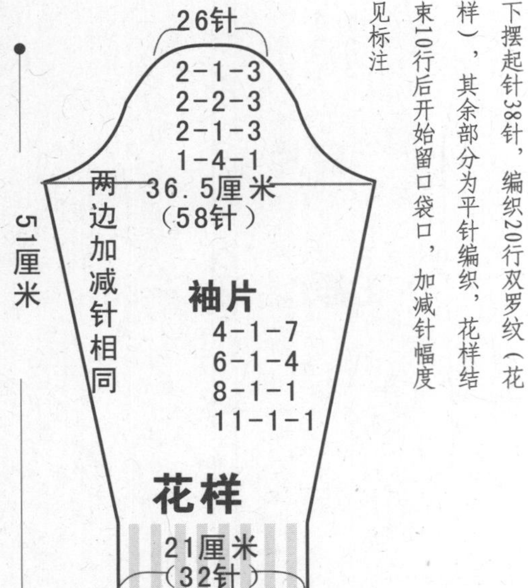
26针
2-1-3
2-2-3
2-1-3
1-4-1
两边加减针相同
36.5厘米
（58针）
51厘米
袖片
4-1-7
6-1-4
8-1-1
11-1-1
花样
21厘米
（32针）

下摆起针38针，编织20行双罗纹（花样），其余部分为平针编织，花样结束10行后开始留口袋口，加减针幅度见标注

花样

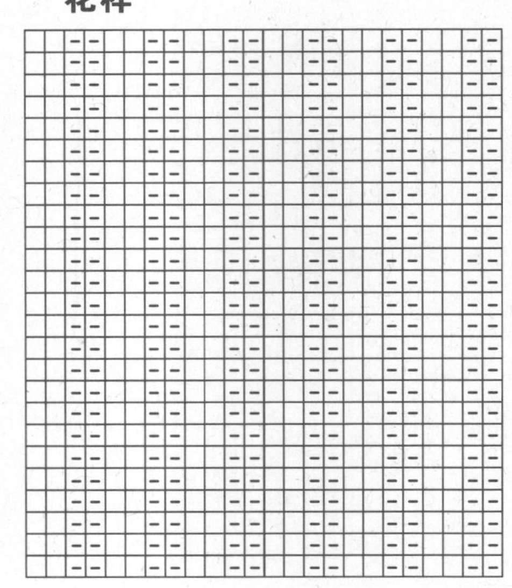

注：肩部缝合后，挑起领圈向上织平针30厘米作为翻领。

宽松V领外套

★材料

白色及墨绿色中粗线

★工具

10号棒针

★尺寸

衣长52厘米　胸围98厘米

袖长51厘米

花样

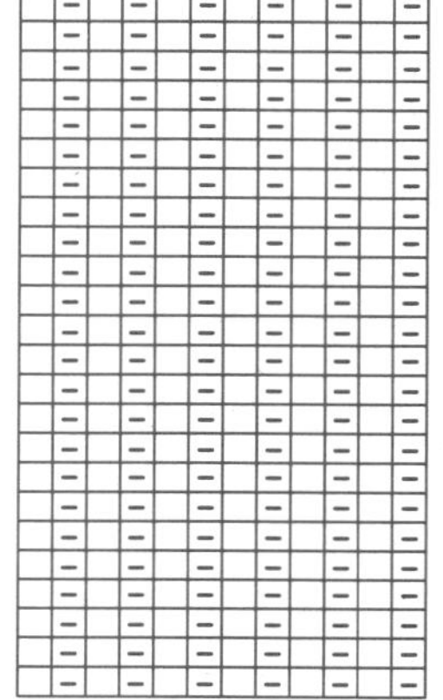

23

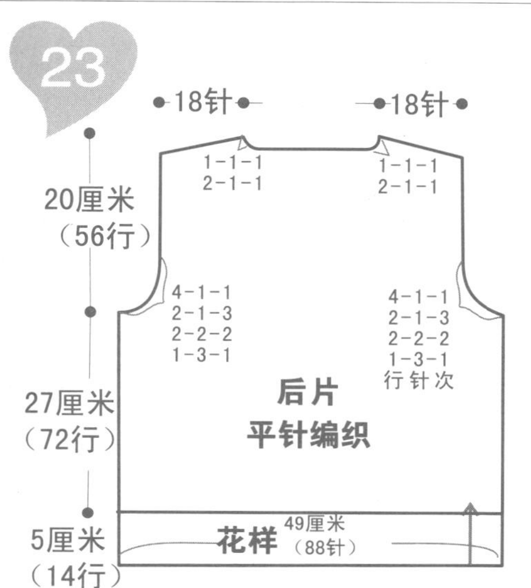

18针
18针
1-1-1
2-1-1
20厘米（56行）
4-1-1
2-1-3
2-2-2
1-3-1
行针次
27厘米（72行）
后片
平针编织
5厘米（14行）
花样
49厘米（88针）

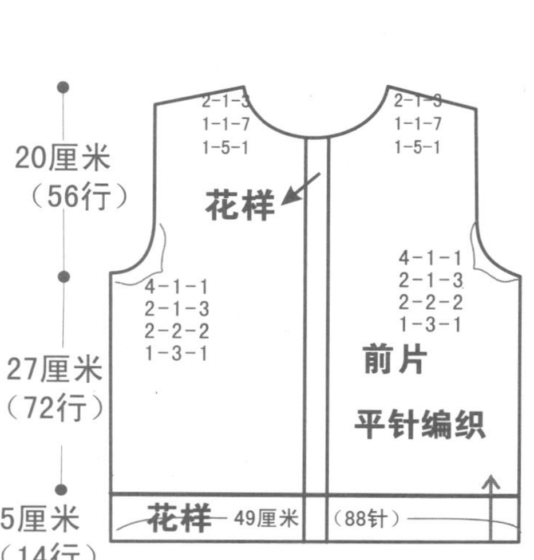

2-1-3
1-1-7
1-5-1
20厘米（56行）
花样
4-1-1
2-1-3
2-2-2
1-3-1
27厘米（72行）
前片
平针编织
5厘米（14行）
花样
49厘米
（88针）

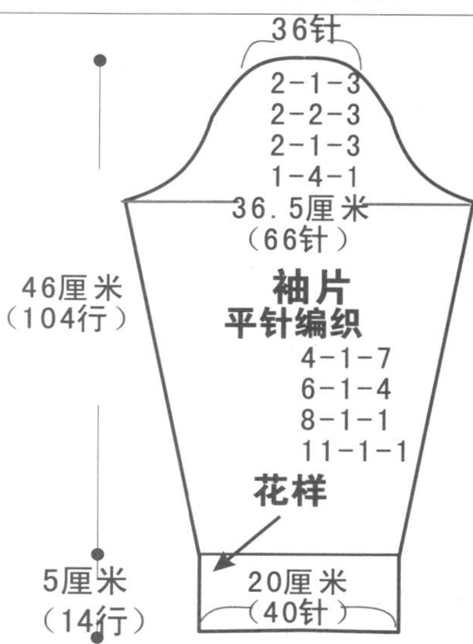

36针
2-1-3
2-2-3
2-1-3
1-4-1
36.5厘米（66针）
46厘米（104行）
袖片
平针编织
4-1-7
6-1-4
8-1-1
11-1-1
花样
5厘米（14行）
20厘米（40针）

图案配色

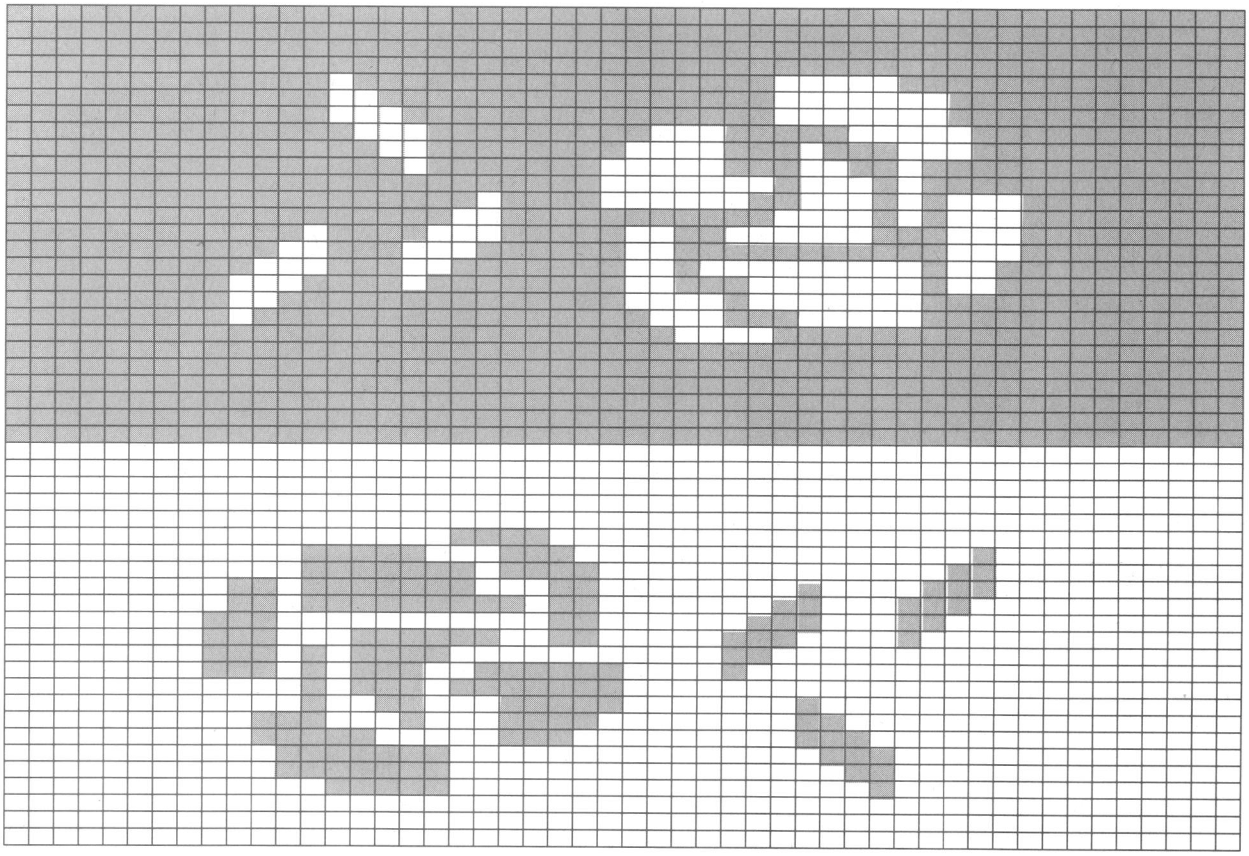

纯白带帽小外套

★材料

米白色中粗线

★工具

10号棒针

★尺寸

衣长78厘米　胸围98厘米

袖长51厘米

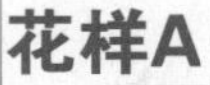

花样A

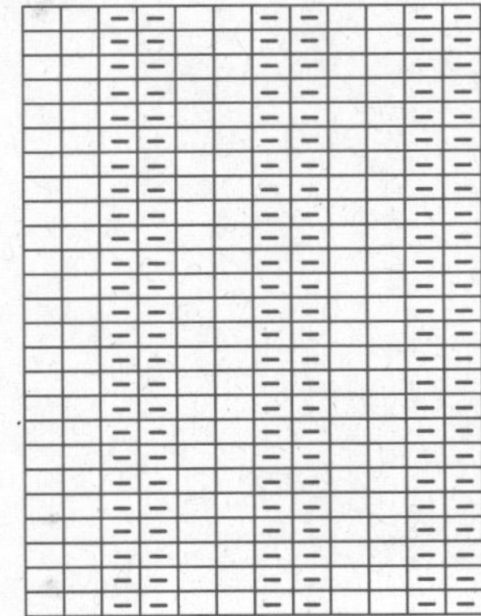

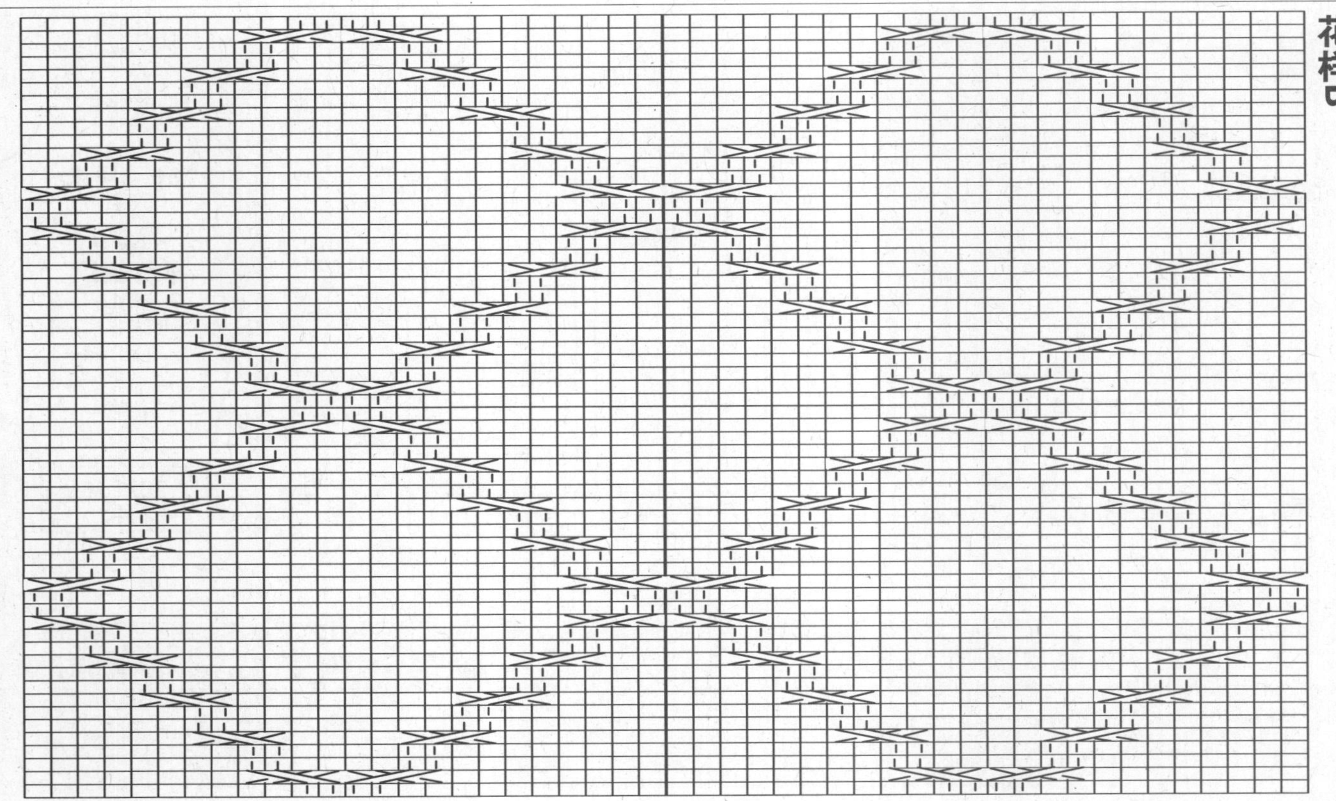
花样B

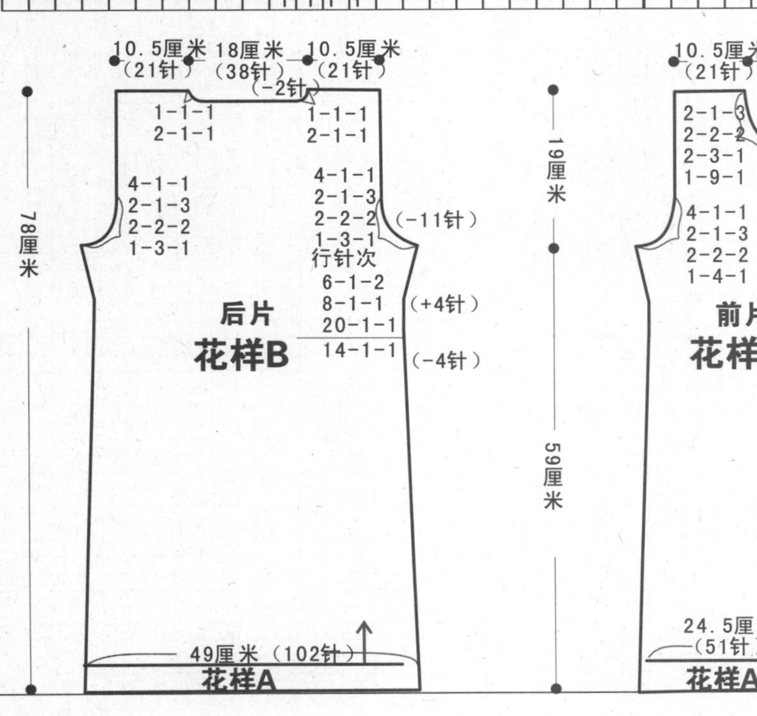
10.5厘米
(21针)
18厘米
(38针)
(-2针)
10.5厘米
(21针)
1-1-1
2-1-1
1-1-1
2-1-1
4-1-1
2-1-3
2-2-2
1-3-1
4-1-1
2-1-3
2-2-2
1-3-1
(-11针)
行针次
6-1-2
8-1-1
20-1-1
14-1-1
(+4针)
(-4针)
78厘米
后片
花样B
49厘米(102针)
花样A
10.5厘米
(21针)
19厘米
2-1-3
2-2-2
2-3-1
1-9-1
4-1-1
2-1-3
2-2-2
1-4-1
59厘米
前片
花样B
24.5厘米
(51针)
花样A

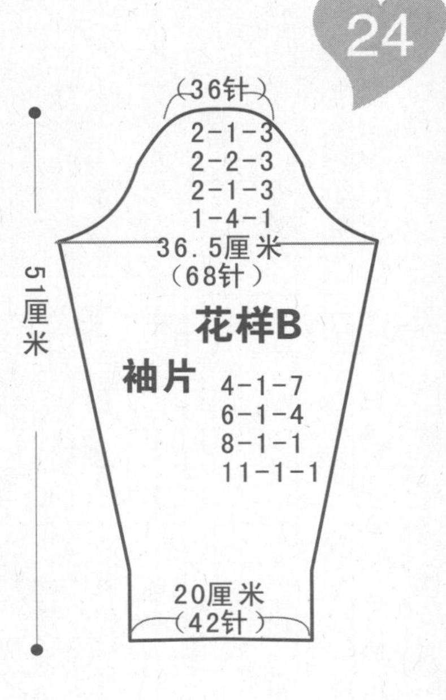
24
(36针)
2-1-3
2-2-3
2-1-3
1-4-1
36.5厘米
(68针)
51厘米
花样B
袖片
4-1-7
6-1-4
8-1-1
11-1-1
20厘米
(42针)

活泼大翻领开衫

★**材料**

粉红色粗羊毛线

★**工具**

8号棒针

★**尺寸**

衣长53厘米　胸围98厘米

袖长51厘米

花样A

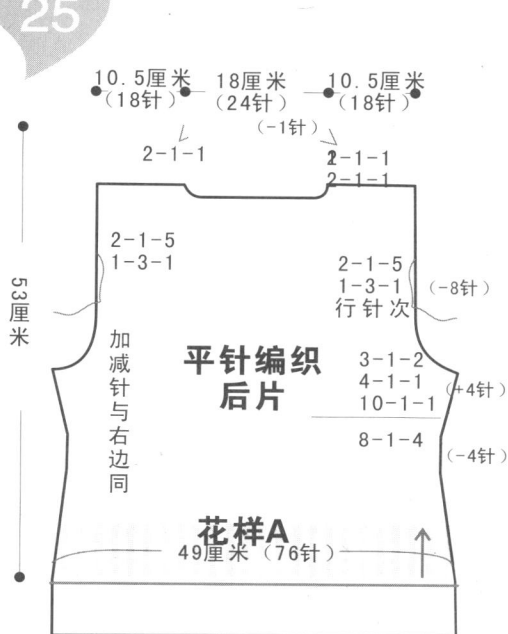

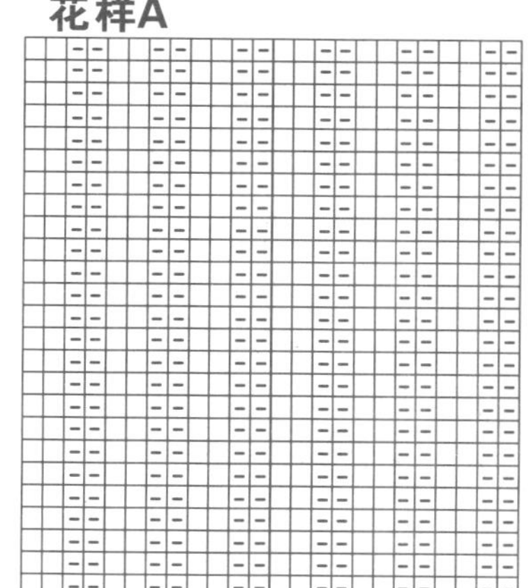

25

10.5厘米（18针）　18厘米（24针）　10.5厘米（18针）

（-1针）

2-1-1　2-1-1　2-1-1

53厘米

2-1-5
1-3-1

加减针与右边同

平针编织
后片

2-1-5
1-3-1
行针次　（-8针）

3-2-2
4-1-1
10-1-1　（+4针）

8-1-4　（-4针）

花样A

49厘米（76针）

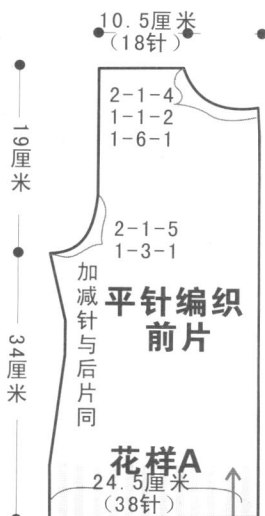

10.5厘米（18针）

19厘米

2-1-4
1-1-2
1-6-1

2-1-5
1-3-1

34厘米

加减针与后片同

平针编织
前片

花样A

24.5厘米（38针）

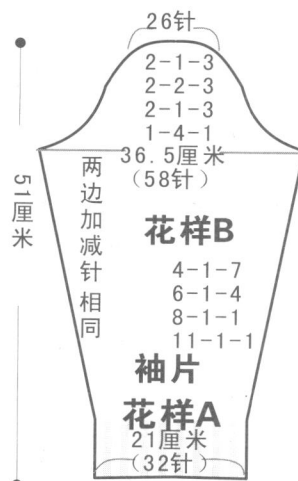

26针

51厘米

2-1-3
2-2-3
2-1-3
1-4-1

36.5厘米（58针）

两边加减针相同

花样B

4-1-7
6-1-4
8-1-1
11-1-1

袖片

花样A

21厘米（32针）

注：肩部缝合后，挑起领圈向上织平针30厘米，然后将底边对折缝合成帽子。

花样B

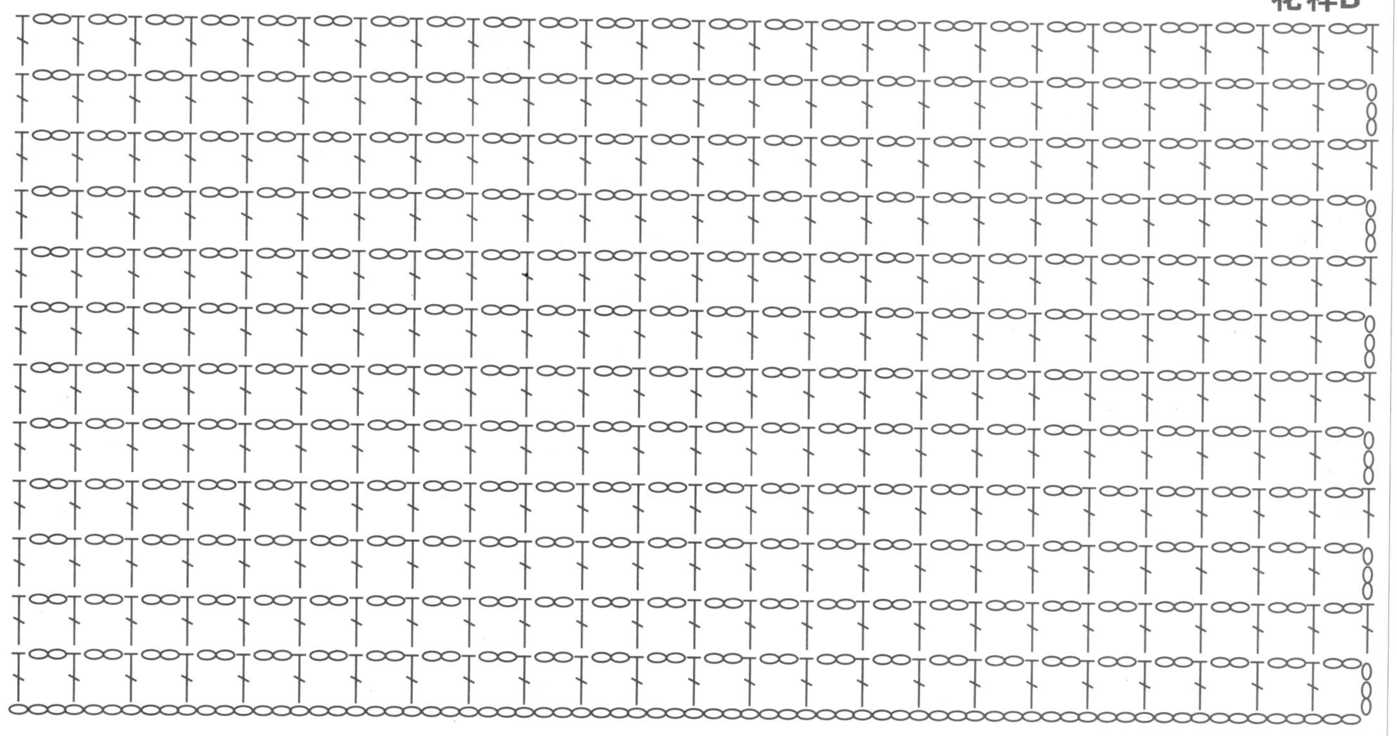

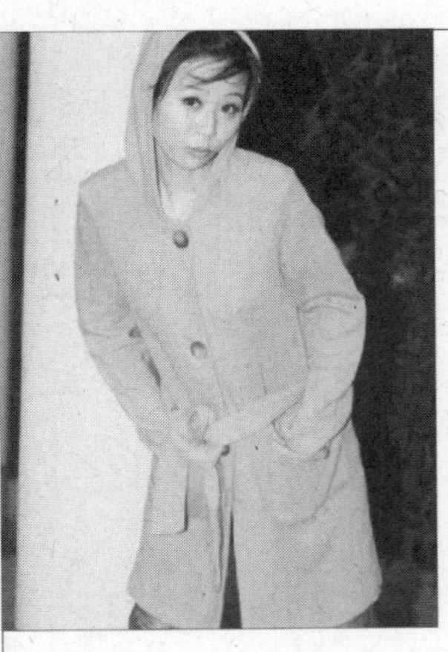

带帽长袖大外套

★材料

浅咖啡色中细线

★工具

10号棒针

★尺寸

衣长78厘米　胸围98厘米

袖长51厘米

26

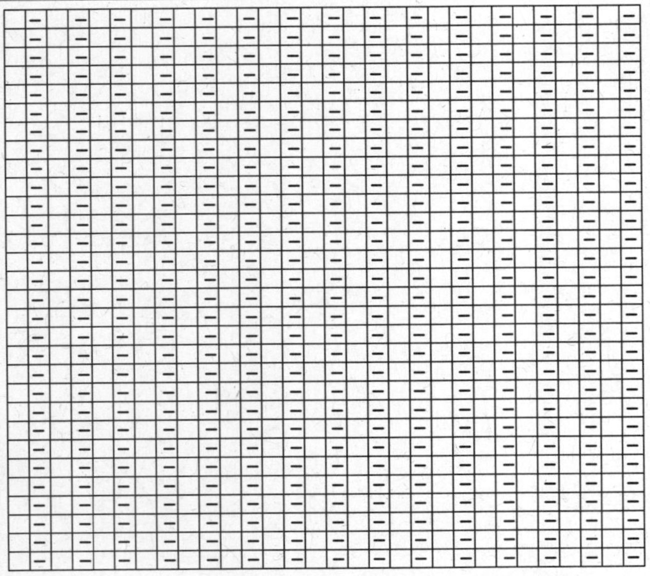

花样A

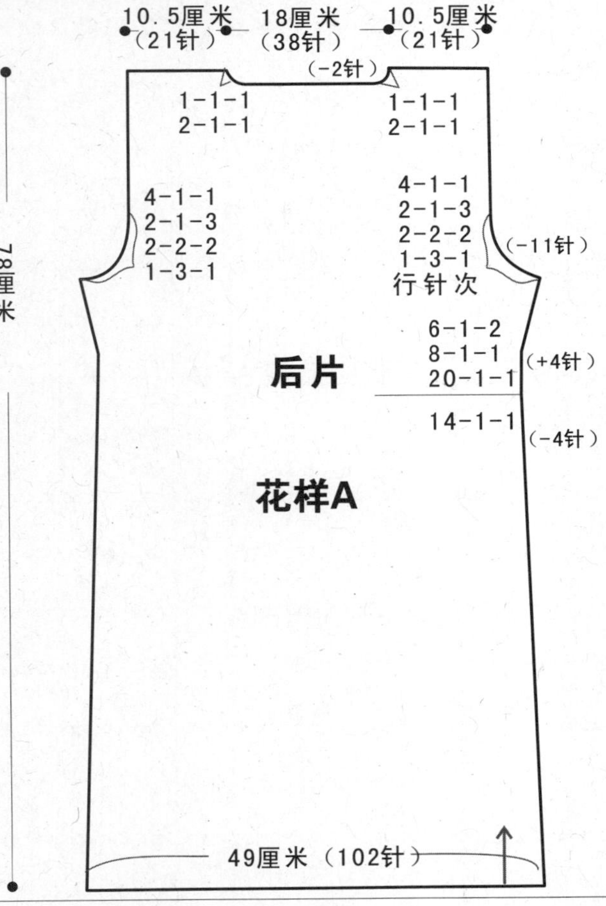

□=▯

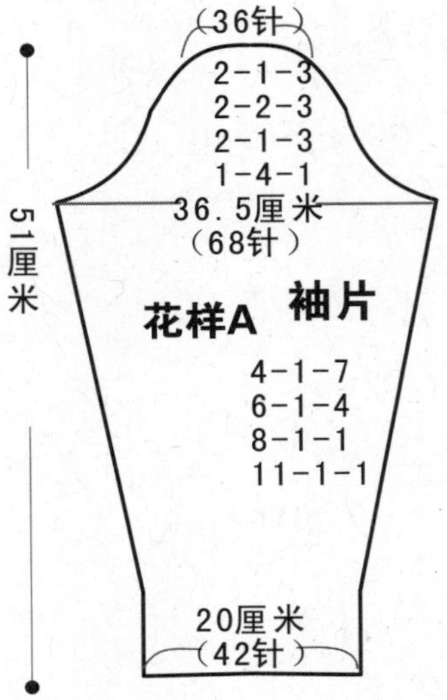

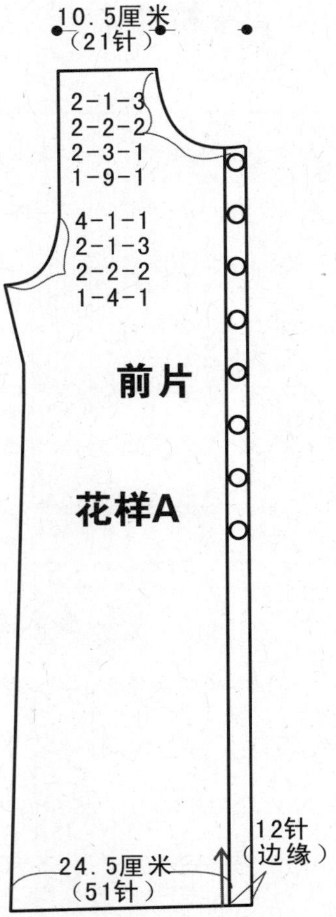

袖片
花样A
(36针)
2-1-3
2-2-3
2-1-3
1-4-1
36.5厘米
(68针)
51厘米
4-1-7
6-1-4
8-1-1
11-1-1
20厘米
(42针)
后片
花样A
10.5厘米
(21针)
18厘米
(38针)
10.5厘米
(21针)
(-2针)
1-1-1
2-1-1
1-1-1
2-1-1
4-1-1
2-1-3
2-2-2
1-3-1
4-1-1
2-1-3
2-2-2
1-3-1
行针次
(-11针)
6-1-2
8-1-1
20-1-1
(+4针)
14-1-1
(-4针)
78厘米
49厘米（102针）
前片
花样A
10.5厘米
(21针)
2-1-3
2-2-2
2-3-1
1-9-1
4-1-1
2-1-3
2-2-2
1-4-1
19厘米
59厘米
12针
(边缘)
24.5厘米
(51针)

时尚个性小外套

★材料

白色粗羊毛线

★工具

8号棒针

★尺寸

衣长53厘米　胸围98厘米

袖长51厘米

花样A

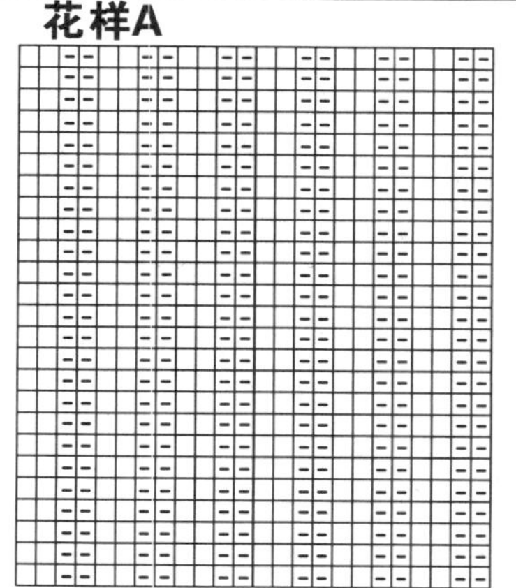

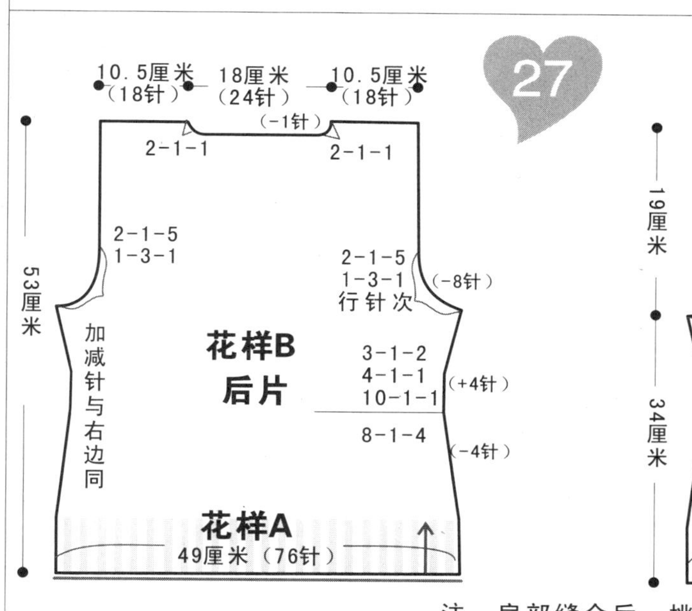

10.5厘米（18针）
18厘米（24针）
10.5厘米（18针）
（-1针）
2-1-1
2-1-1
2-1-5
1-3-1
2-1-5
1-3-1
行针次
（-8针）
53厘米
加减针与右边同
花样B
后片
3-1-2
4-1-1
10-1-1
（+4针）
8-1-4
（-4针）
花样A
49厘米（76针）

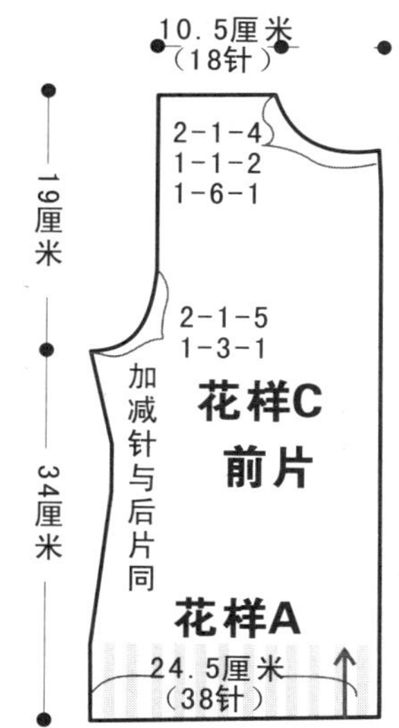

10.5厘米（18针）
2-1-4
1-1-2
1-6-1
19厘米
2-1-5
1-3-1
34厘米
加减针与后片同
花样C
前片
花样A
24.5厘米（38针）

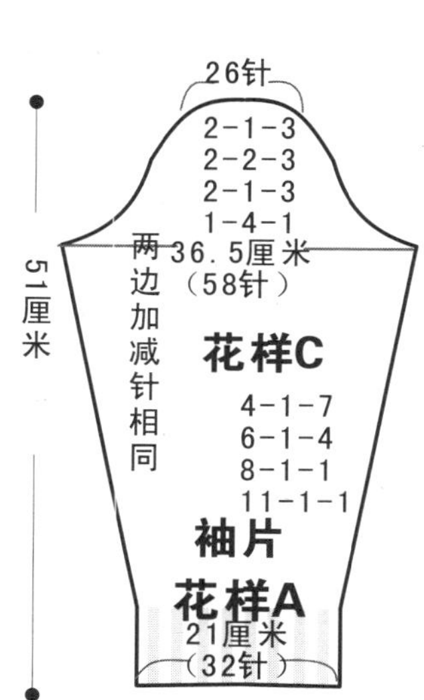

26针
2-1-3
2-2-3
2-1-3
1-4-1
36.5厘米（58针）
两边加减针相同
51厘米
花样C
4-1-7
6-1-4
8-1-1
11-1-1
袖片
花样A
21厘米（32针）

注：肩部缝合后，挑起领圈向上织平针30厘米，然后将底边对折缝合成帽子。

花样B

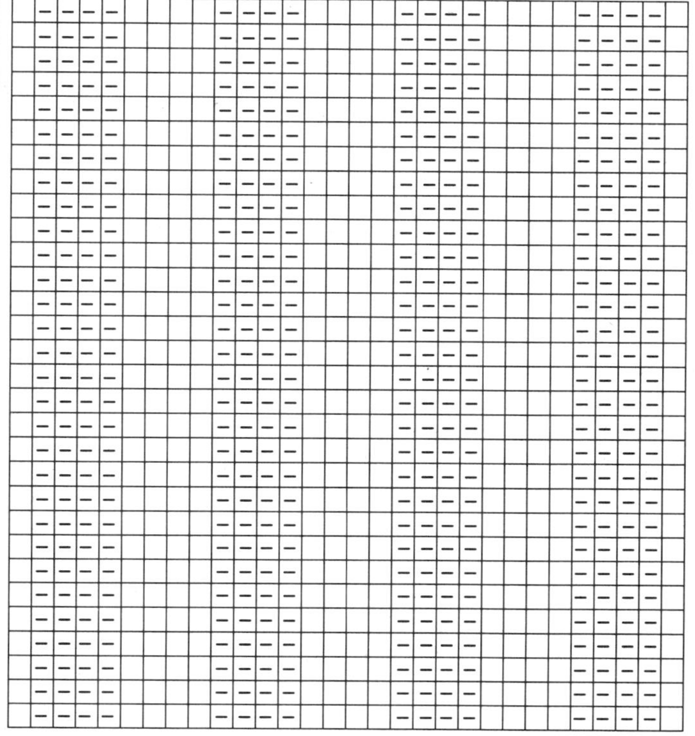

花样C

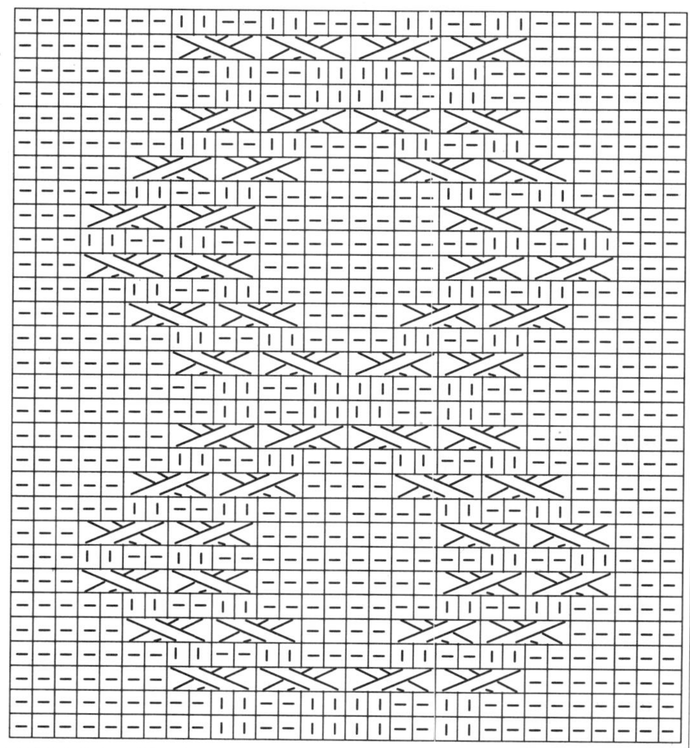

性感花边长衫装

★材料

黑色中细线

★工具

12号棒针

★尺寸

衣长78厘米　胸围98厘米

袖长51厘米

花样B

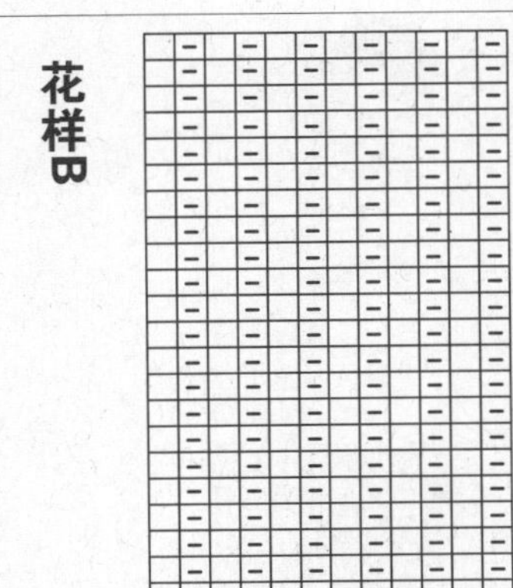

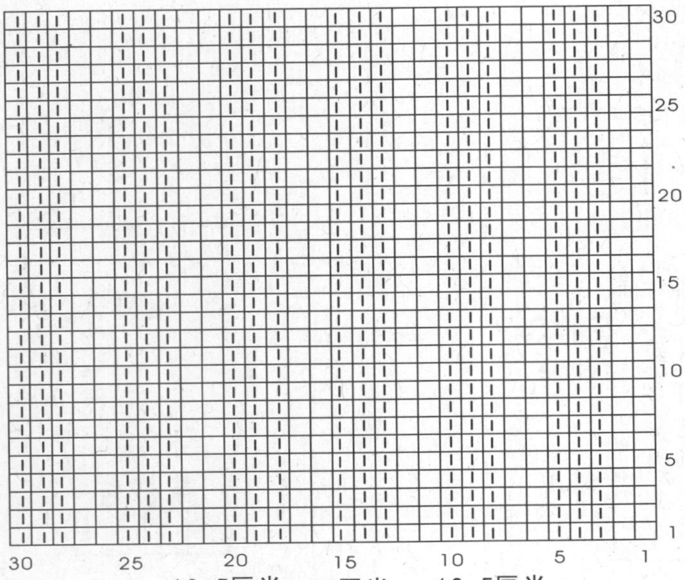

花样A

□=□

30
25
20
15
10
5
1
30
25
20
15
10
5
1
(36针)
2-1-3
2-2-3
2-1-3
1-4-1
36.5厘米
(68针)
51厘米
花样A
袖片
4-1-7
6-1-4
8-1-1
11-1-1
20厘米
(42针)
10.5厘米
(21针)
18厘米
(38针)
10.5厘米
(21针)
(-2针)
1-1-1
2-1-1
1-1-1
2-1-1
4-1-1
2-1-3
2-2-2
1-3-1
4-1-1
2-1-3
2-2-2
1-3-1
(-11针)
行针次
78厘米
6-1-2
8-1-1
20-1-1
(+4针)
后片
14-1-1
(-4针)
花样A
49厘米（102针）
19厘米
59厘米
10.5厘米
(21针)
2-1-3
2-2-2
2-3-1
1-9-1
4-1-1
2-1-3
2-2-2
1-4-1
花样B
前片
花样A

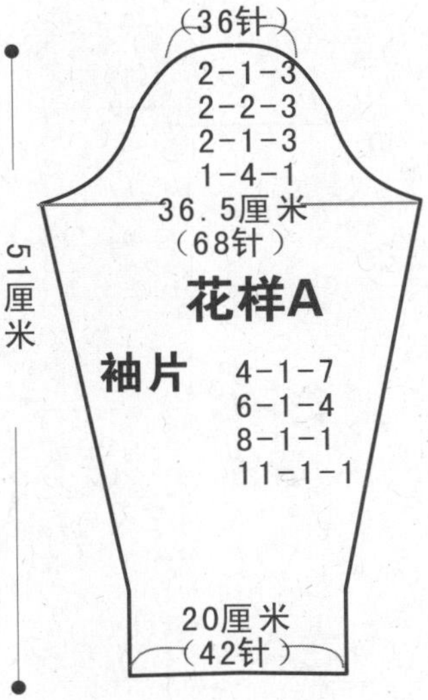

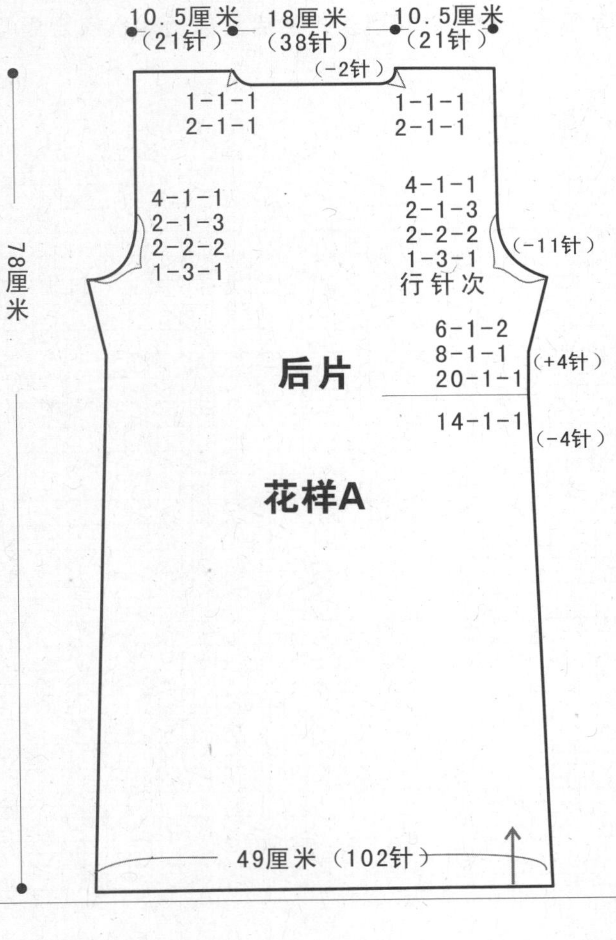

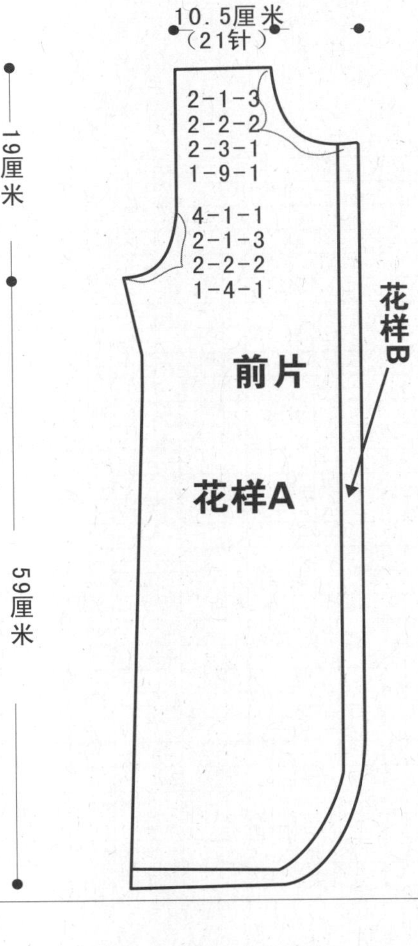

贵气收腰套头衫

★材料

大红色 黄色 蓝色中细线

★工具

10号棒针

29

★尺寸

衣长42厘米 胸围98厘米

袖长27厘米

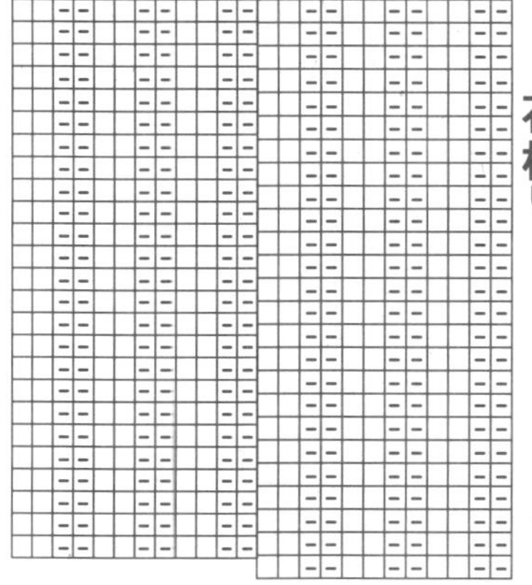
花样B

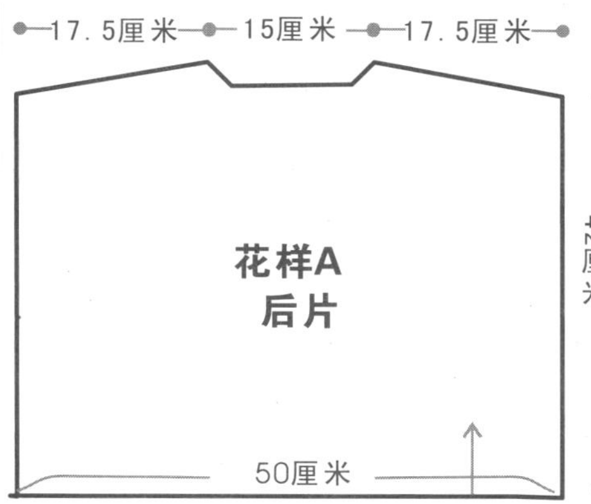
17.5厘米
15厘米
17.5厘米
花样A
后片
50厘米

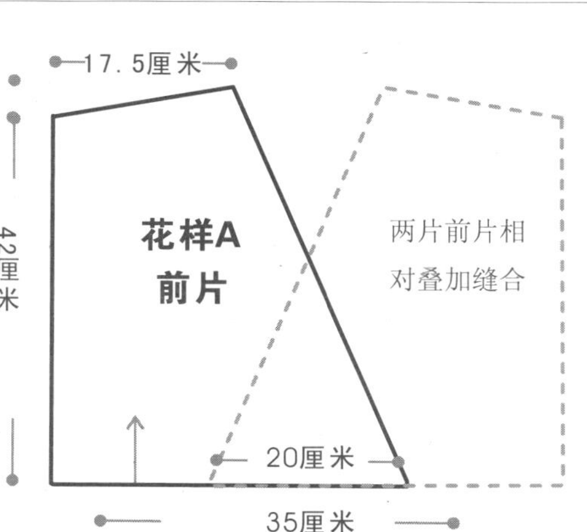
17.5厘米
42厘米
花样A
前片
两片前片相
对叠加缝合
20厘米
35厘米

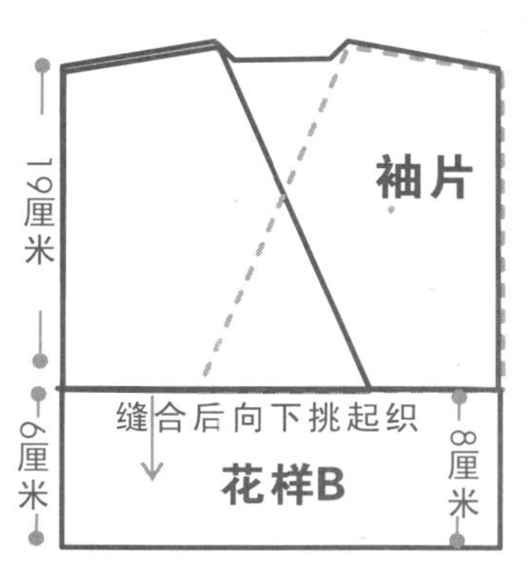
19厘米
袖片
缝合后向下挑起织
6厘米
花样B
8厘米

花样A

行号（右侧）：50 45 40 35 30 25 20 15 10 5 1

针数（底部）：50 45 40 35 30 25 20 15 10 5 1

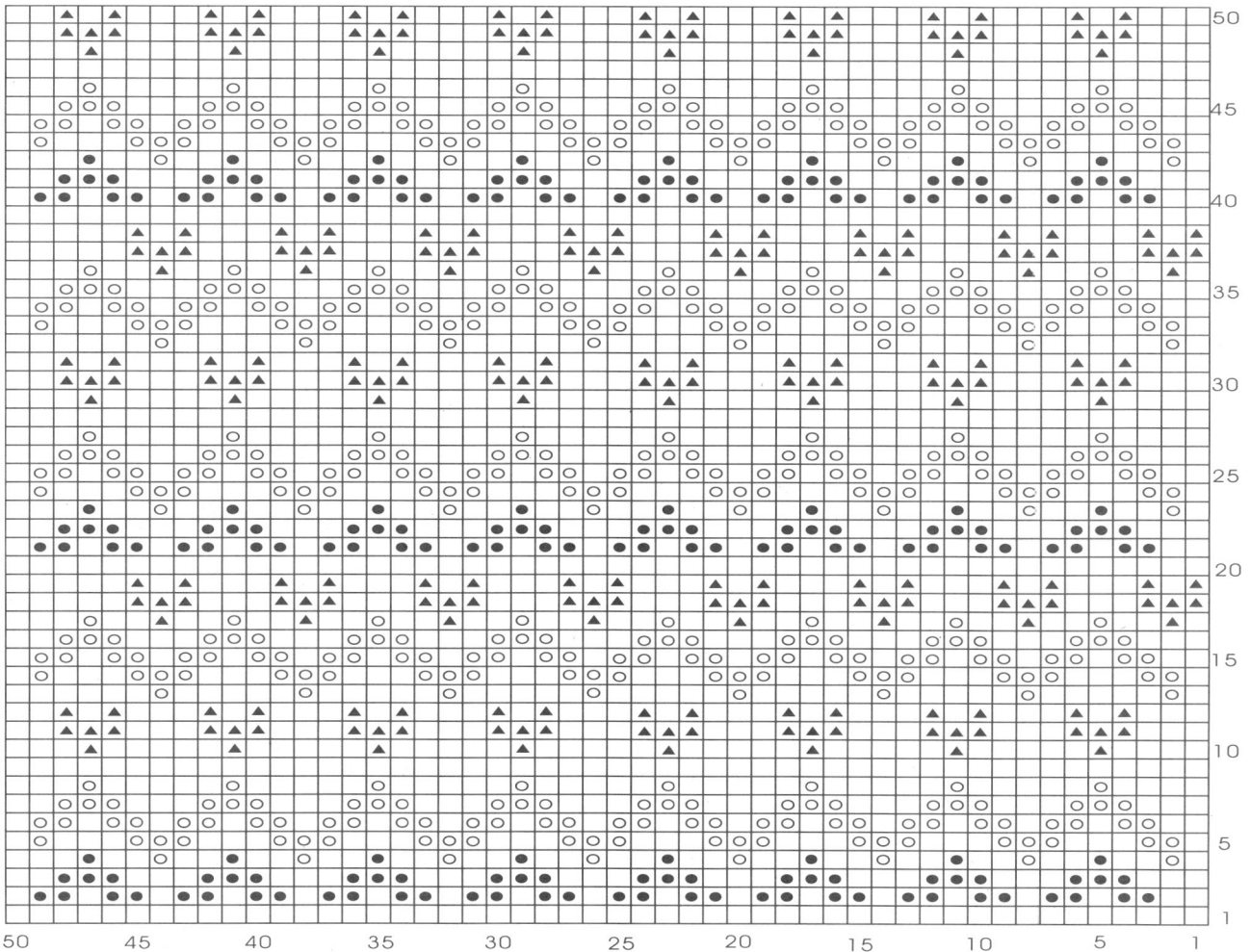

个性无袖小背心

★材料

咖啡色中粗线

★工具

10号棒针

★尺寸

衣长53厘米　胸围98厘米

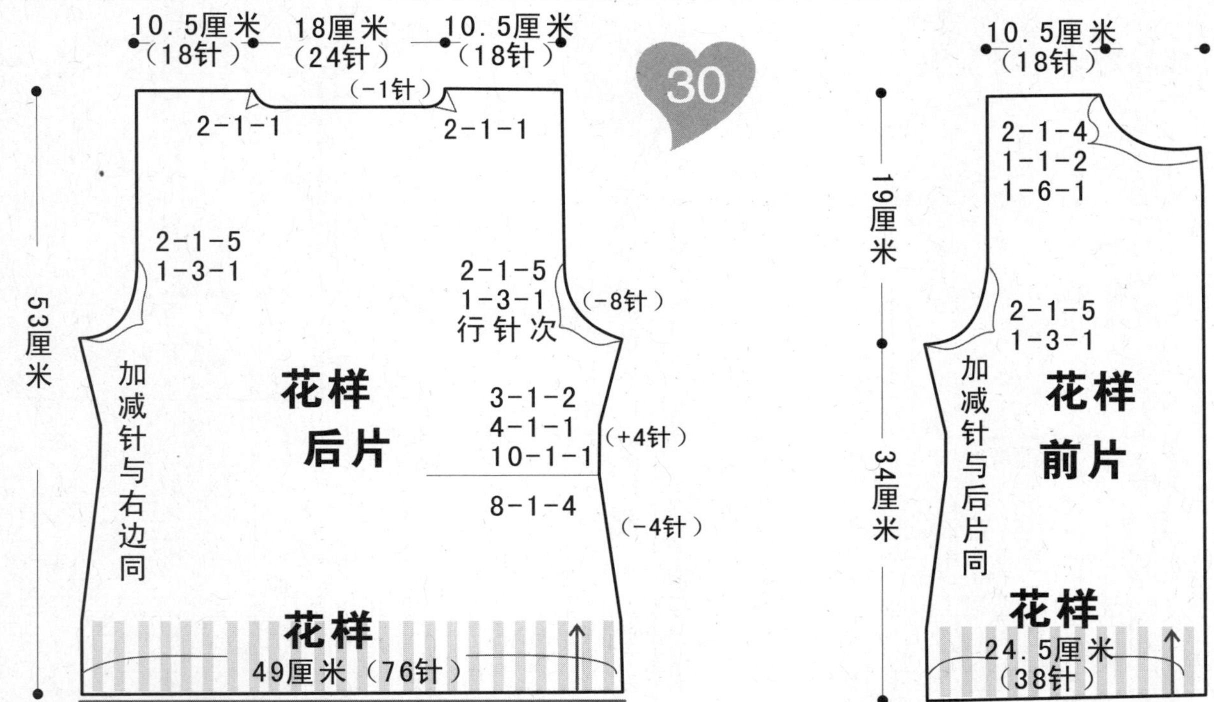

30
10.5厘米（18针）
18厘米（24针）
10.5厘米（18针）
(-1针)
2-1-1
2-1-1
53厘米
2-1-5
1-3-1
2-1-5
1-3-1
行针次
(-8针)
加减针与右边同
花样
后片
3-1-2
4-1-1
10-1-1
(+4针)
8-1-4
(-4针)
花样
49厘米（76针）
10.5厘米（18针）
19厘米
2-1-4
1-1-2
1-6-1
2-1-5
1-3-1
34厘米
加减针与后片同
花样
前片
花样
24.5厘米（38针）

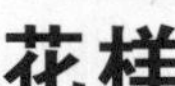

花样

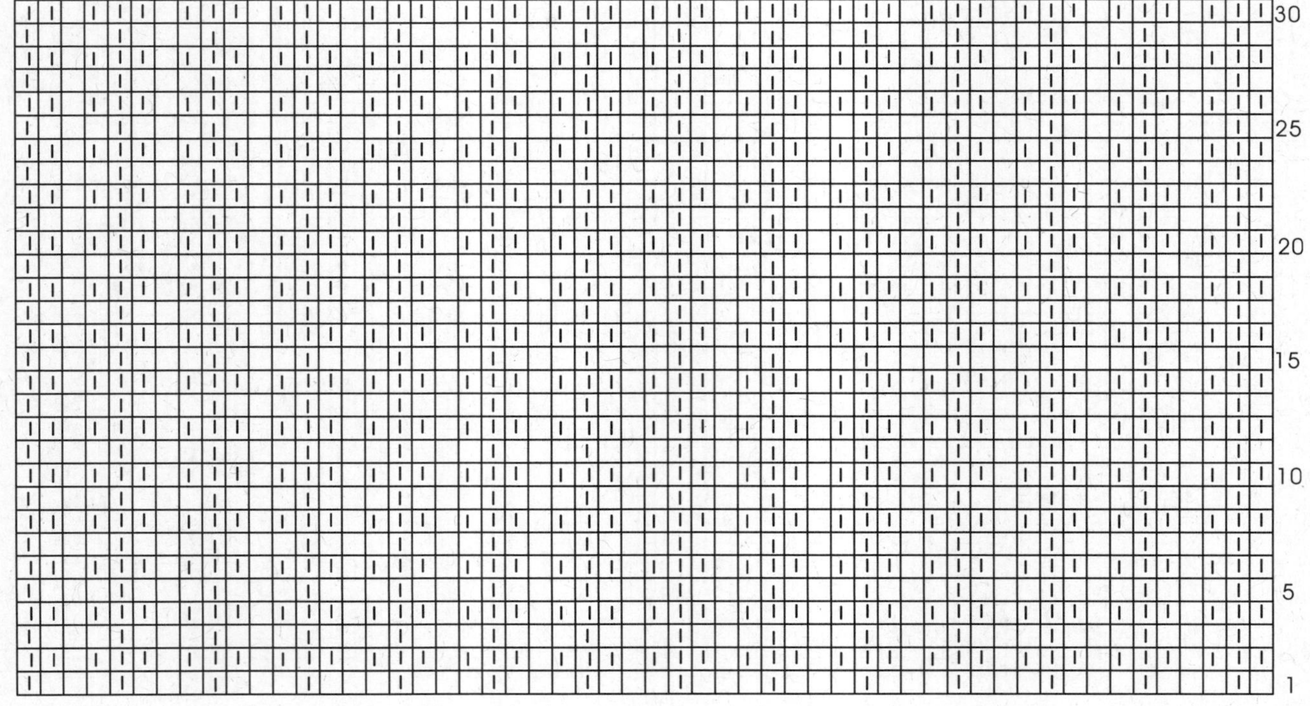

30
25
20
15
10
5
1

休闲舒适中长装

★材料

大红色、白色中细线

★工具

12号棒针

★尺寸

衣长52厘米　胸围98厘米

袖长27厘米

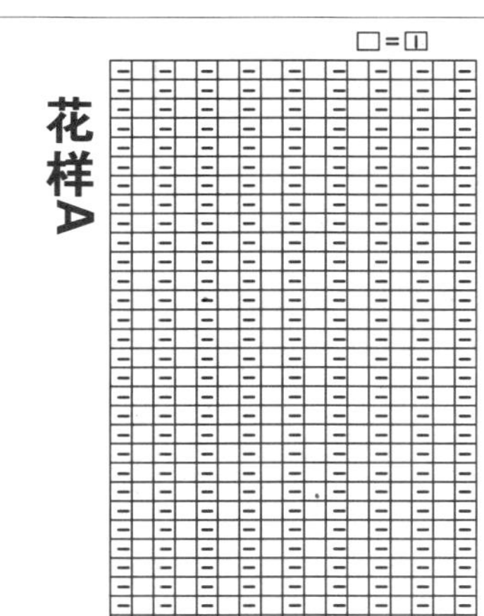

花样A
□=⌷

31

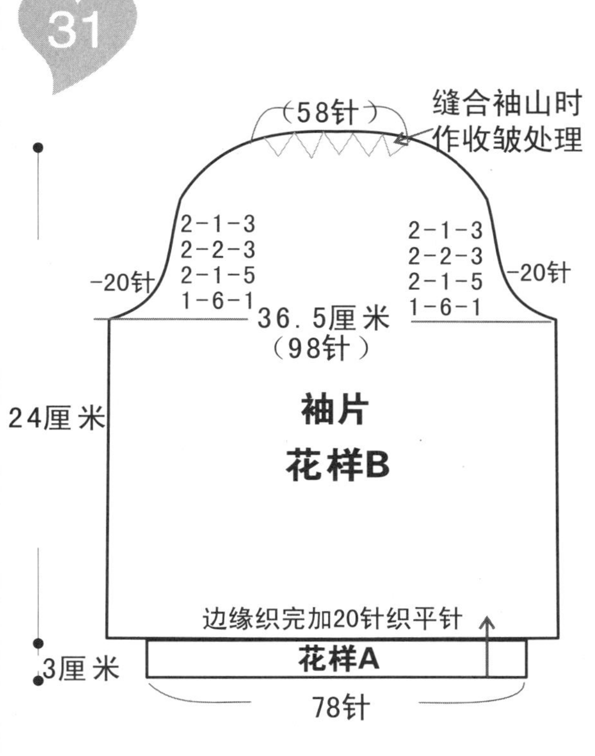

(58针)
缝合袖山时作收皱处理
2-1-3
2-2-3
2-1-5
1-6-1
-20针
36.5厘米
(98针)
24厘米
袖片
花样B
边缘织完加20针织平针
3厘米
花样A
78针

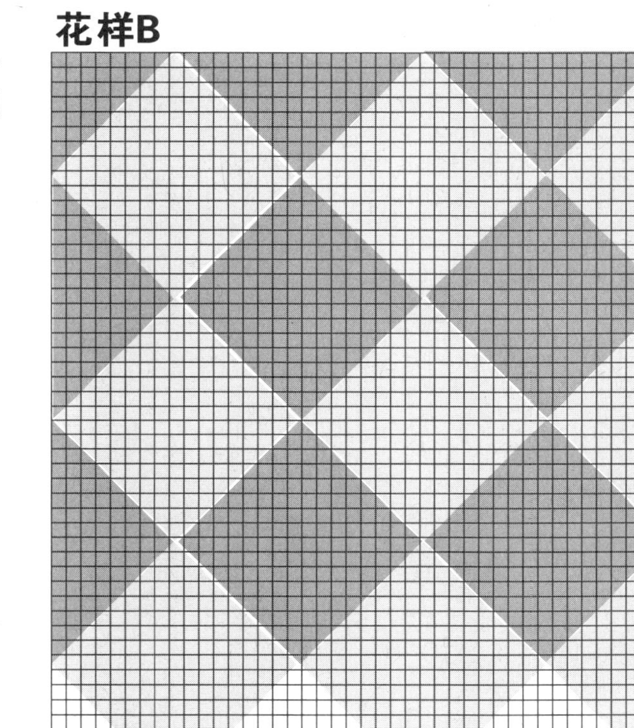

花样B

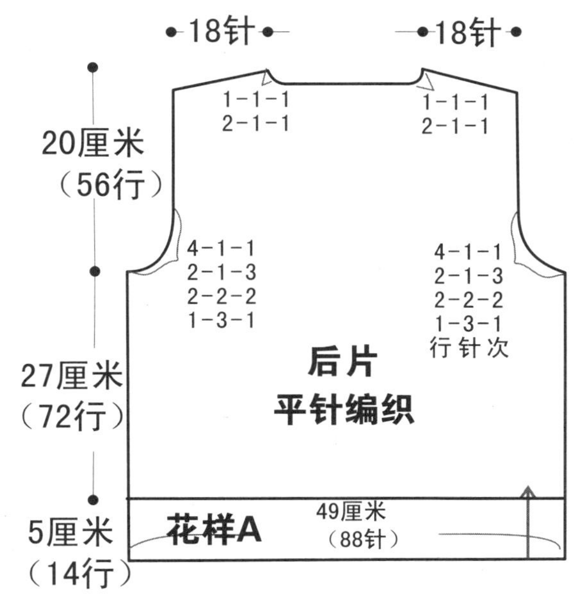

18针
1-1-1
2-1-1
20厘米
(56行)
4-1-1
2-1-3
2-2-2
1-3-1
行针次
27厘米
(72行)
后片
平针编织
5厘米
(14行)
花样A
49厘米
(88针)

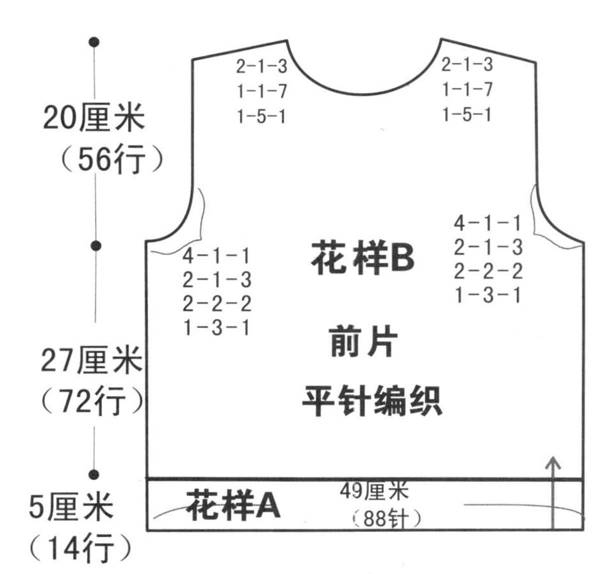

2-1-3
1-1-7
1-5-1
20厘米
(56行)
4-1-1
2-1-3
2-2-2
1-3-1
花样B
前片
平针编织
27厘米
(72行)
5厘米
(14行)
花样A
49厘米
(88针)

个性成熟大翻领装

★材料

淡绿色、草绿色中粗线

★工具

10号棒针

★尺寸

衣长52厘米 胸围98厘米

袖长51厘米

32

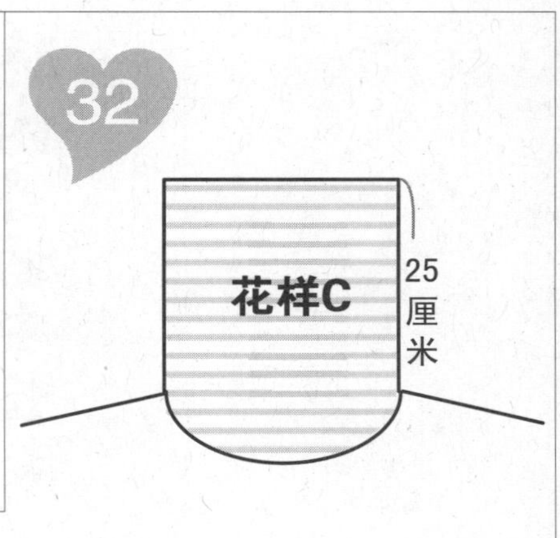

25厘米
花样C

花样B

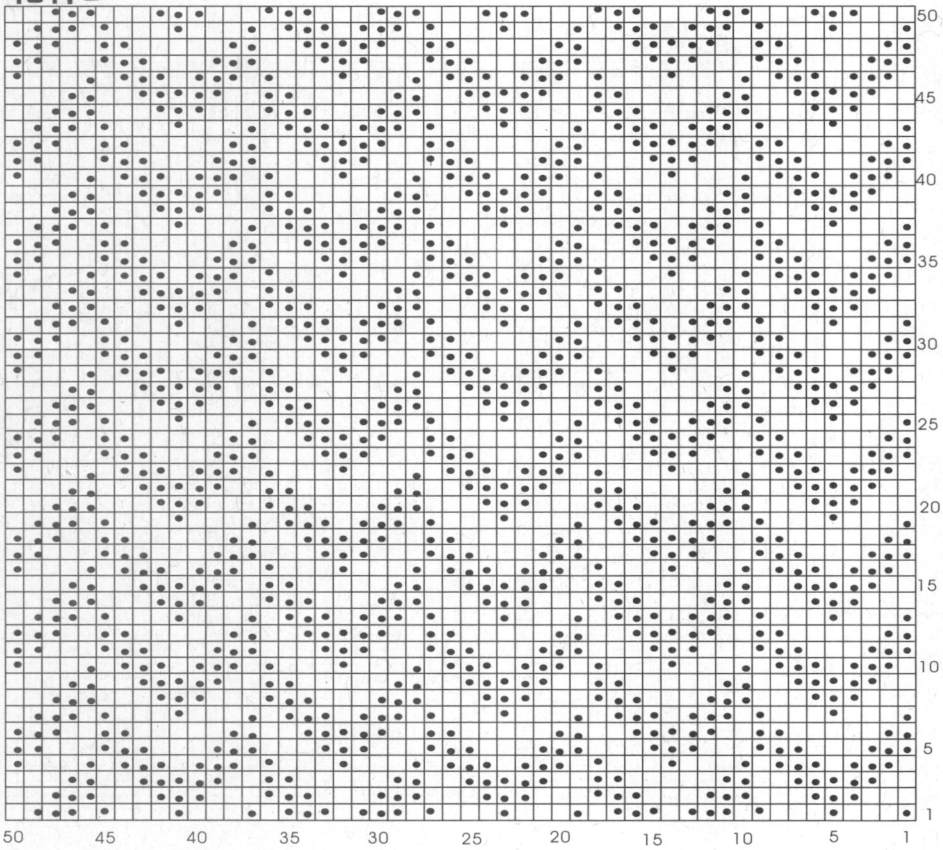

花样C

□=□

花样A

后片

18针 18针

20厘米(56行)

1-1-1
2-1-1

1-1-1
2-1-1

4-1-1
2-1-3
2-2-2
1-3-1

花样B

4-1-1
2-1-3
2-2-2
1-3-1
行针次

27厘米(72行)

后片

5厘米(14行)

花样A

49厘米(88针)

前片

20厘米(56行)

2-1-3
1-1-7
1-5-1

2-1-3
1-1-7
1-5-1

4-1-1
2-1-3
2-2-2
1-3-1

花样B

4-1-1
2-1-3
2-2-2
1-3-1

27厘米(72行)

前片

5厘米(14行)

花样A

49厘米(88针)

袖片

(34针)

2-1-3
2-2-3
2-1-3
1-4-1

36.5厘米(66针)

46厘米(104行)

花样B

4-1-7
6-1-4
8-1-1
11-1-1

袖片

5厘米(14行)

20厘米(40针)

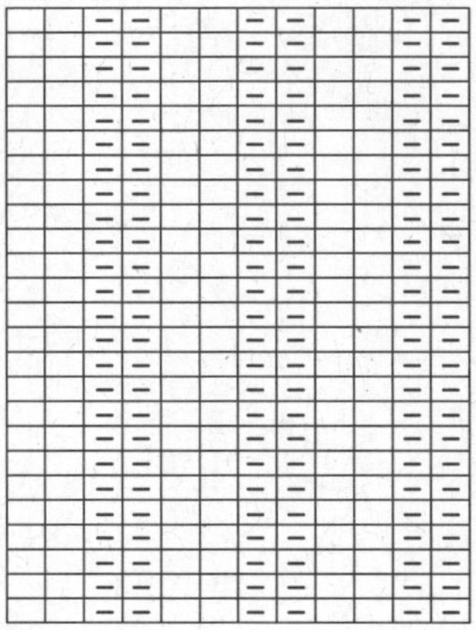

花样A

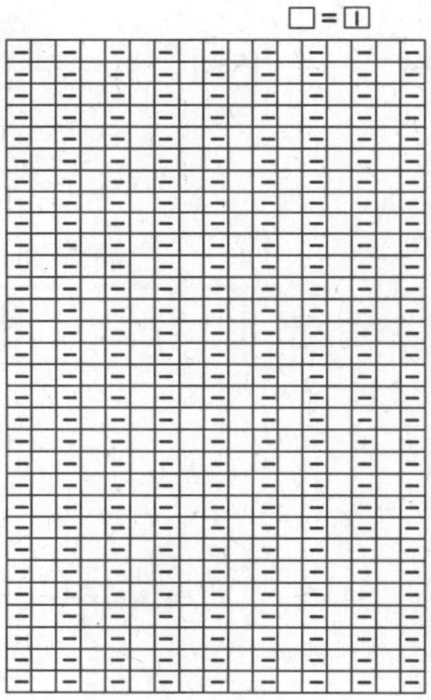

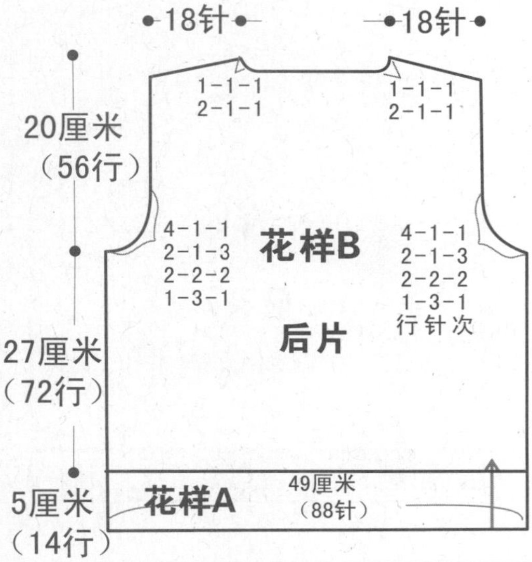

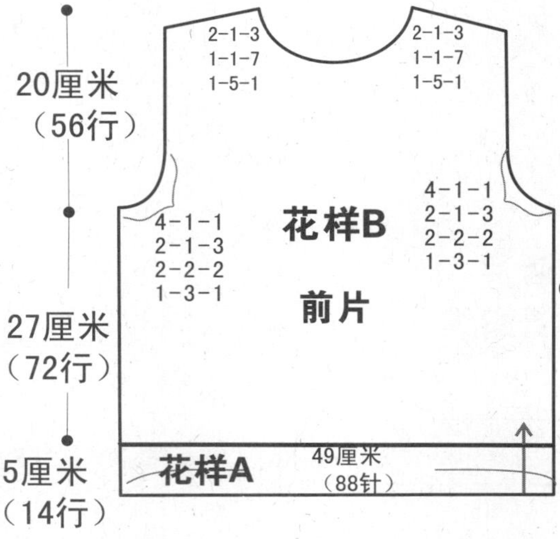

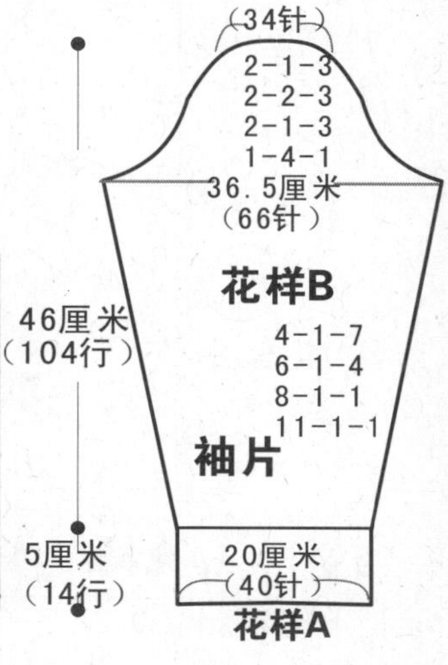

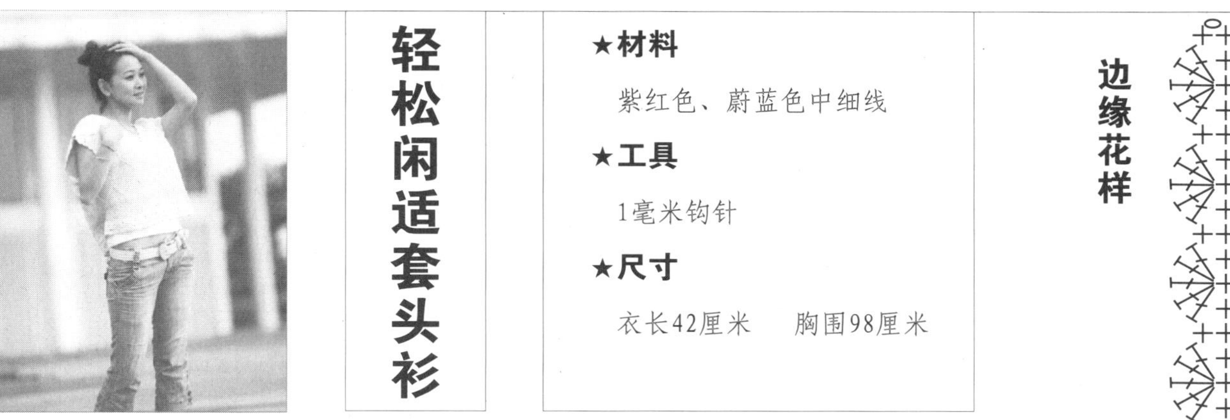

轻松闲适套头衫

★**材料**

紫红色、蔚蓝色中细线

★**工具**

1毫米钩针

★**尺寸**

衣长42厘米　　胸围98厘米

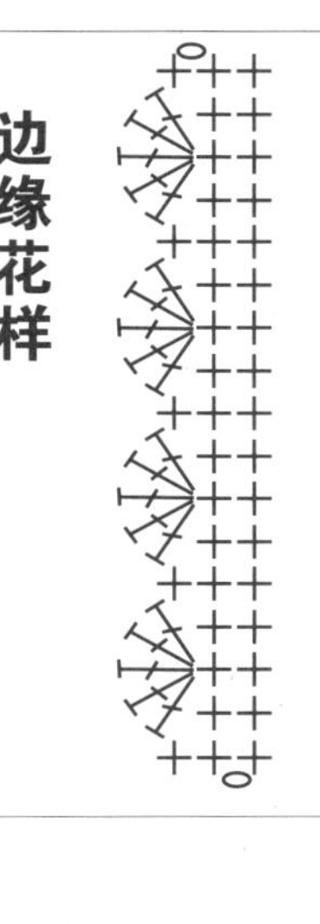

边缘花样

33

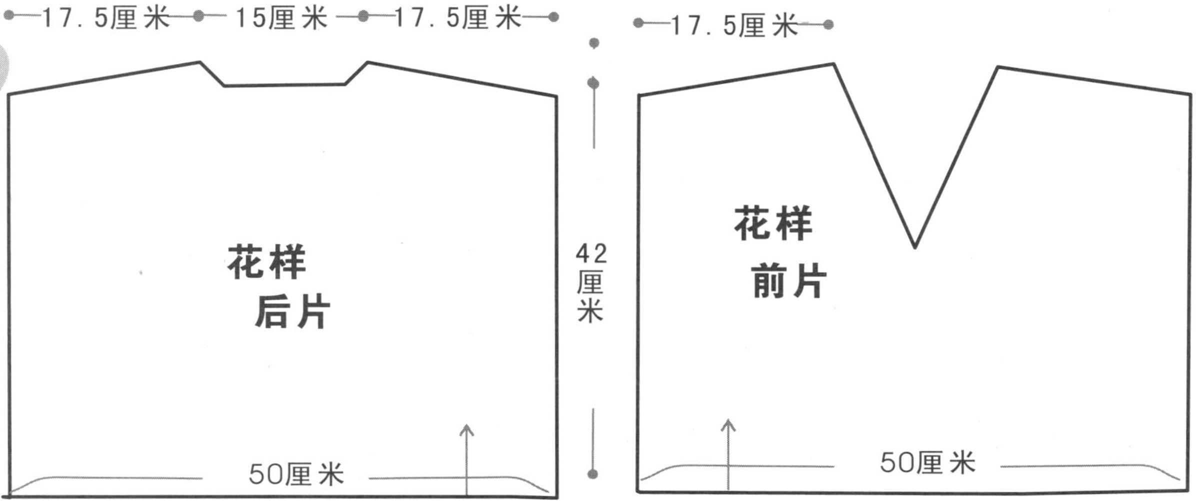

17.5厘米　15厘米　17.5厘米

17.5厘米

花样
后片

42厘米

花样
前片

50厘米

50厘米

花样

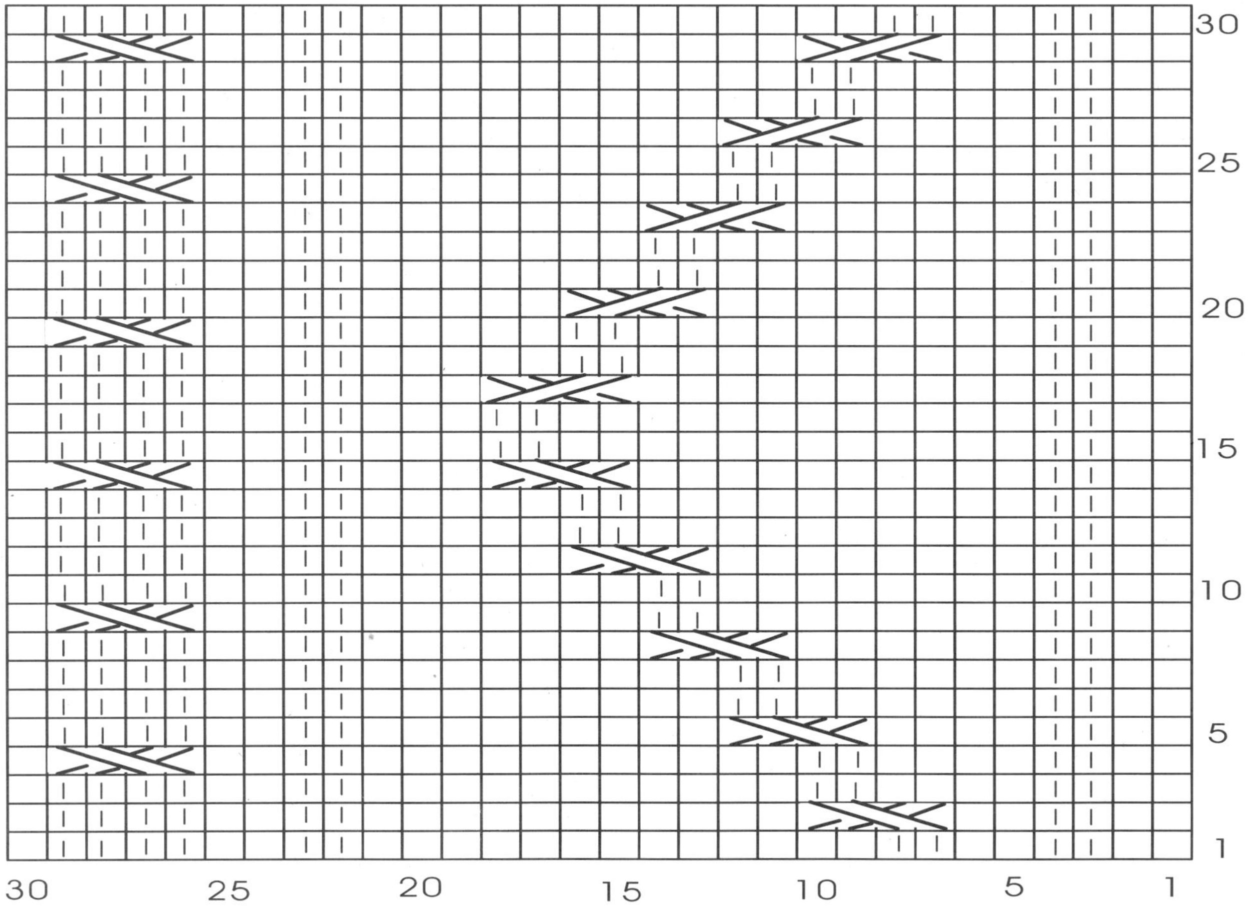

30
25
20
15
10
5
1

30　25　20　15　10　5　1

粉色休闲套头衫

★材料

淡粉色中细线

★工具

12号棒针

★尺寸

衣长52厘米　胸围98厘米

袖长51厘米

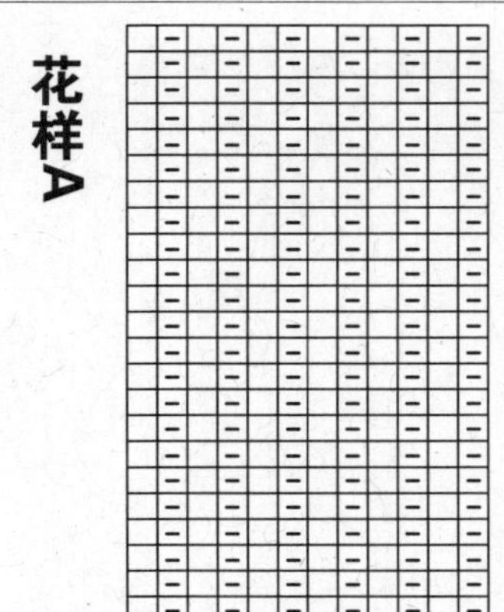

花样A

花样B

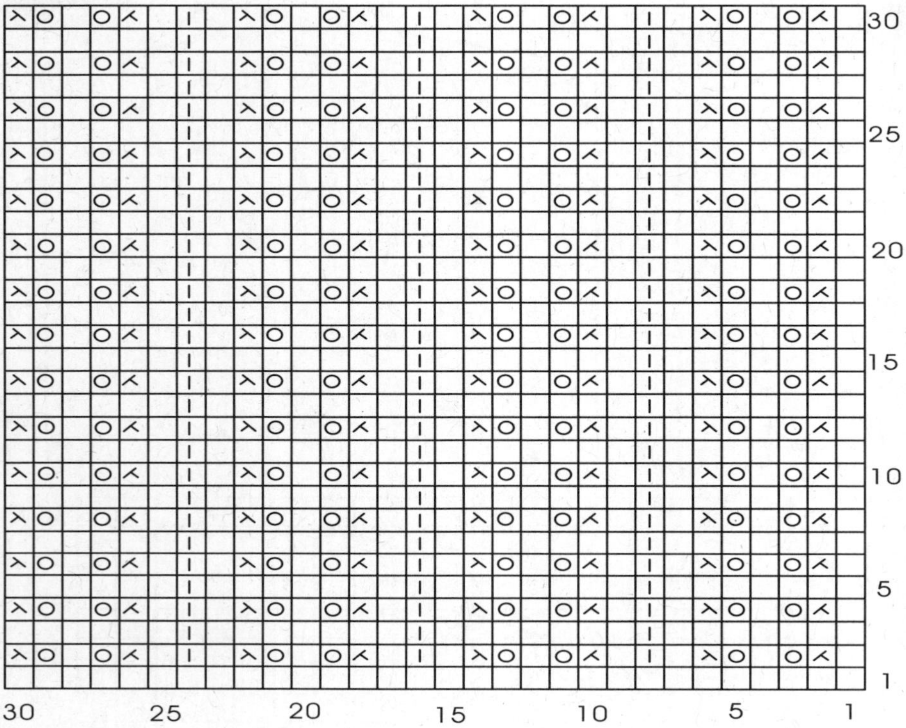

34

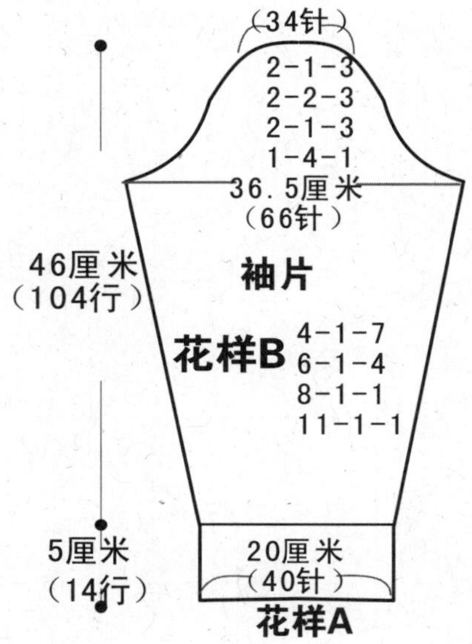

(34针)
2-1-3
2-2-3
2-1-3
1-4-1
36.5厘米
(66针)
46厘米
(104行)
袖片
花样B
4-1-7
6-1-4
8-1-1
11-1-1
5厘米
(14行)
20厘米
(40针)
花样A

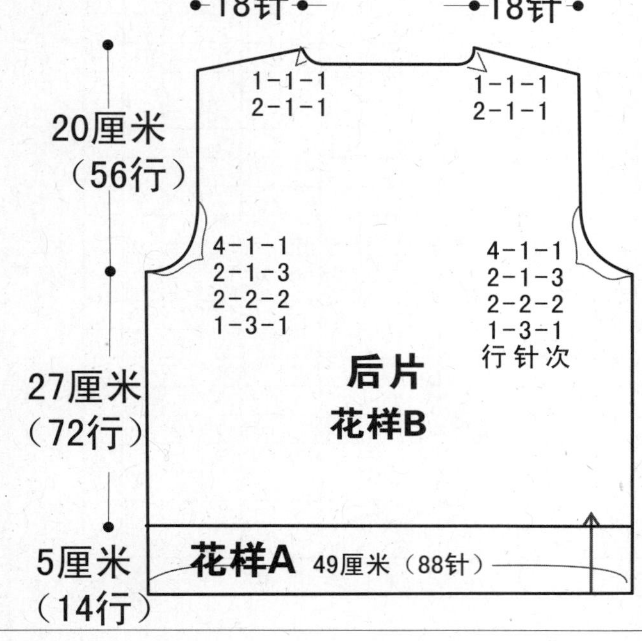

18针
18针
1-1-1
2-1-1
1-1-1
2-1-1
20厘米
(56行)
4-1-1
2-1-3
2-2-2
1-3-1
4-1-1
2-1-3
2-2-2
1-3-1
行针次
后片
花样B
27厘米
(72行)
5厘米
(14行)
花样A 49厘米（88针）

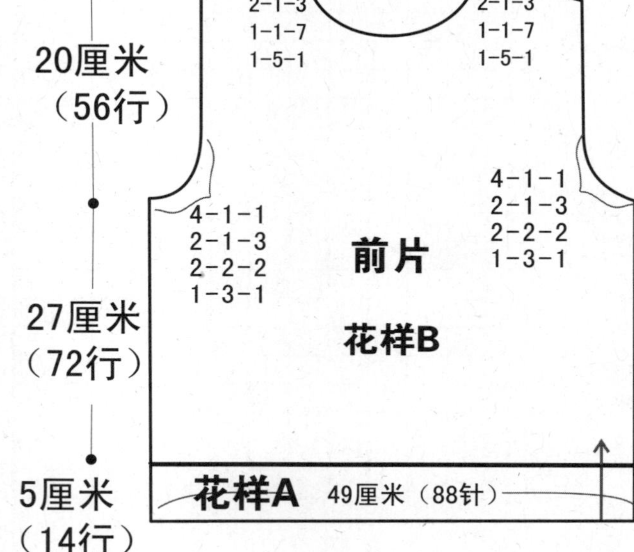

2-1-3
1-1-7
1-5-1
2-1-3
1-1-7
1-5-1
20厘米
(56行)
4-1-1
2-1-3
2-2-2
1-3-1
4-1-1
2-1-3
2-2-2
1-3-1
前片
花样B
27厘米
(72行)
5厘米
(14行)
花样A 49厘米（88针）

气派方格长袖装

★材料

白色、蓝色中细线

★工具

10号棒针

★尺寸

衣长52厘米　胸围98厘米

袖长51厘米

花样B

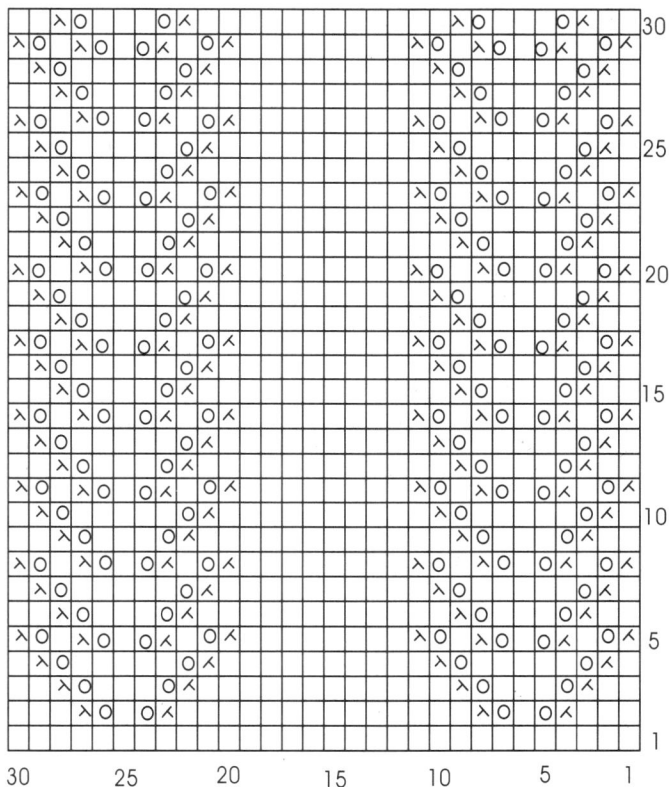

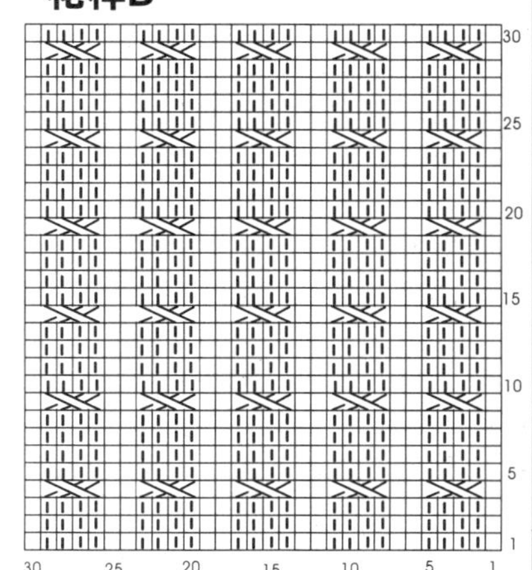

35

花样A

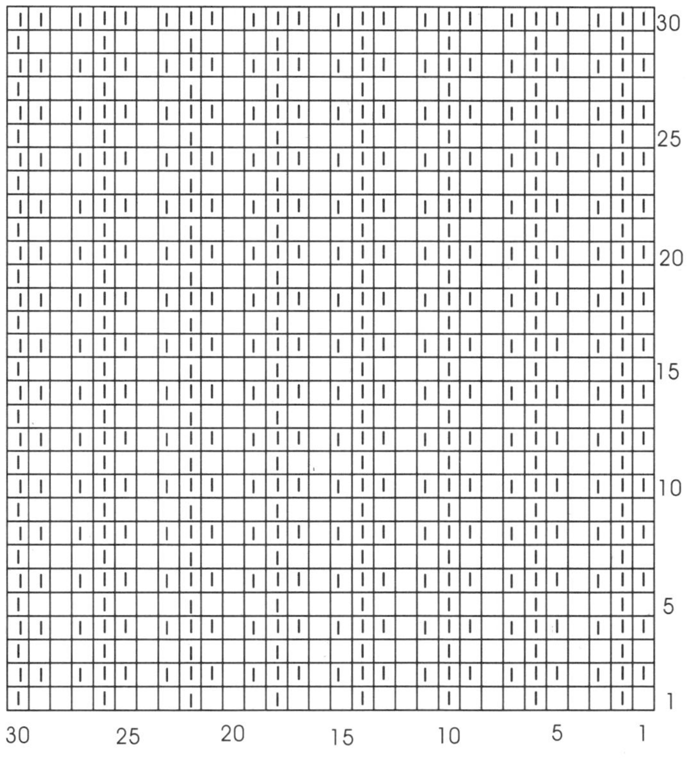

花样C

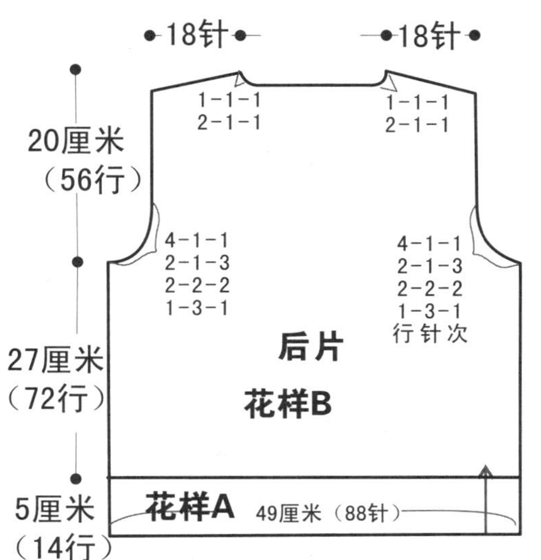
18针
18针
1-1-1
2-1-1
1-1-1
2-1-1
20厘米
（56行）
4-1-1
2-1-3
2-2-2
1-3-1
4-1-1
2-1-3
2-2-2
1-3-1
行针次
后片
花样B
27厘米
（72行）
5厘米
（14行）
花样A
49厘米（88针）

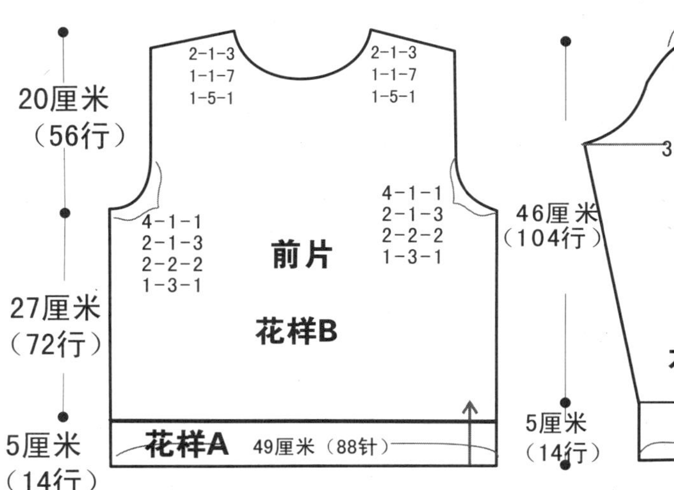
2-1-3
1-1-7
1-5-1
2-1-3
1-1-7
1-5-1
20厘米
（56行）
4-1-1
2-1-3
2-2-2
1-3-1
4-1-1
2-1-3
2-2-2
1-3-1
前片
花样B
27厘米
（72行）
5厘米
（14行）
花样A
49厘米（88针）

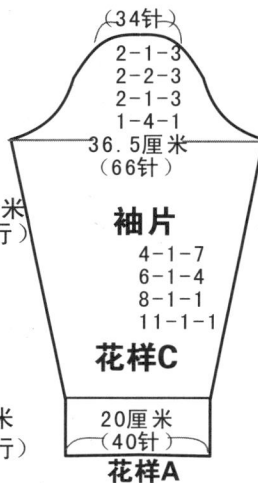

（34针）
2-1-3
2-2-3
2-1-3
1-4-1
36.5厘米
（66针）
46厘米
（104行）
袖片
4-1-7
6-1-4
8-1-1
11-1-1
花样C
5厘米
（14行）
20厘米
（40针）
花样A

炫色花纹无袖装

★材料

蓝色中粗线

★工具

10号棒针

★尺寸

衣长71厘米　胸围98厘米

花样A

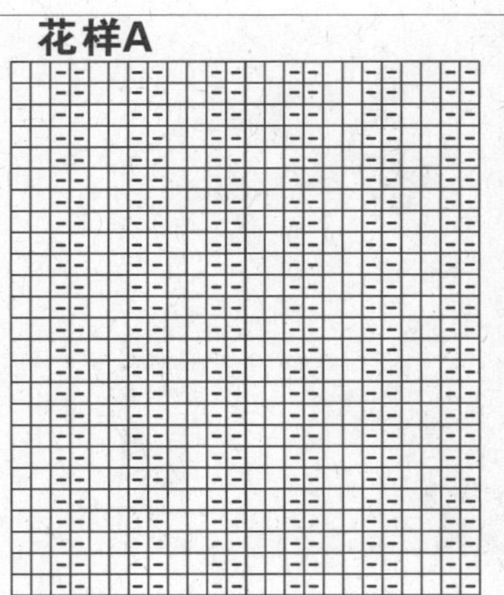

36

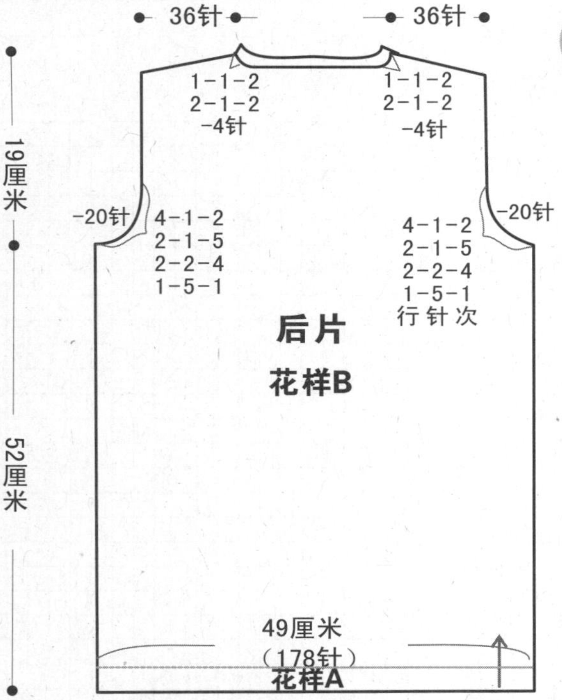

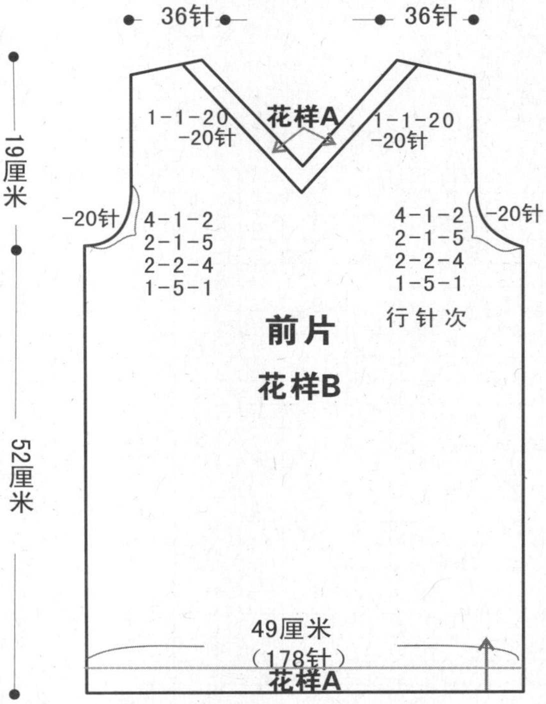

36针
36针
1-1-2
2-1-2
-4针
1-1-2
2-1-2
-4针
19厘米
-20针
4-1-2
2-1-5
2-2-4
1-5-1
-20针
4-1-2
2-1-5
2-2-4
1-5-1
行针次
后片
花样B
52厘米
49厘米
(178针)
花样A
36针
36针
1-1-20
-20针
花样A
1-1-20
-20针
19厘米
-20针
4-1-2
2-1-5
2-2-4
1-5-1
-20针
4-1-2
2-1-5
2-2-4
1-5-1
行针次
前片
花样B
52厘米
49厘米
(178针)
花样A
花样B

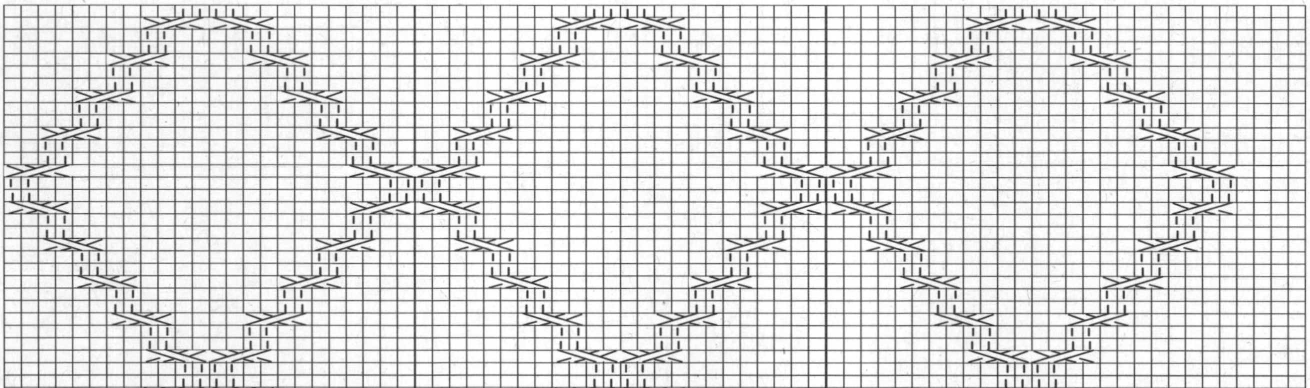

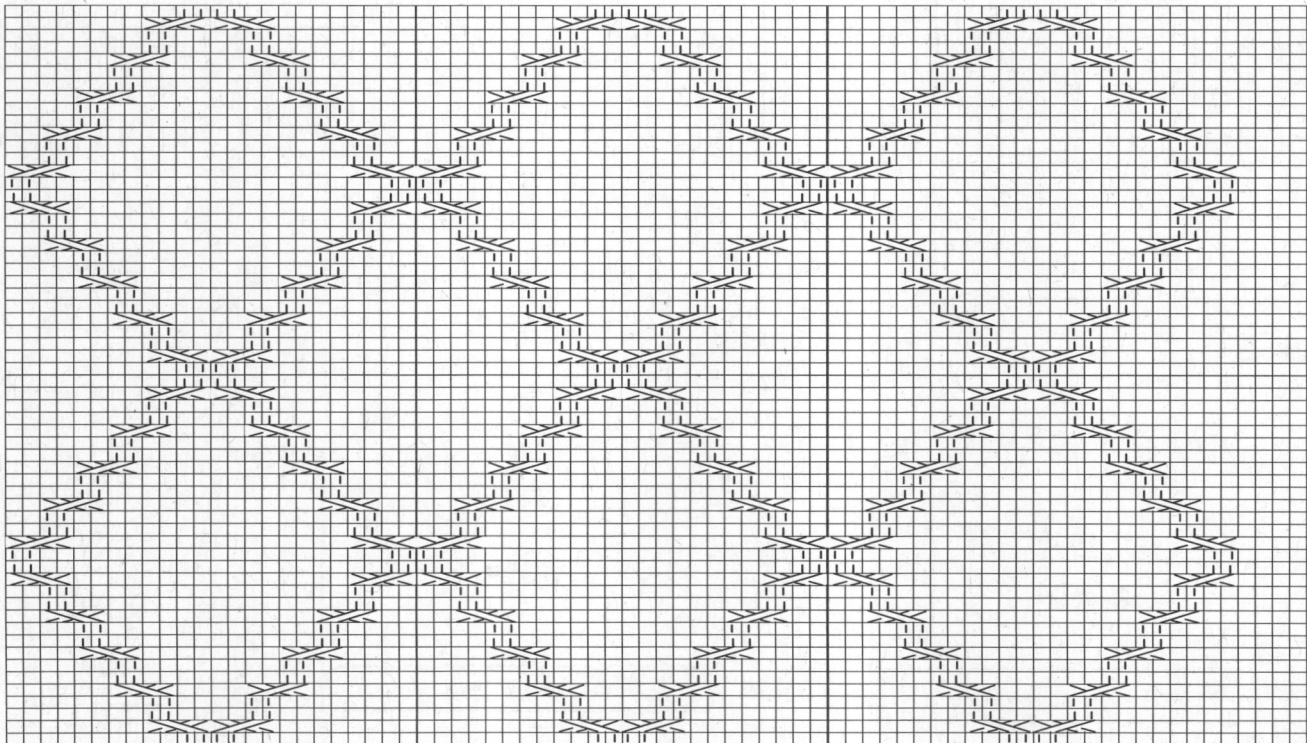

典雅贵气开衫

★材料

多种颜色中粗线

★工具

1.5毫米钩针

★尺寸

衣长55厘米　胸围98厘米

袖长51厘米

单元花图解

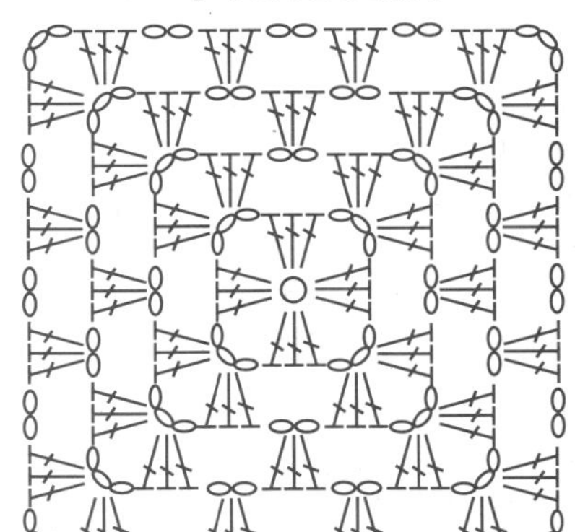

37

领洞

胸中线

单元花拼接图

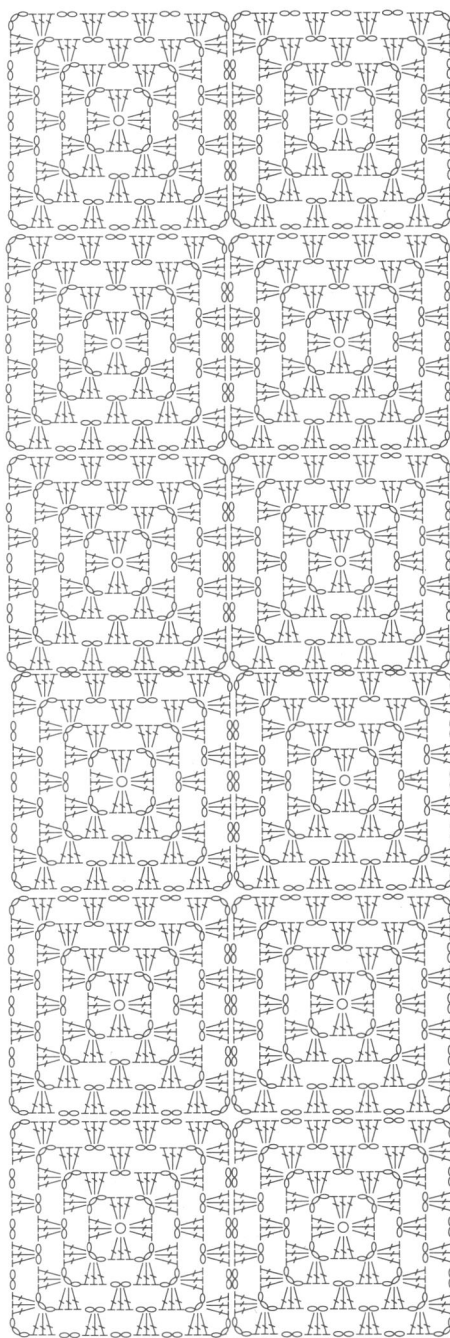

纯色炫丽披肩

★材料

黑色中细线

★工具

12号棒针

★尺寸

衣长55厘米　胸围98厘米

花样

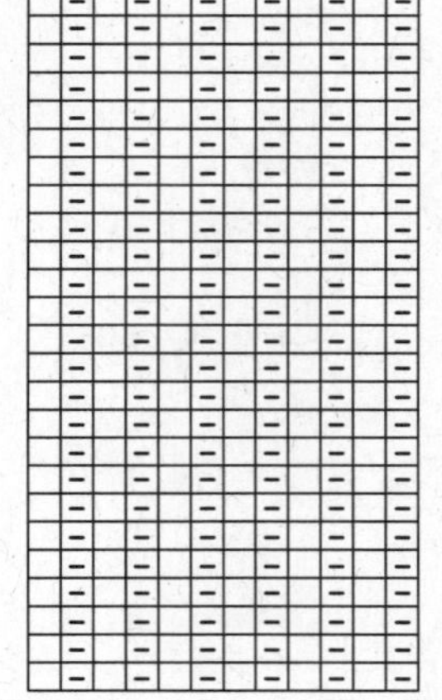

38

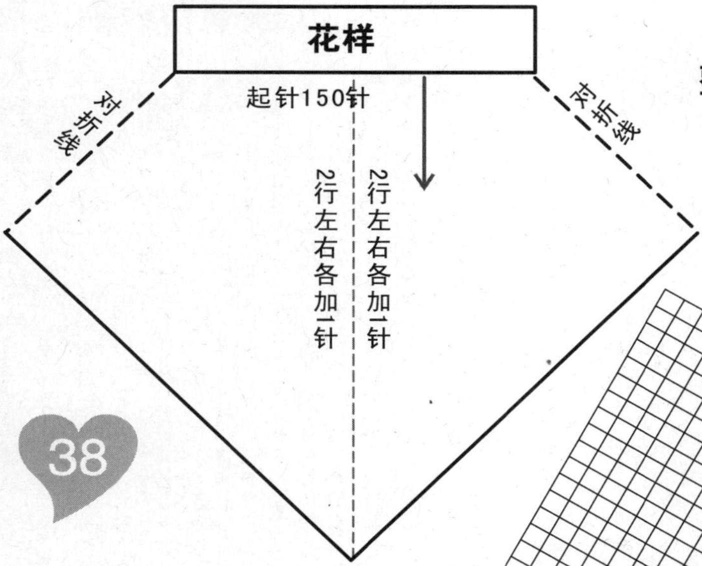

整体参照图

花样

起针150针

对折线

对折线

2行左右各加1针

2行左右各加1针

添针示意

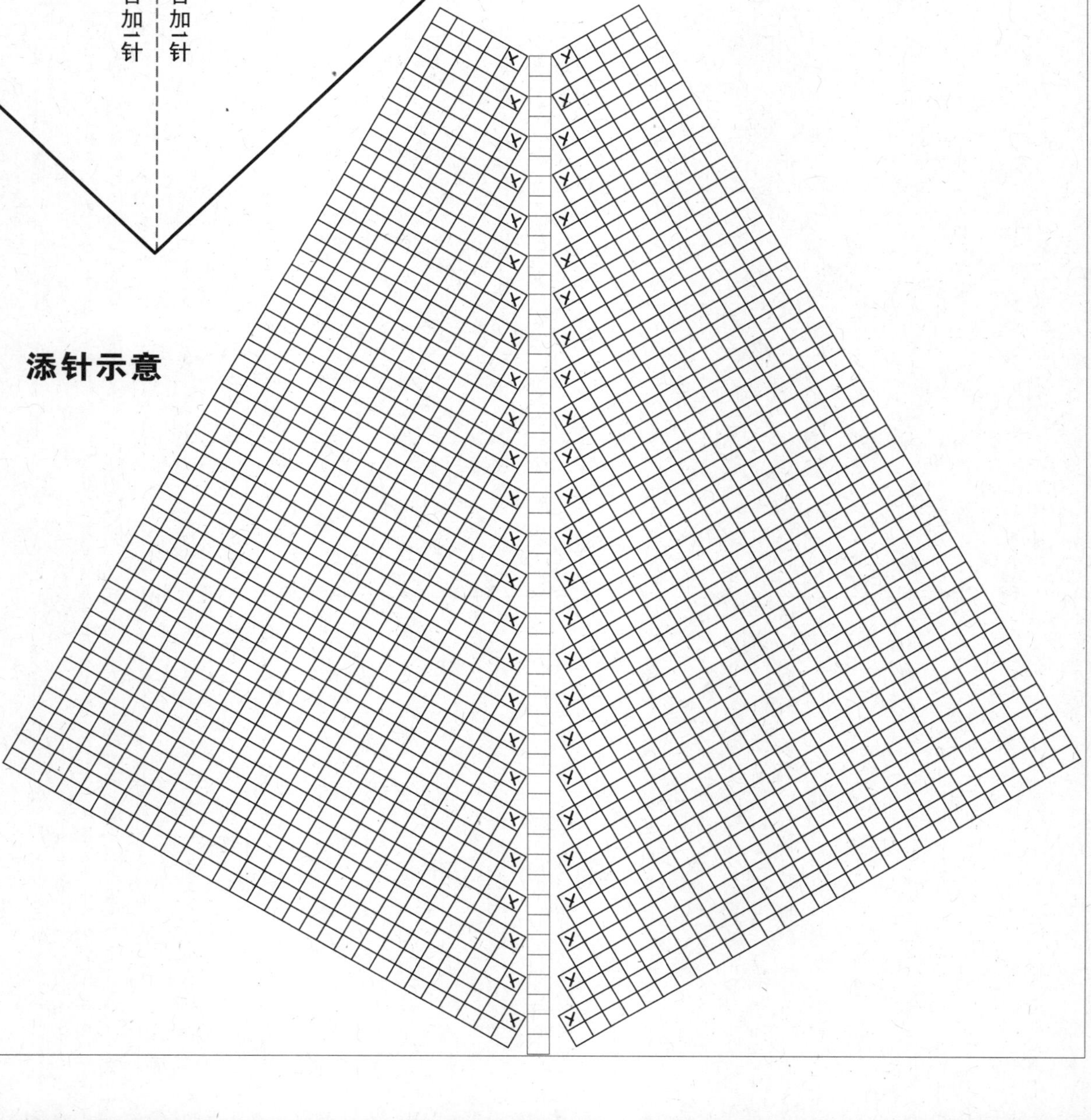

贵气套头圆领装

★**材料**

大红色中细线

★**工具**

12号棒针

★**尺寸**

衣长52厘米　胸围98厘米

袖长51厘米

花样A

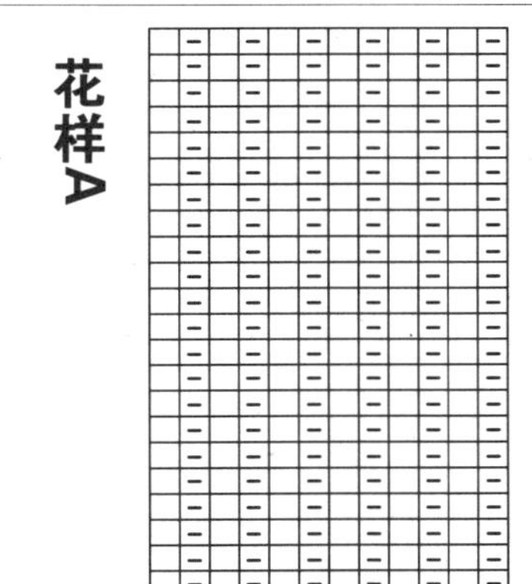

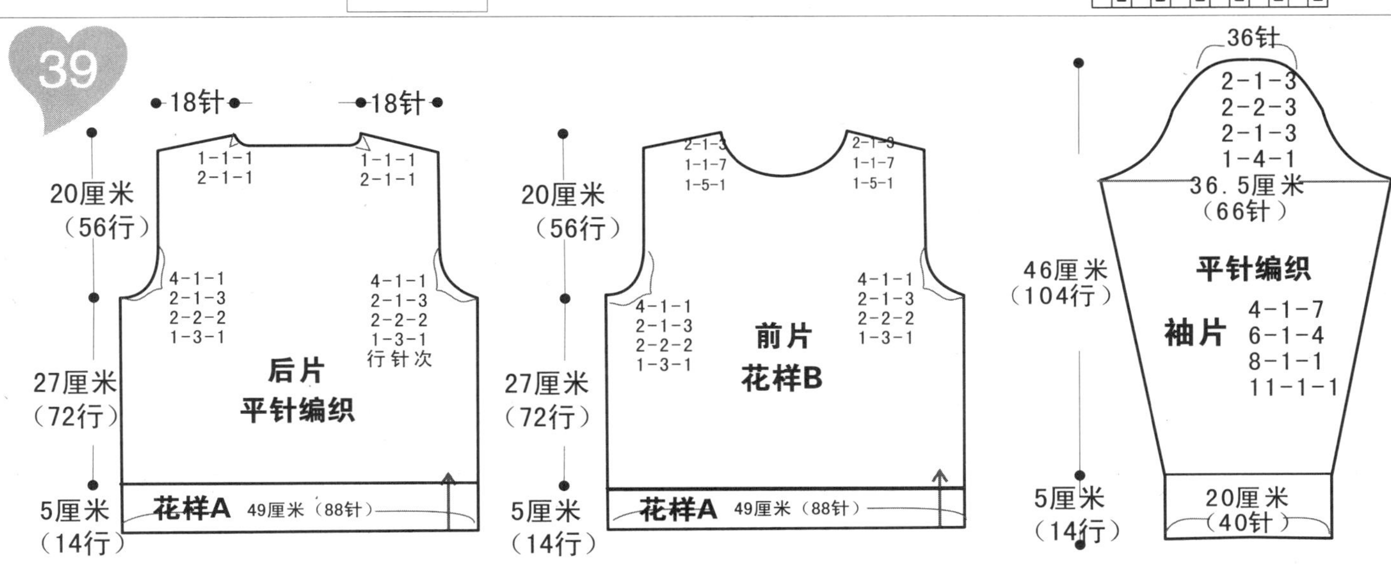
39
18针
18针
1-1-1
2-1-1
1-1-1
2-1-1
20厘米
（56行）
4-1-1
2-1-3
2-2-2
1-3-1
4-1-1
2-1-3
2-2-2
1-3-1
行针次
后片
平针编织
27厘米
（72行）
5厘米
（14行）
花样A 49厘米（88针）
2-1-3
1-1-7
1-5-1
2-1-3
1-1-7
1-5-1
20厘米
（56行）
4-1-1
2-1-3
2-2-2
1-3-1
4-1-1
2-1-3
2-2-2
1-3-1
前片
花样B
27厘米
（72行）
5厘米
（14行）
花样A 49厘米（88针）
36针
2-1-3
2-2-3
2-1-3
1-4-1
36.5厘米
（66针）
46厘米
（104行）
平针编织
袖片
4-1-7
6-1-4
8-1-1
11-1-1
5厘米
（14行）
20厘米
（40针）

花样B

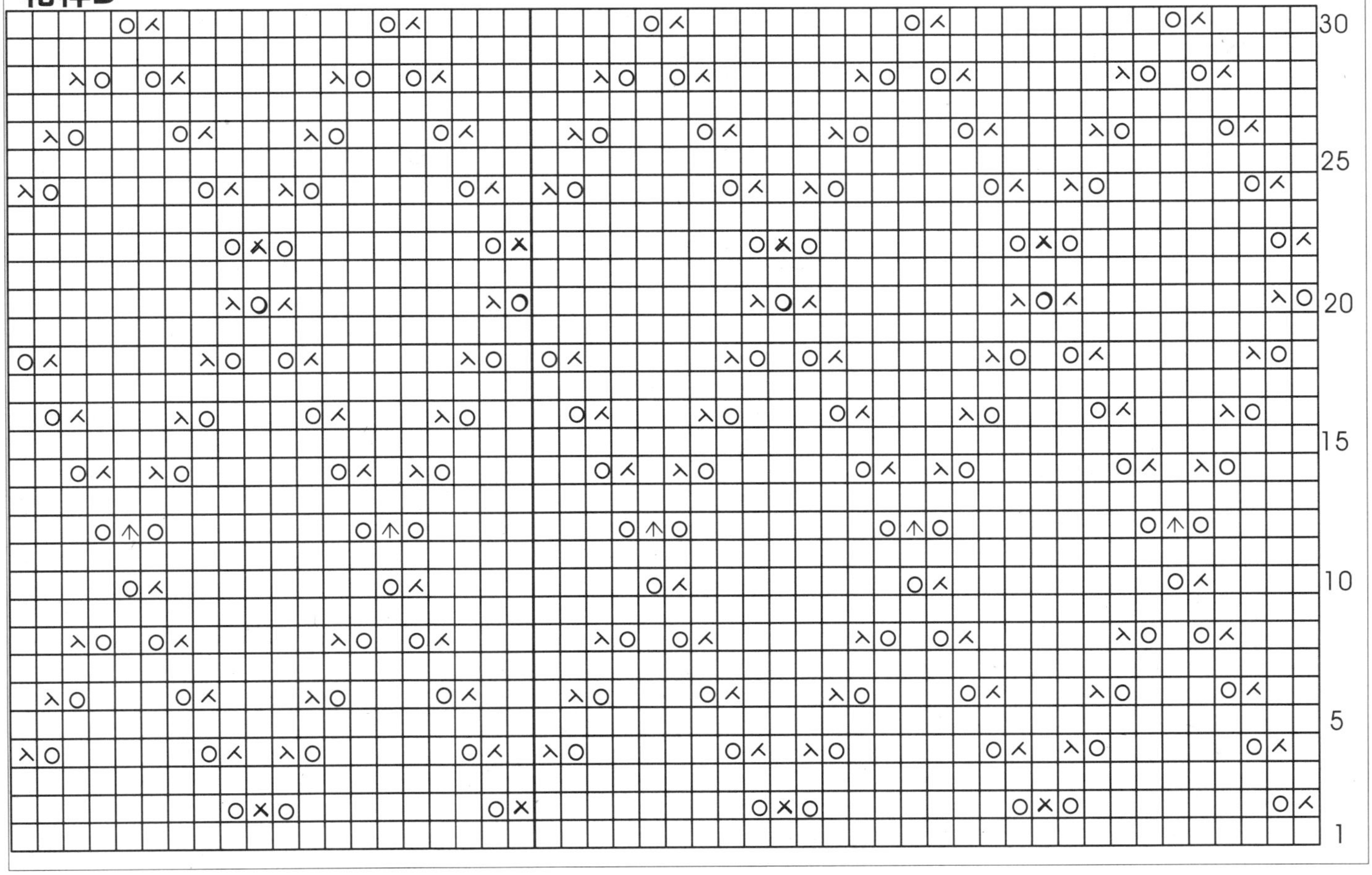

大花瓣醒目中长装

40

★**材料**

大红色中细线

★**工具**

12号棒针

★**尺寸**

衣长71厘米　胸围98厘米

袖长51厘米

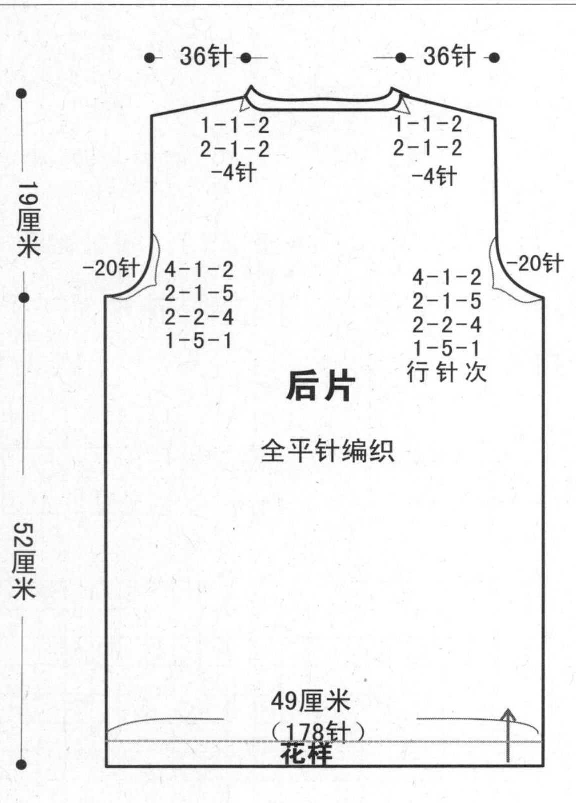

36针
36针
1-1-2
2-1-2
-4针
1-1-2
2-1-2
-4针
19厘米
-20针
4-1-2
2-1-5
2-2-4
1-5-1
-20针
4-1-2
2-1-5
2-2-4
1-5-1
行针次
后片
全平针编织
52厘米
49厘米
（178针）
花样

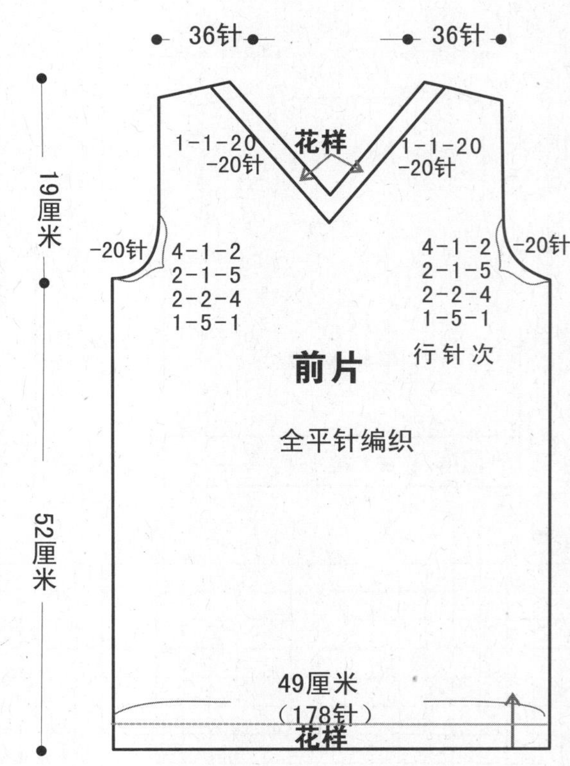

36针
36针
1-1-20
-20针
花样
1-1-20
-20针
19厘米
-20针
4-1-2
2-1-5
2-2-4
1-5-1
4-1-2
2-1-5
2-2-4
1-5-1
-20针
行针次
前片
全平针编织
52厘米
49厘米
（178针）
花样

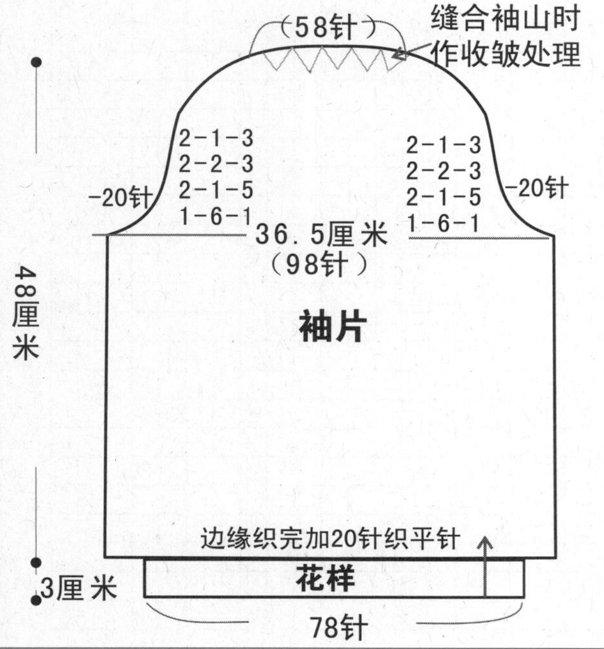

（58针）
缝合袖山时
作收皱处理
2-1-3
2-2-3
2-1-5
1-6-1
-20针
2-1-3
2-2-3
2-1-5
1-6-1
-20针
36.5厘米
（98针）
48厘米
袖片
边缘织完加20针织平针
花样
3厘米
78针

花样

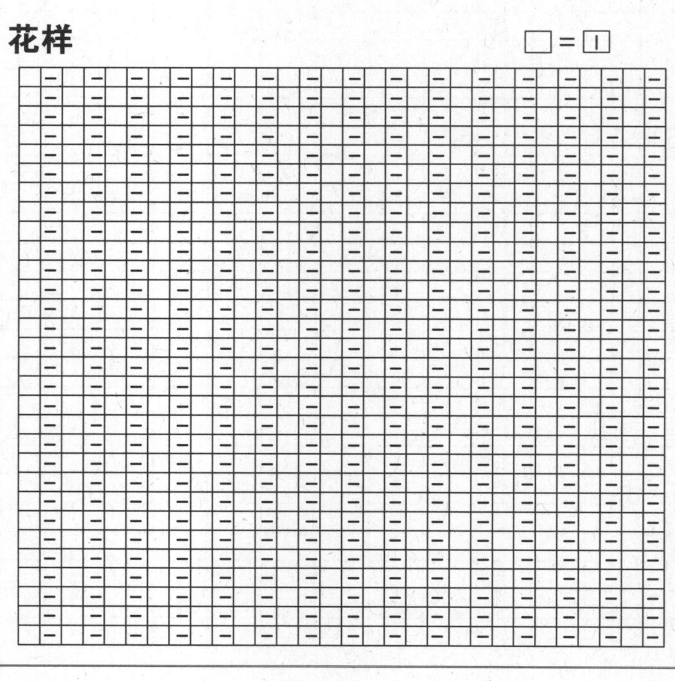

□=|

炫色洒脱套头衫

★**材料**

黑色粗羊毛线

★**工具**

8号棒针

★**尺寸**

衣长52厘米　胸围98厘米

袖长51厘米

花样A

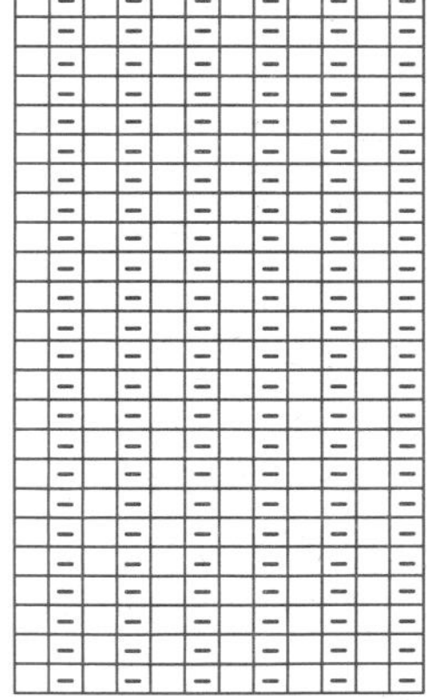

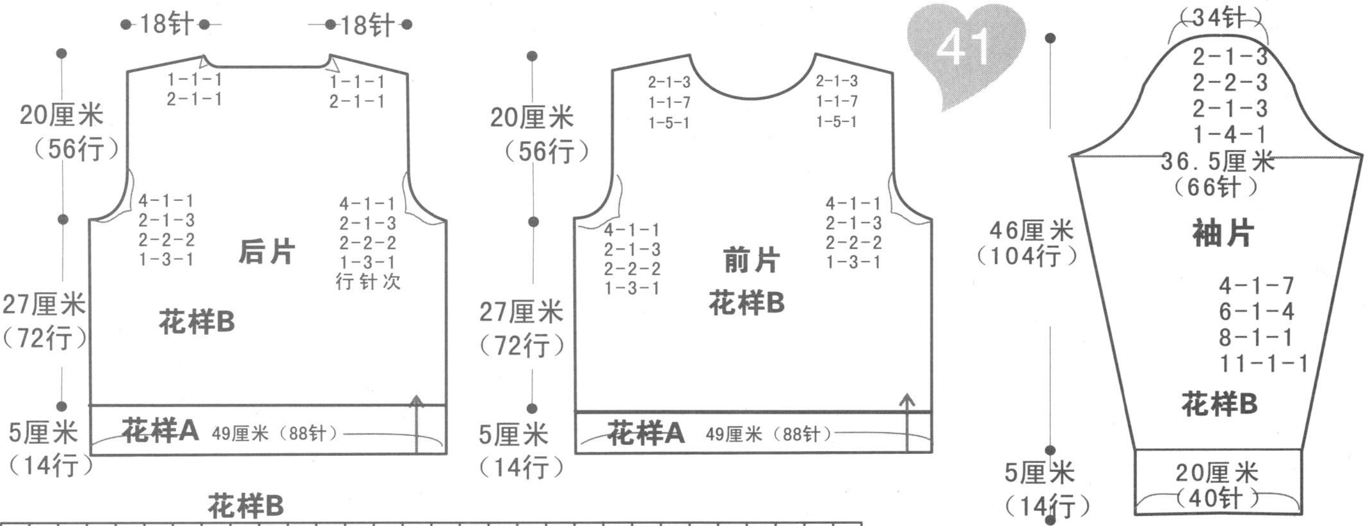

41

后片

18针　18针

20厘米（56行）

27厘米（72行）

5厘米（14行）

1-1-1
2-1-1

4-1-1
2-1-3
2-2-2
1-3-1
行针次

花样B

花样A　49厘米（88针）

前片

20厘米（56行）

27厘米（72行）

5厘米（14行）

2-1-3
1-1-7
1-5-1

4-1-1
2-1-3
2-2-2
1-3-1

花样B

花样A　49厘米（88针）

袖片

（34针）

2-1-3
2-2-3
2-1-3
1-4-1

36.5厘米（66针）

46厘米（104行）

4-1-7
6-1-4
8-1-1
11-1-1

花样B

5厘米（14行）

20厘米（40针）

花样B

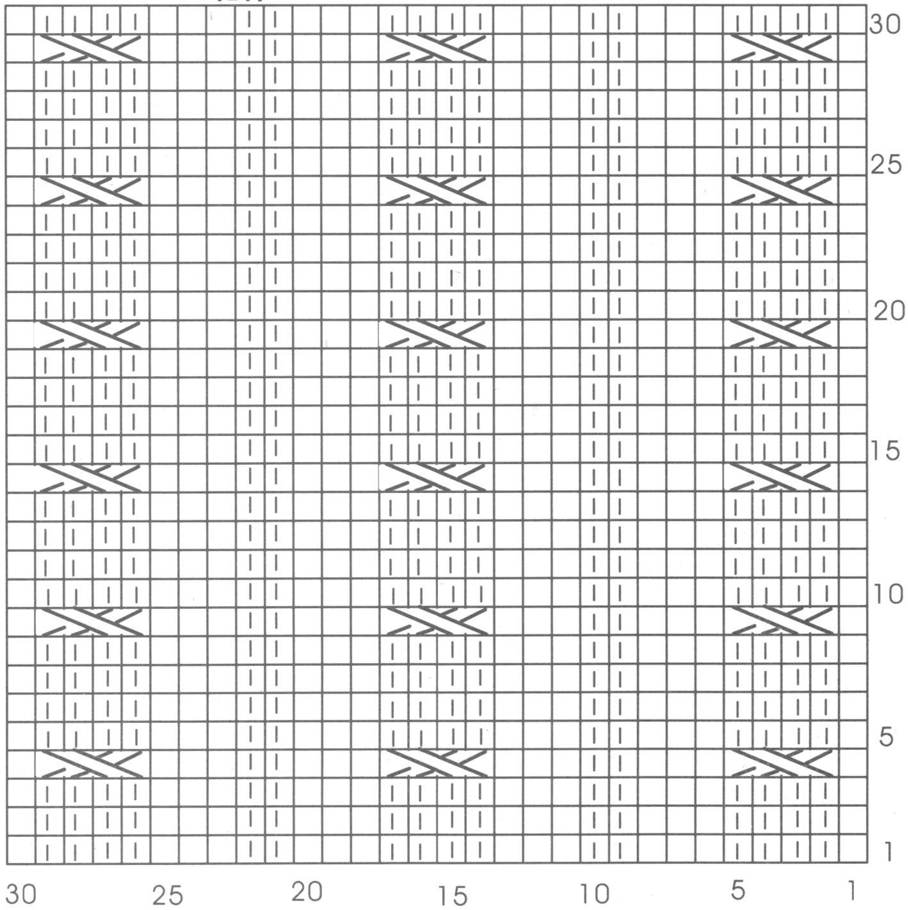

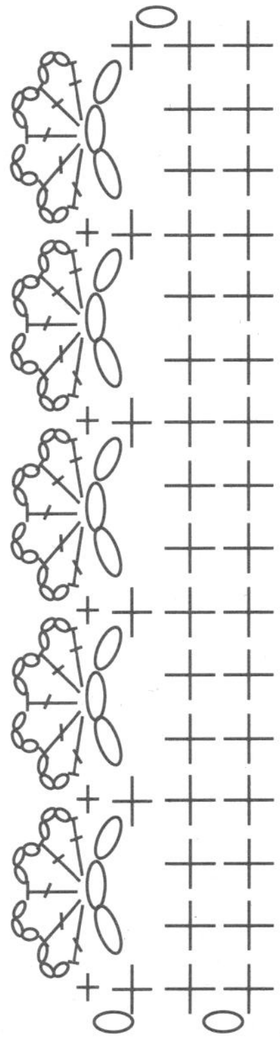

下摆边、袖口花样

时尚丽人中袖衫

★材料

粉红色中细线

★工具

12号棒针

★尺寸

衣长52厘米　胸围98厘米

袖长51厘米

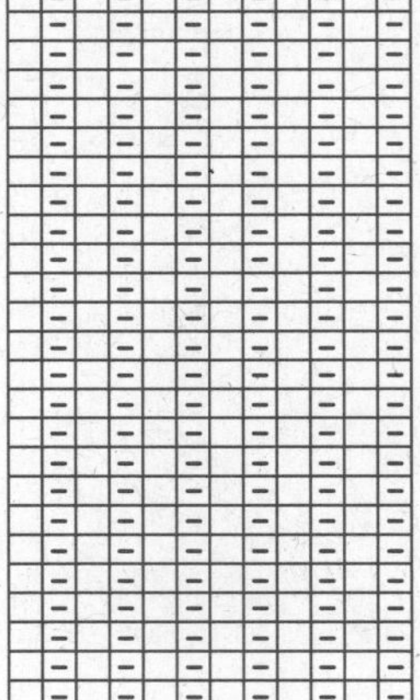
花样A

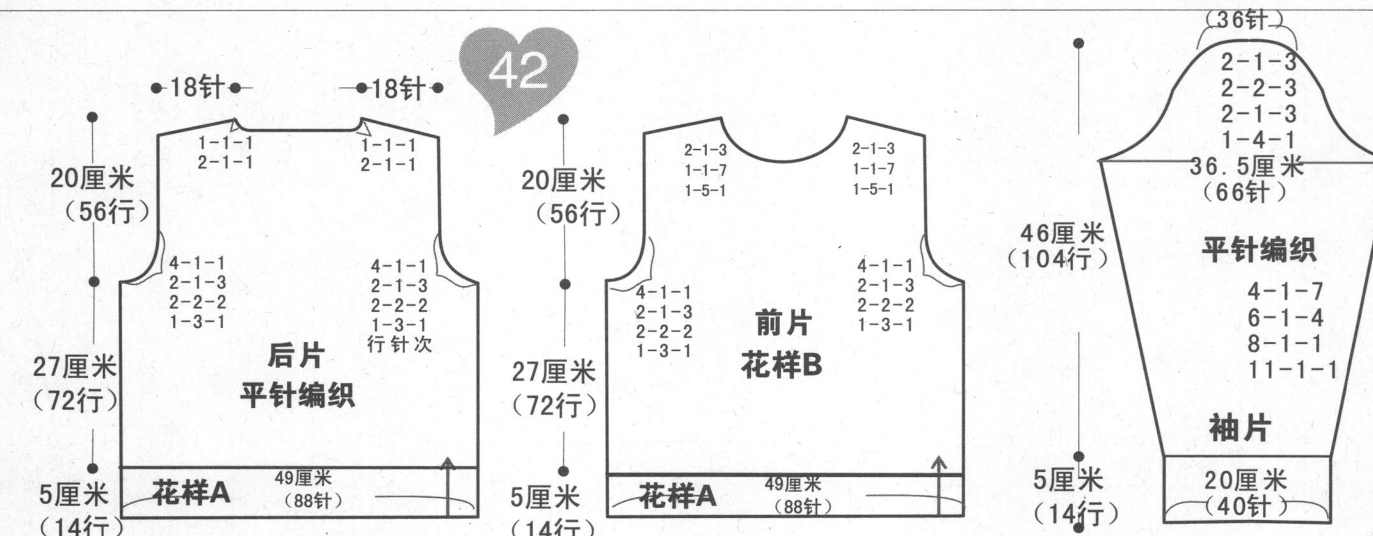
42
18针
18针
1-1-1
2-1-1
20厘米
(56行)
4-1-1
2-1-3
2-2-2
1-3-1
行针次
后片
平针编织
27厘米
(72行)
5厘米
(14行)
花样A
49厘米
(88针)
2-1-3
1-1-7
1-5-1
前片
花样B
(36针)
2-1-3
2-2-3
2-1-3
1-4-1
36.5厘米
(66针)
46厘米
(104行)
平针编织
4-1-7
6-1-4
8-1-1
11-1-1
袖片
20厘米
(40针)

花样B

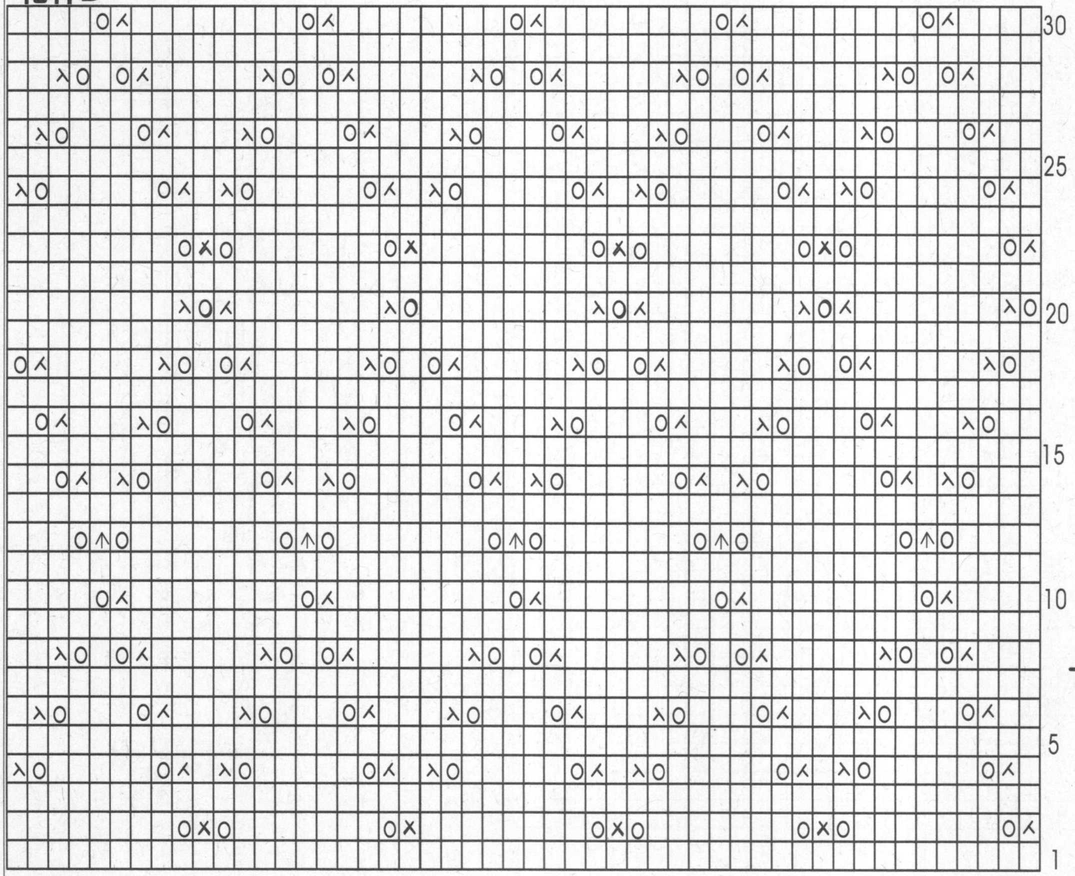

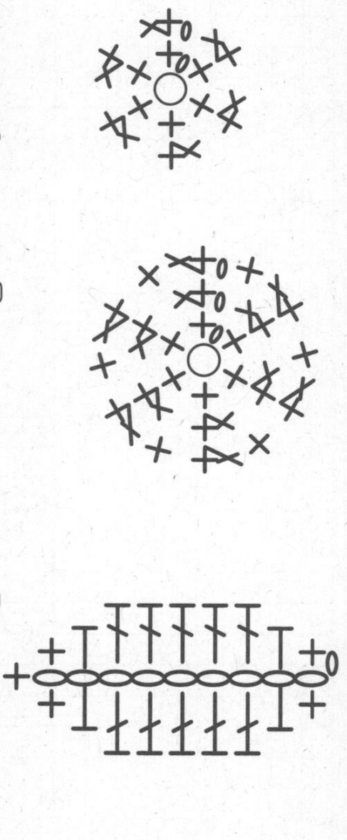

淘气圆领长袖装

★材料

多色中粗线

★工具

10号棒针

★尺寸

衣长52厘米　胸围98厘米

袖长51厘米

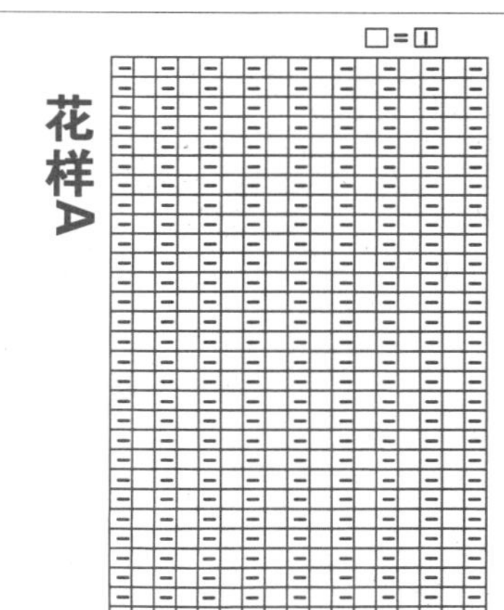

花样A
□=⏐

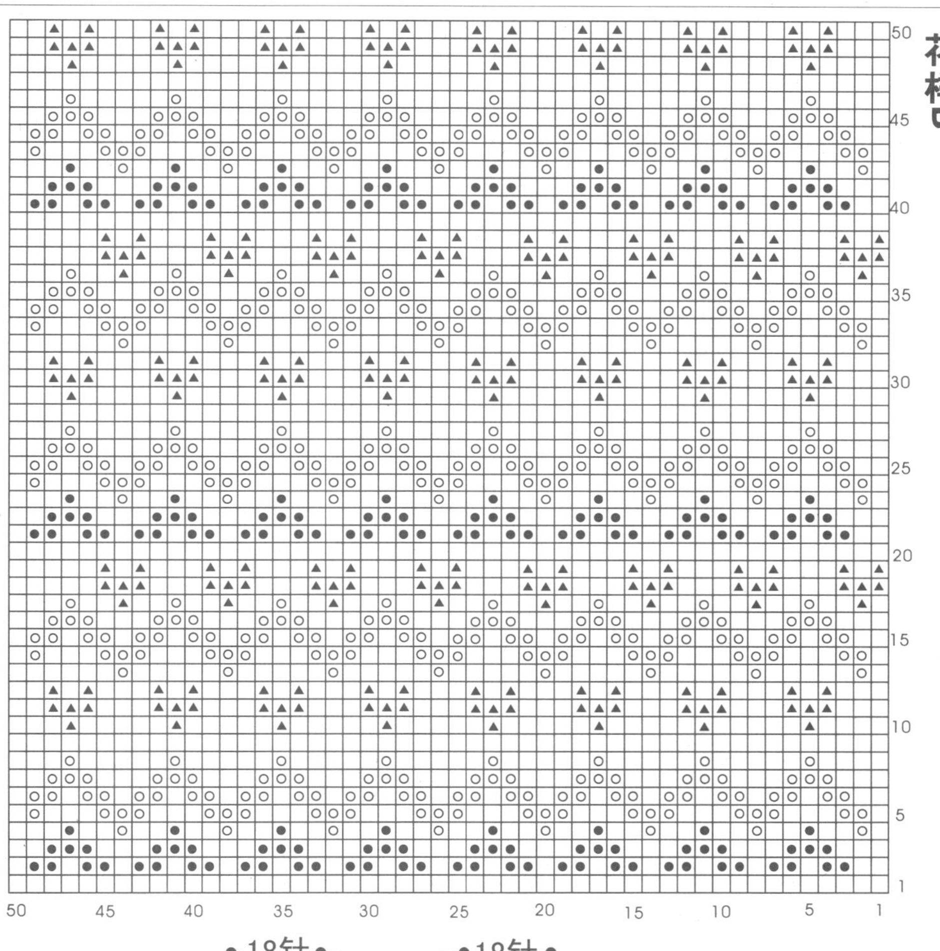

花样B

43

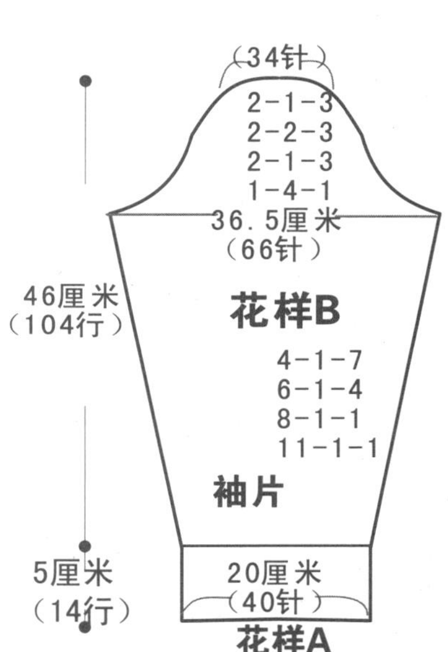

(34针)
2-1-3
2-2-3
2-1-3
1-4-1
36.5厘米
(66针)
46厘米
(104行)
花样B
4-1-7
6-1-4
8-1-1
11-1-1
袖片
5厘米
(14行)
20厘米
(40针)
花样A

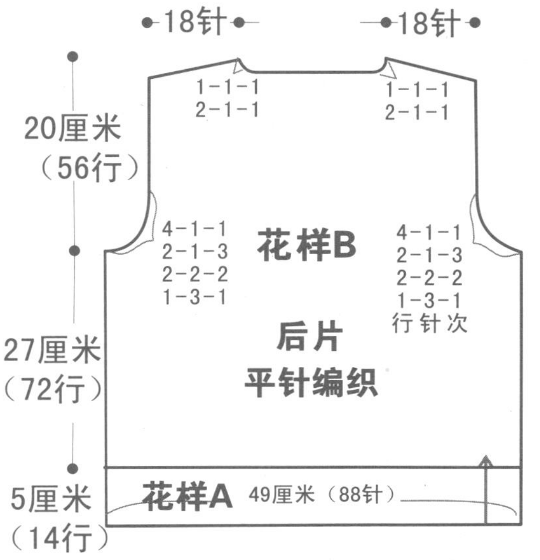

18针
18针
1-1-1
2-1-1
1-1-1
2-1-1
20厘米
(56行)
4-1-1
2-1-3
2-2-2
1-3-1
花样B
4-1-1
2-1-3
2-2-2
1-3-1
行针次
27厘米
(72行)
后片
平针编织
5厘米
(14行)
花样A 49厘米（88针）

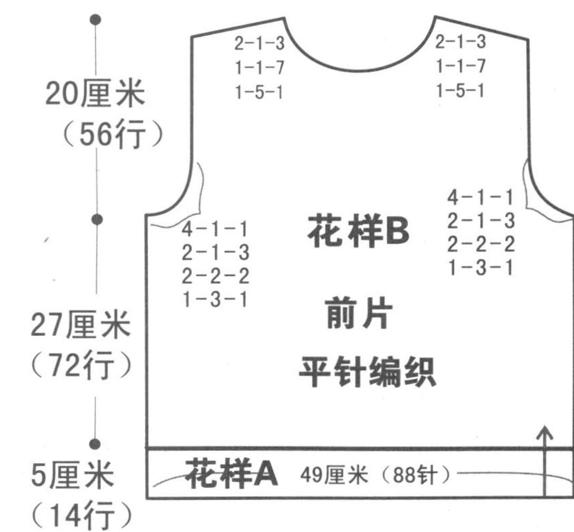

2-1-3
1-1-7
1-5-1
2-1-3
1-1-7
1-5-1
20厘米
(56行)
4-1-1
2-1-3
2-2-2
1-3-1
花样B
4-1-1
2-1-3
2-2-2
1-3-1
27厘米
(72行)
前片
平针编织
5厘米
(14行)
花样A 49厘米（88针）

可爱花纹高领装

★材料

粉红色粗羊毛线

★工具

8号棒针

★尺寸

衣长52厘米　胸围98厘米

袖长51厘米

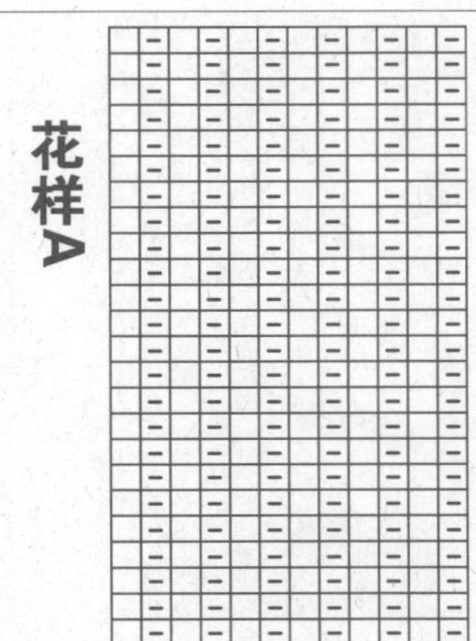
花样A

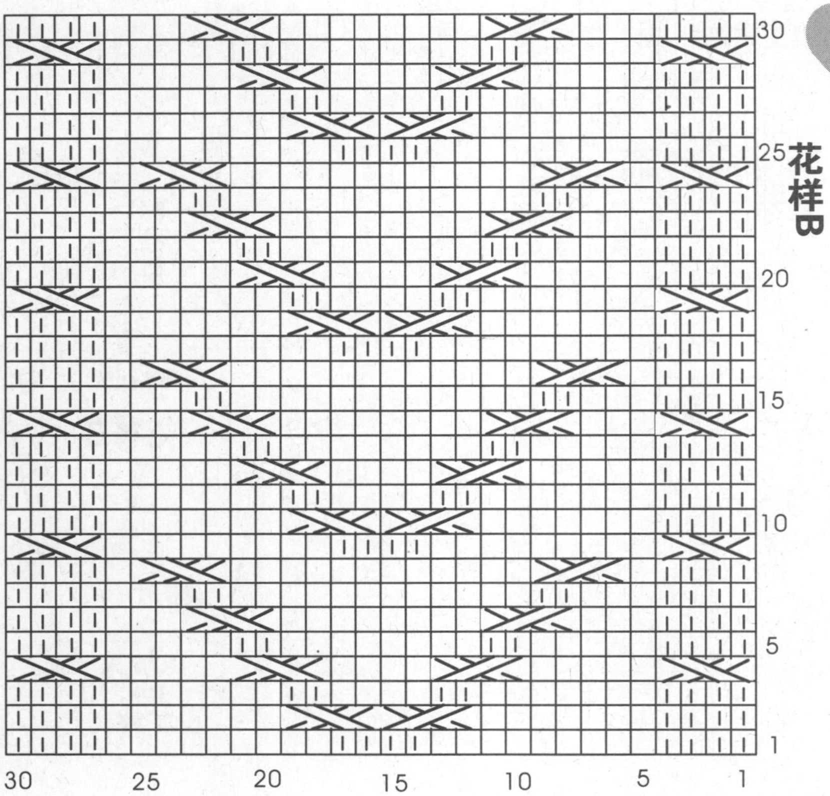

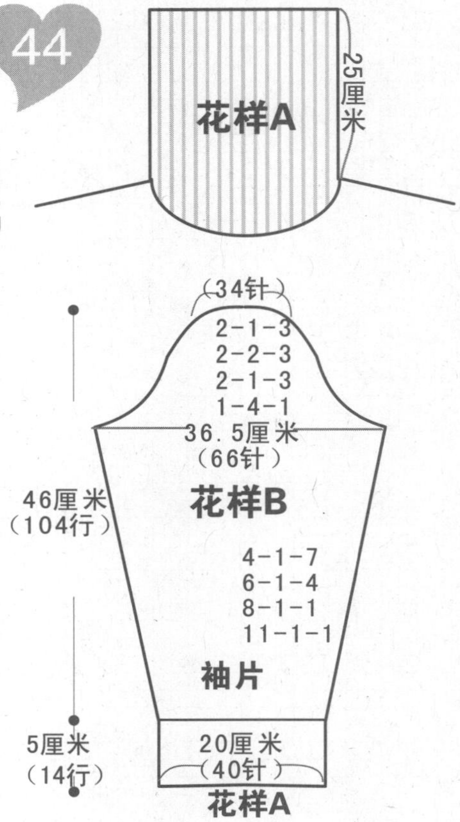

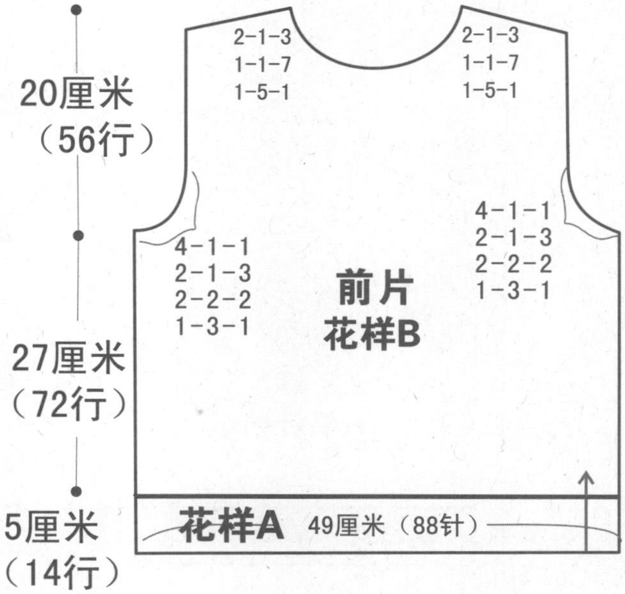

44

花样B

花样A
25厘米

(34针)
2-1-3
2-2-3
2-1-3
1-4-1
36.5厘米
(66针)
46厘米
(104行)
花样B
4-1-7
6-1-4
8-1-1
11-1-1
袖片
5厘米
(14行)
20厘米
(40针)
花样A

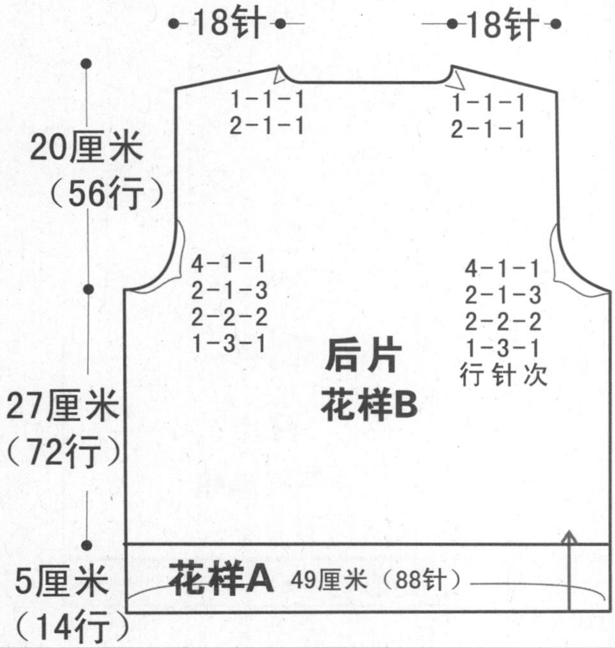

18针　18针

20厘米
(56行)
1-1-1
2-1-1
1-1-1
2-1-1
4-1-1
2-1-3
2-2-2
1-3-1
4-1-1
2-1-3
2-2-2
1-3-1
行针次
后片
花样B
27厘米
(72行)
5厘米
(14行)
花样A 49厘米（88针）

20厘米
(56行)
2-1-3
1-1-7
1-5-1
2-1-3
1-1-7
1-5-1
4-1-1
2-1-3
2-2-2
1-3-1
4-1-1
2-1-3
2-2-2
1-3-1
前片
花样B
27厘米
(72行)
5厘米
(14行)
花样A 49厘米（88针）

纯黑简洁宽领装

★**材料**

黑色中粗线

★**工具**

10号棒针

★**尺寸**

衣长52厘米　胸围98厘米

袖长51厘米

花样A

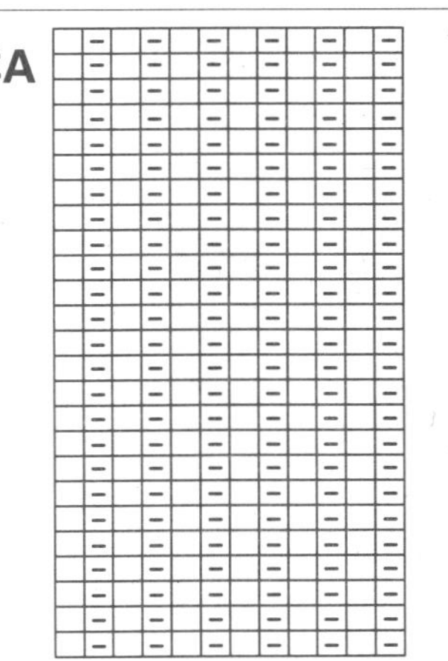

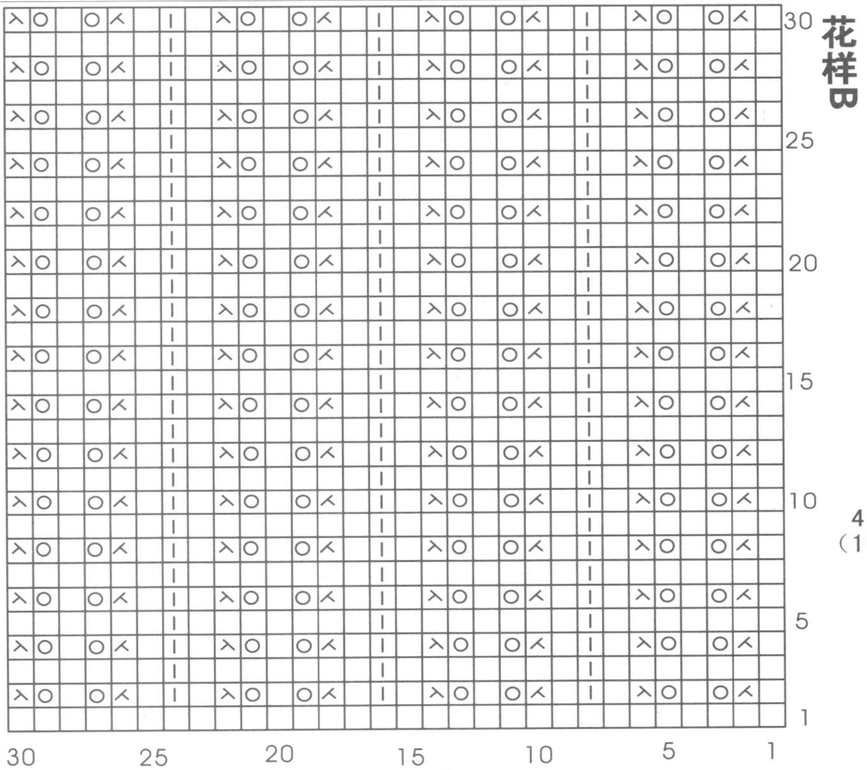

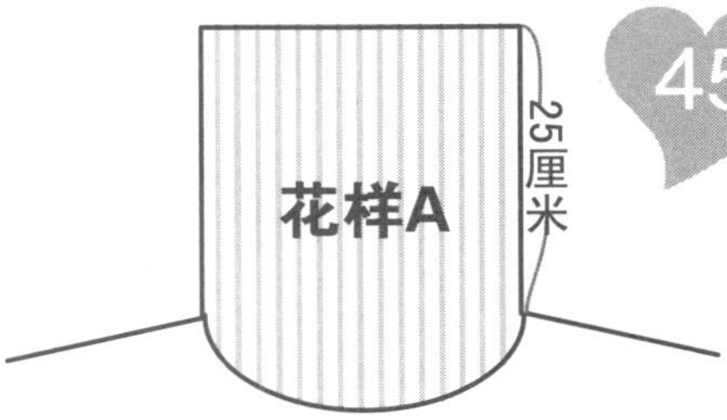

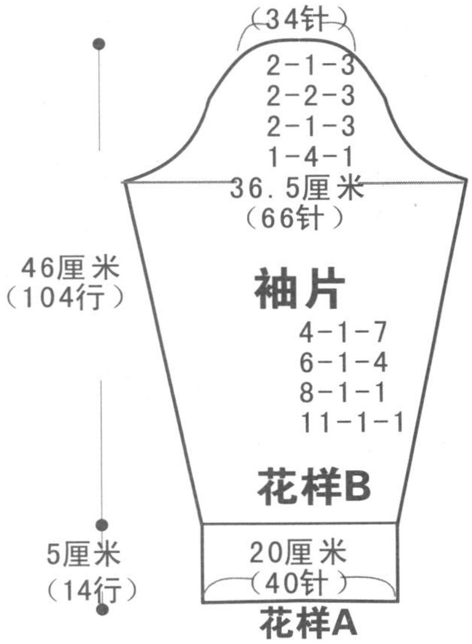

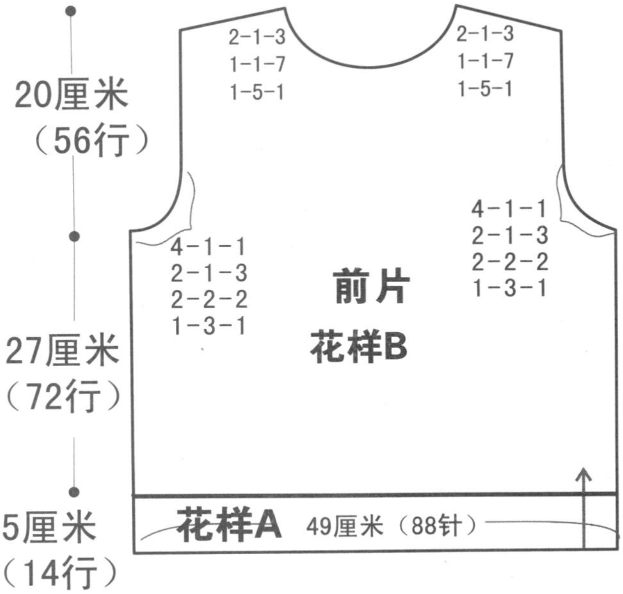

花样B

45

花样A

25厘米

(34针)

2-1-3
2-2-3
2-1-3
1-4-1

36.5厘米
(66针)

46厘米
(104行)

袖片

4-1-7
6-1-4
8-1-1
11-1-1

花样B

5厘米
(14行)

20厘米
(40针)

花样A

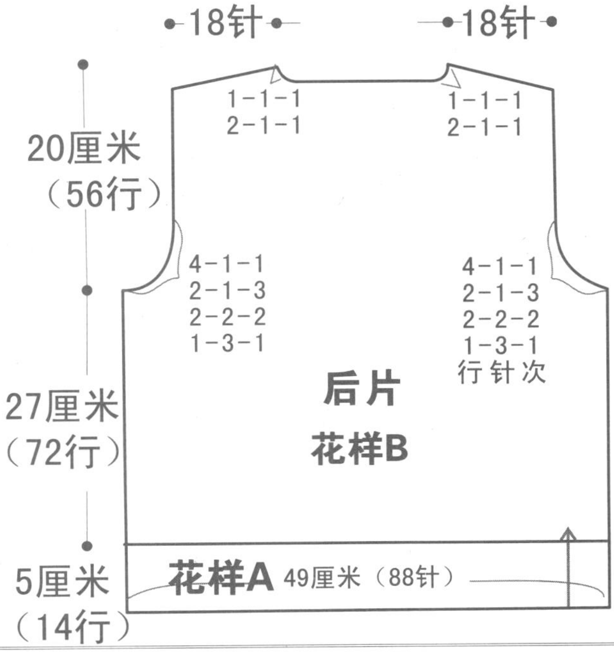

18针　18针

20厘米
(56行)

1-1-1
2-1-1

1-1-1
2-1-1

4-1-1
2-1-3
2-2-2
1-3-1

4-1-1
2-1-3
2-2-2
1-3-1
行针次

后片
花样B

27厘米
(72行)

5厘米
(14行)

花样A 49厘米（88针）

20厘米
(56行)

2-1-3
1-1-7
1-5-1

2-1-3
1-1-7
1-5-1

4-1-1
2-1-3
2-2-2
1-3-1

4-1-1
2-1-3
2-2-2
1-3-1

前片
花样B

27厘米
(72行)

5厘米
(14行)

花样A 49厘米（88针）

棕色宽松长装

★材料

咖啡色中细线

★工具

12号棒针

★尺寸

衣长71厘米　胸围98厘米

袖长50厘米

46

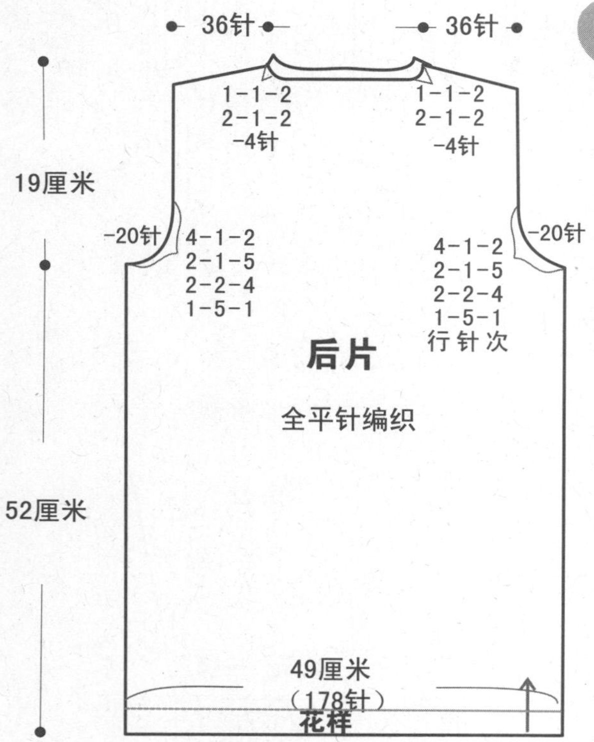

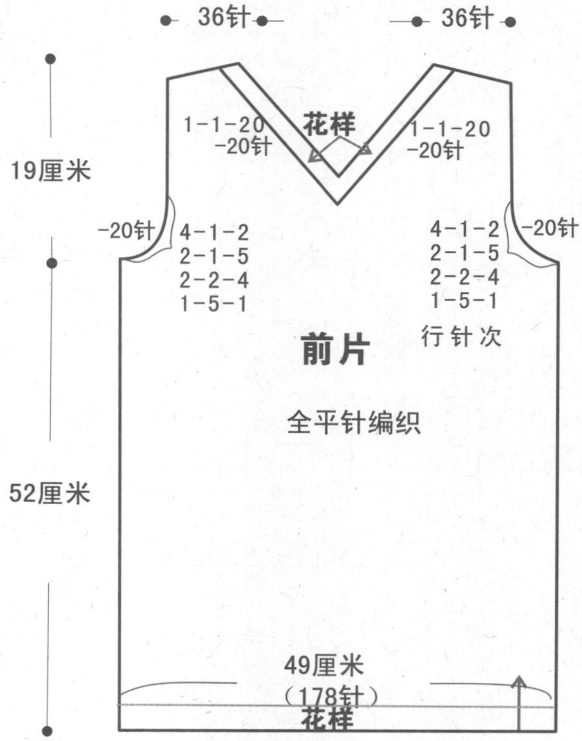

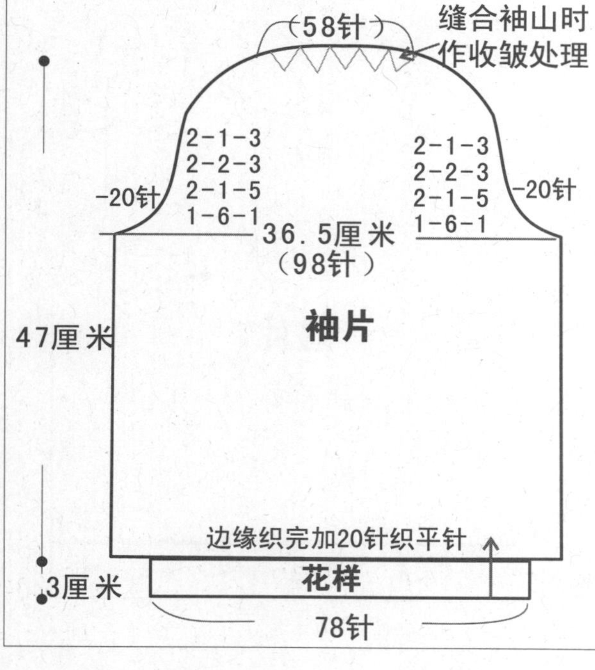

后片

36针　36针

1-1-2
2-1-2
-4针

19厘米

-20针
4-1-2
2-1-5
2-2-4
1-5-1
行针次

全平针编织

52厘米

49厘米
(178针)
花样

前片

36针　36针

1-1-20
-20针

花样

19厘米

-20针
4-1-2
2-1-5
2-2-4
1-5-1
行针次

全平针编织

52厘米

49厘米
(178针)
花样

袖片

(58针)

缝合袖山时作收皱处理

2-1-3
2-2-3
2-1-5
1-6-1

-20针

36.5厘米
(98针)

47厘米

边缘织完加20针织平针

花样

3厘米

78针

花样

□=□|

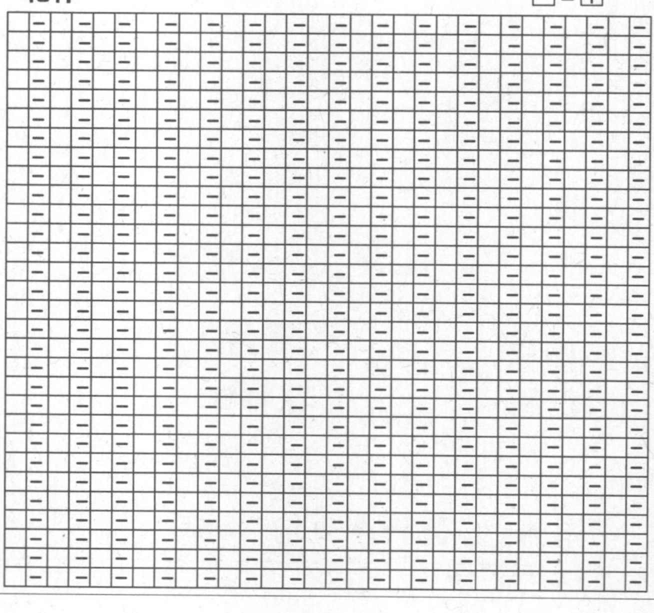

艳丽可爱娃娃装

★**材料**

大红色中细线

★**工具**

12号棒针

★**尺寸**

衣长71厘米　胸围98厘米

袖长27厘米

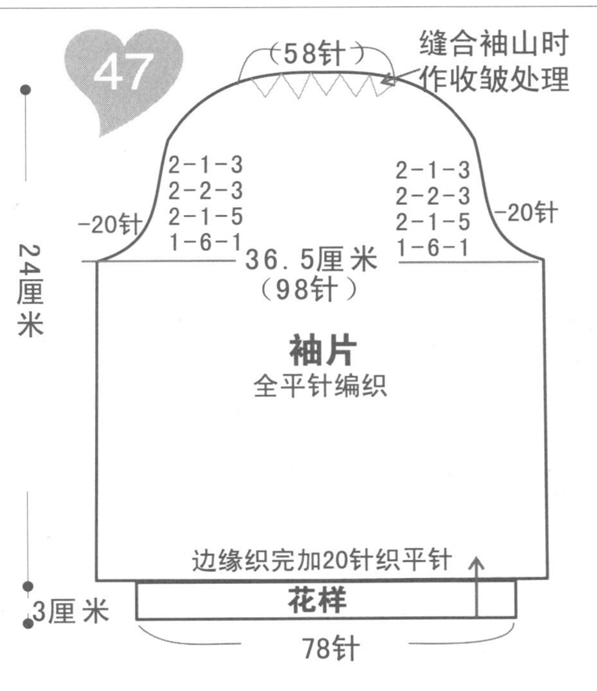

47
(58针)
缝合袖山时作收皱处理
2-1-3
2-2-3
2-1-5
1-6-1
-20针
36.5厘米
(98针)
24厘米
袖片
全平针编织
边缘织完加20针织平针
花样
3厘米
78针

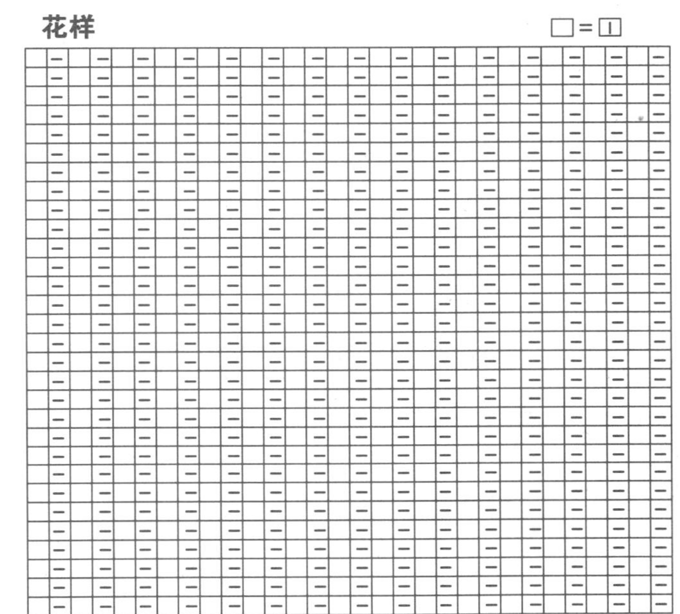

花样
□=Ⅰ

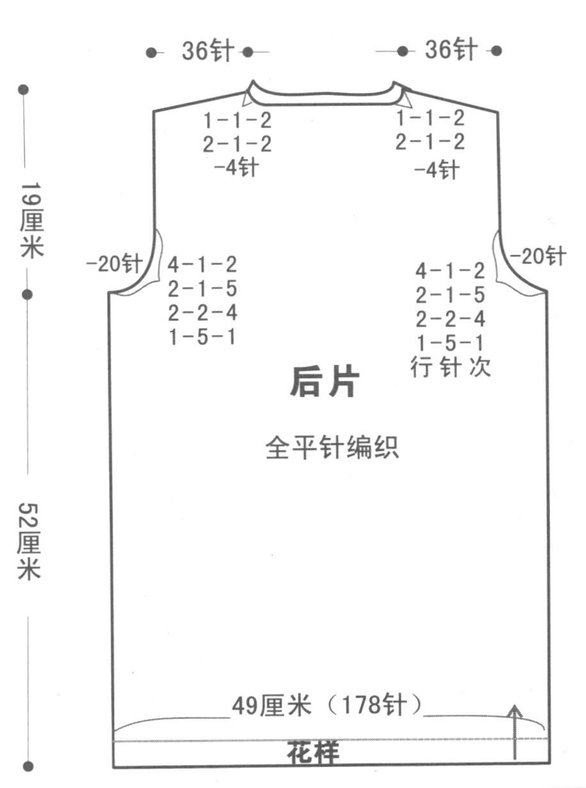

36针
36针
1-1-2
2-1-2
-4针
19厘米
-20针
4-1-2
2-1-5
2-2-4
1-5-1
行针次
后片
全平针编织
52厘米
49厘米（178针）
花样

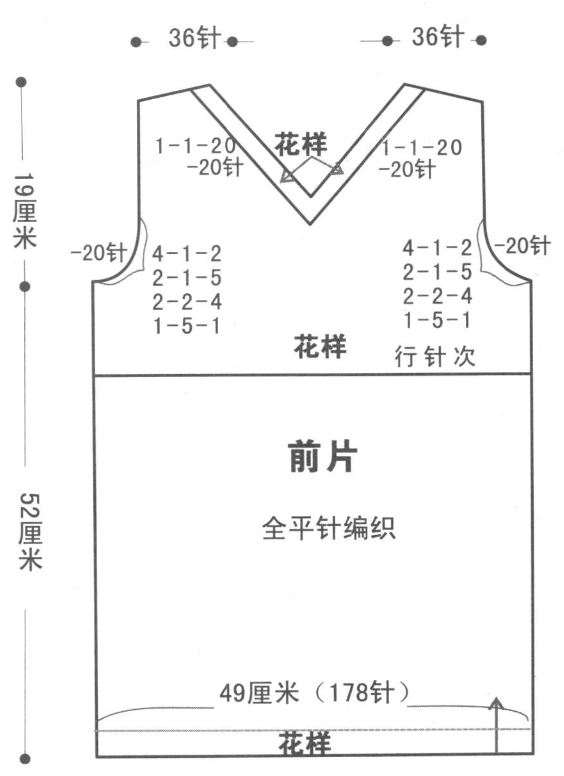

36针
36针
1-1-20
-20针
花样
19厘米
-20针
4-1-2
2-1-5
2-2-4
1-5-1
行针次
前片
全平针编织
52厘米
49厘米（178针）
花样

飘逸网眼垂吊衫

★材料

黑色粗羊毛线

★工具

8号棒针

★尺寸

衣长55厘米　胸围98厘米

48

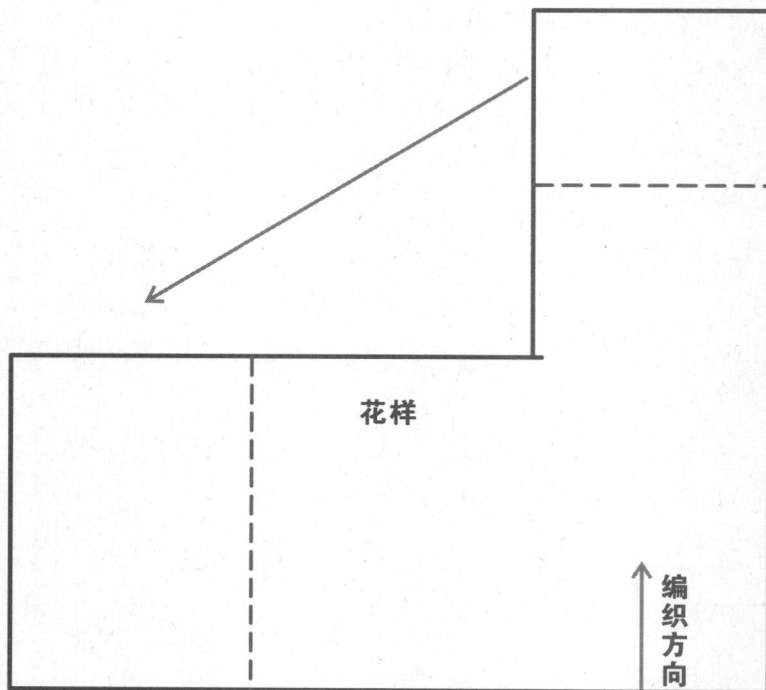

花样

编织方向

花样

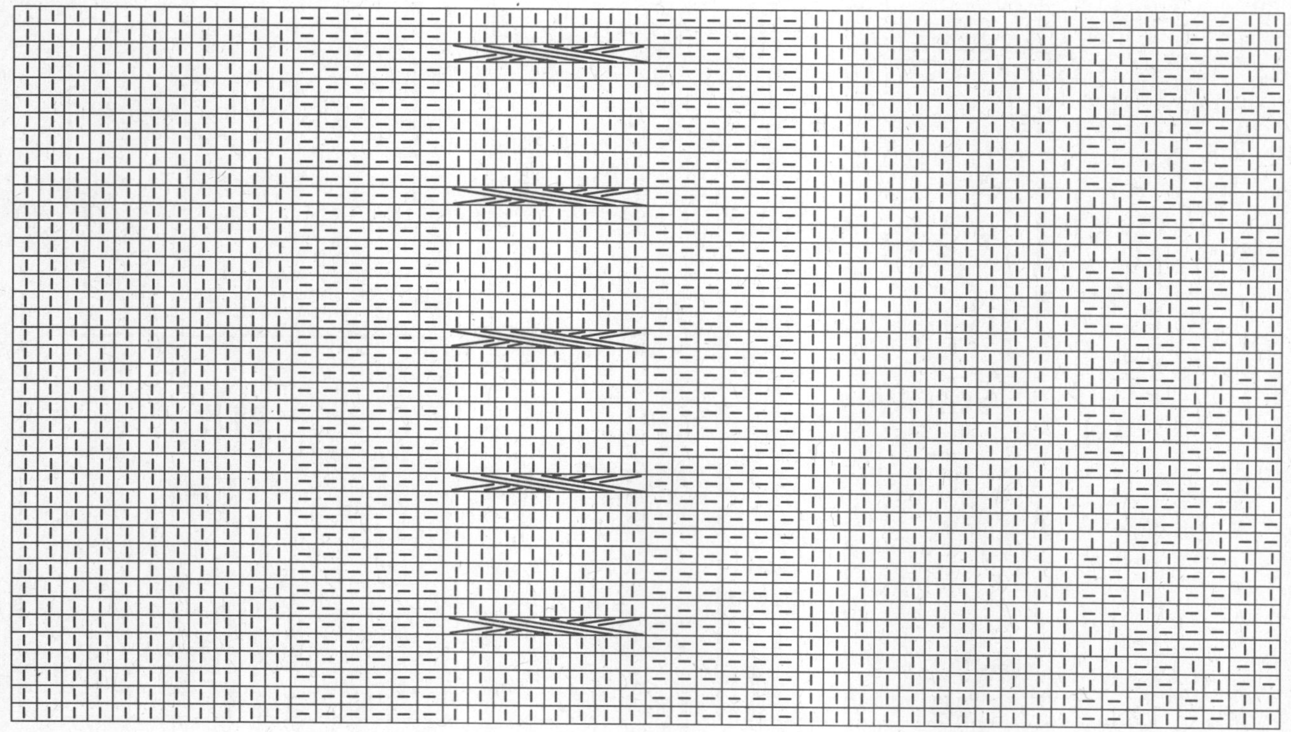

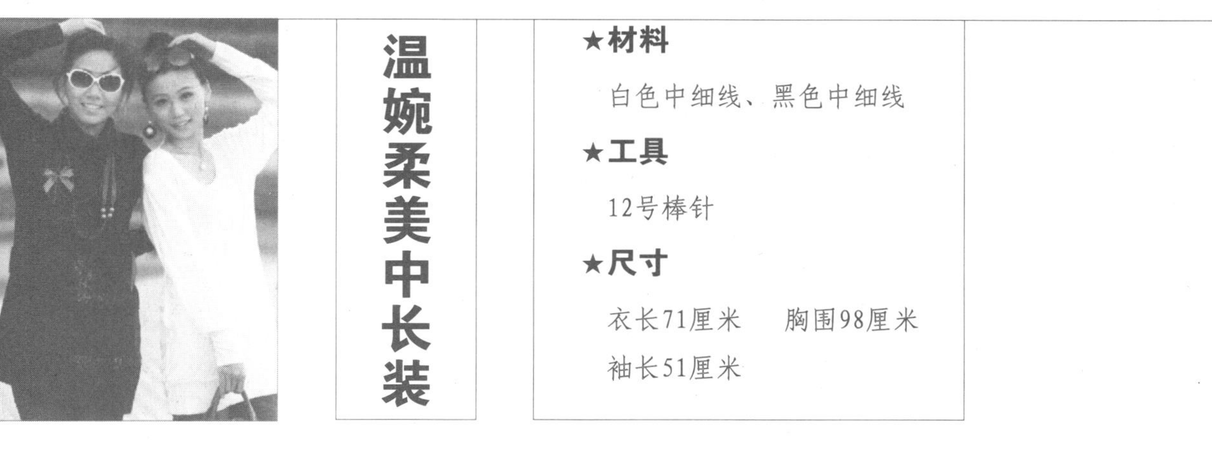

温婉柔美中长装

★材料

白色中细线、黑色中细线

★工具

12号棒针

★尺寸

衣长71厘米　胸围98厘米

袖长51厘米

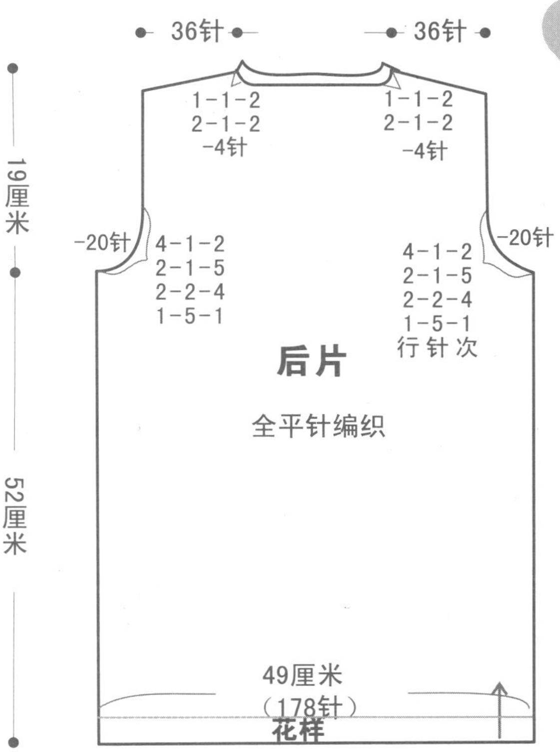

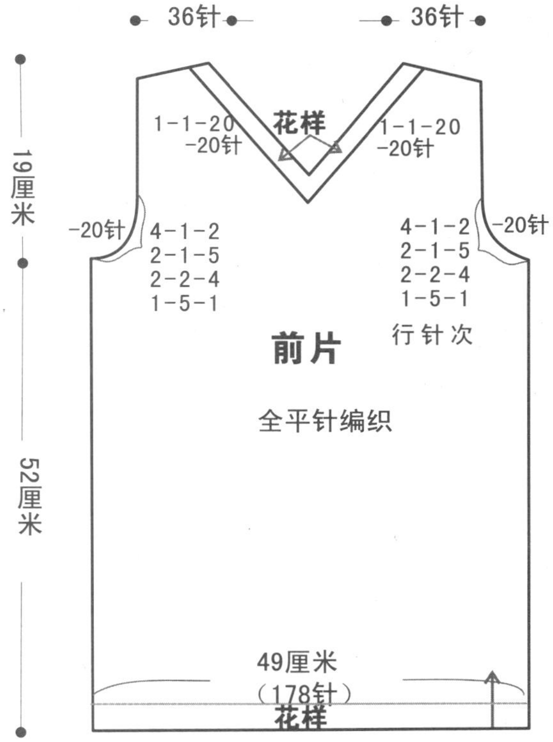

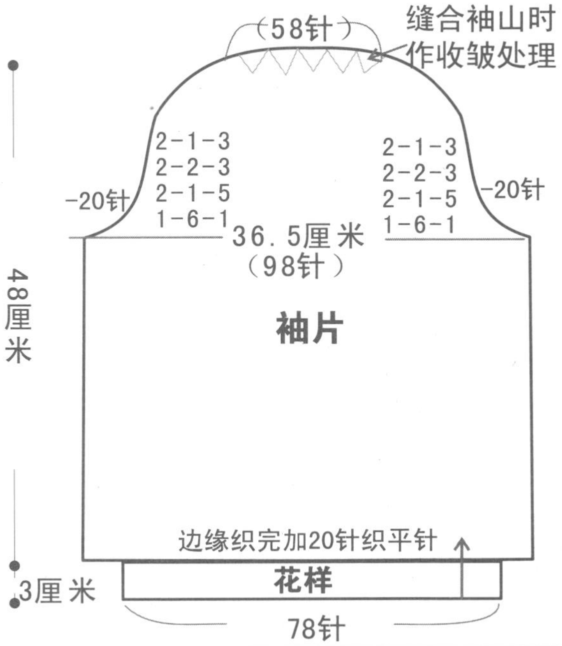

49

后片

36针　36针

1-1-2
2-1-2
-4针

1-1-2
2-1-2
-4针

-20针
4-1-2
2-1-5
2-2-4
1-5-1
行针次

19厘米　52厘米

全平针编织

49厘米
(178针)
花样

前片

36针　36针

1-1-20
-20针

花样

1-1-20
-20针

-20针
4-1-2
2-1-5
2-2-4
1-5-1
行针次

19厘米　52厘米

全平针编织

49厘米
(178针)
花样

袖片

(58针)
缝合袖山时作收皱处理

2-1-3
2-2-3
2-1-5
1-6-1
-20针

36.5厘米
(98针)

48厘米

边缘织完加20针织平针

花样
3厘米
78针

花样

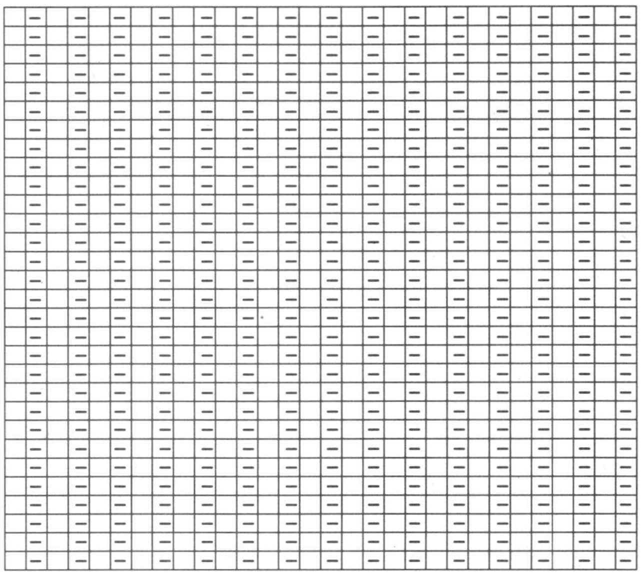

□=⊟

纯黑梅花短袖装

★材料

黑色中细线

★工具

1毫米钩针

★尺寸

衣长51厘米　胸围98厘米

袖长27厘米

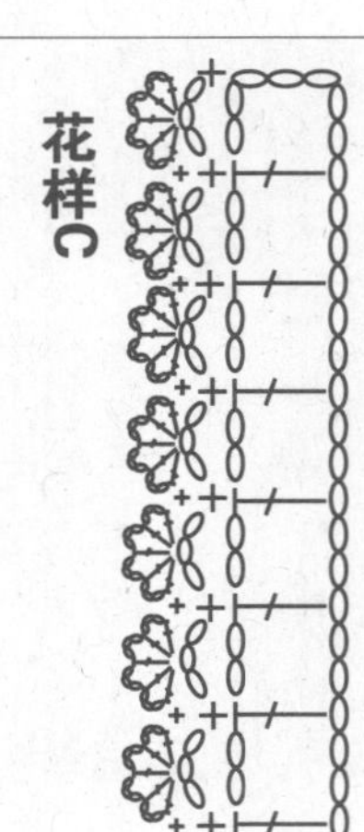
花样C

50

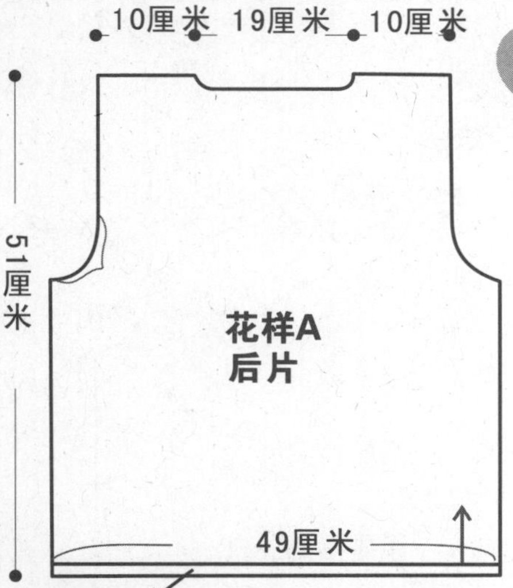

10厘米 19厘米 10厘米

51厘米

花样A
后片

49厘米

花样C

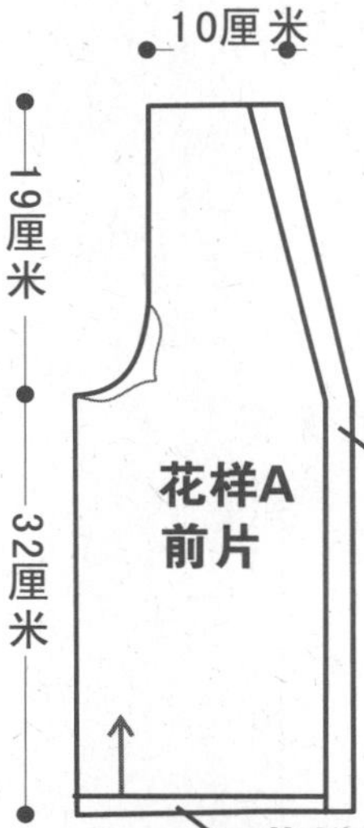

10厘米

19厘米

32厘米

花样A
前片

花样B

花样C

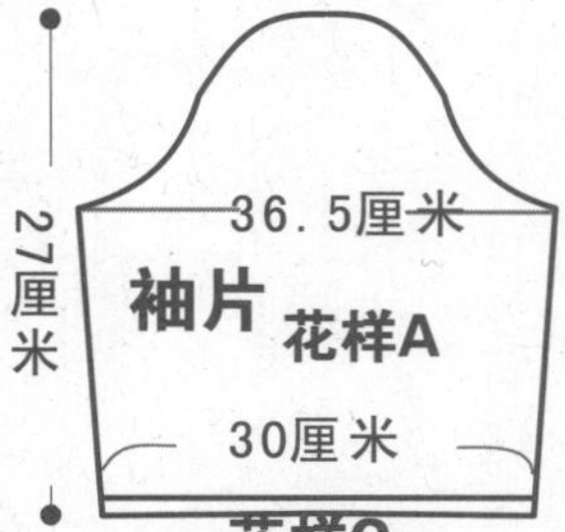

27厘米

36.5厘米

袖片

花样A

30厘米

花样C

花样B

花样A

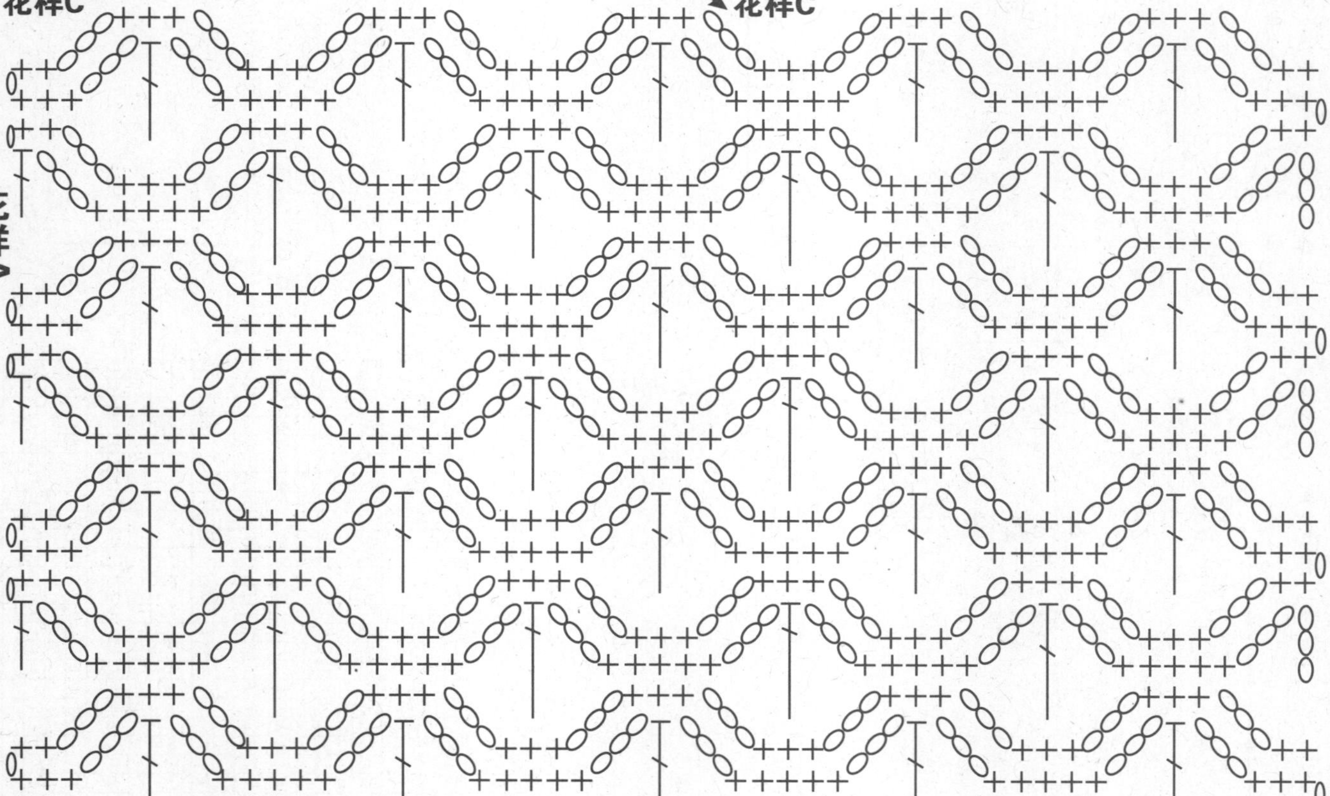

迷人纱网长袖装

★材料

粉红色中粗线

★工具

1.5毫米钩针

★尺寸

衣长78厘米　胸围98厘米

袖长51厘米

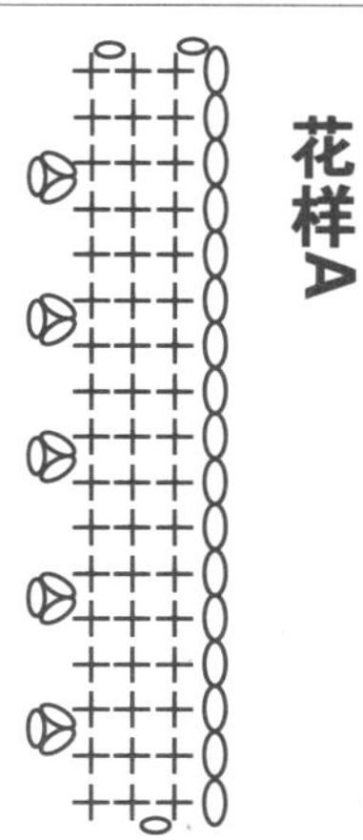

花样A

51

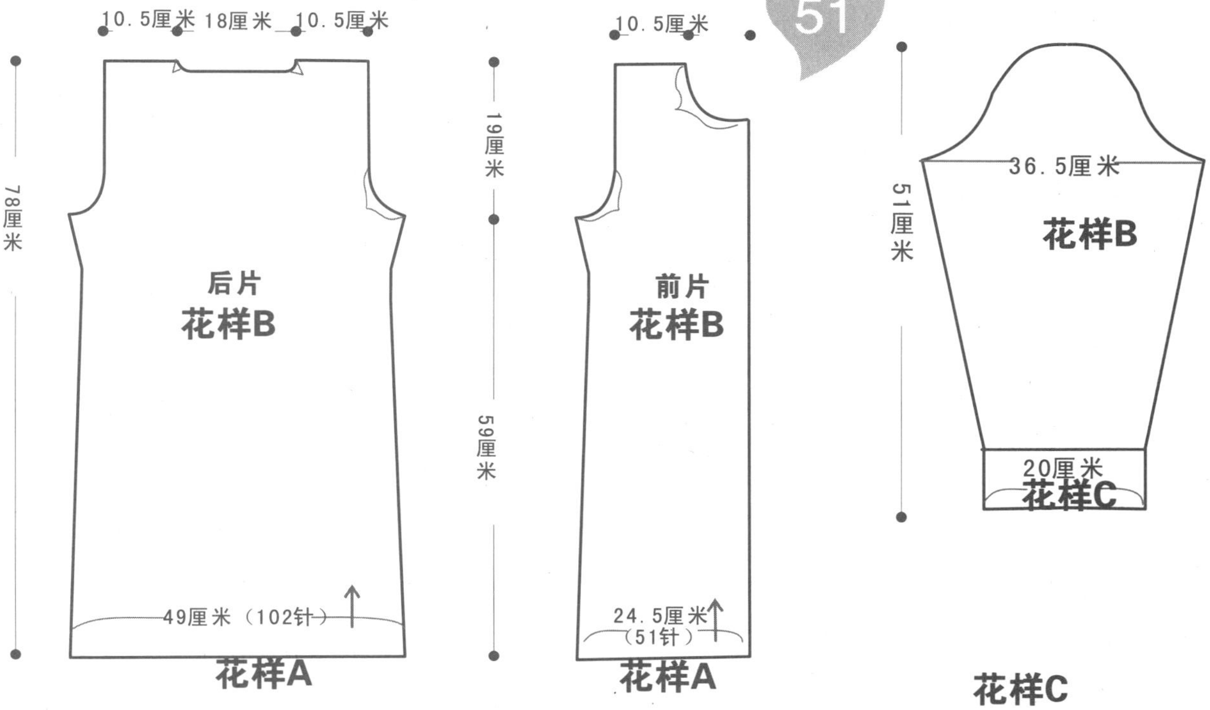

后片 花样B

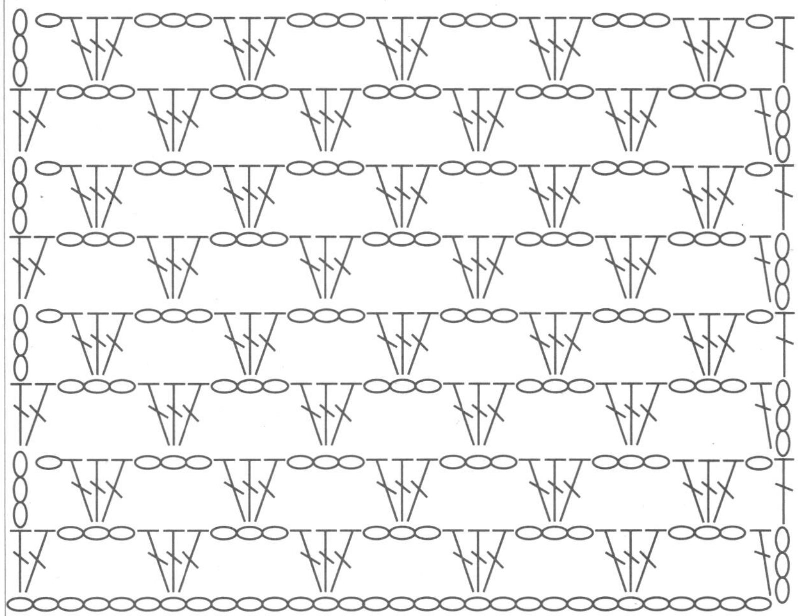

10.5厘米 18厘米 10.5厘米

78厘米

49厘米（102针）

花样A

前片 花样B

10.5厘米

19厘米

59厘米

24.5厘米（51针）

花样A

花样B

36.5厘米

51厘米

20厘米

花样C

花样C

花样B

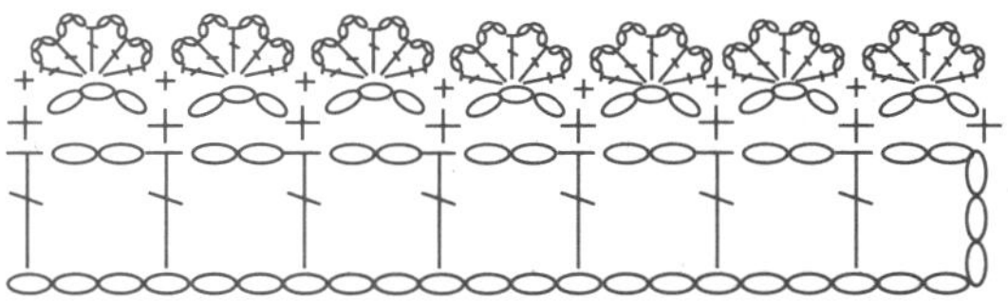

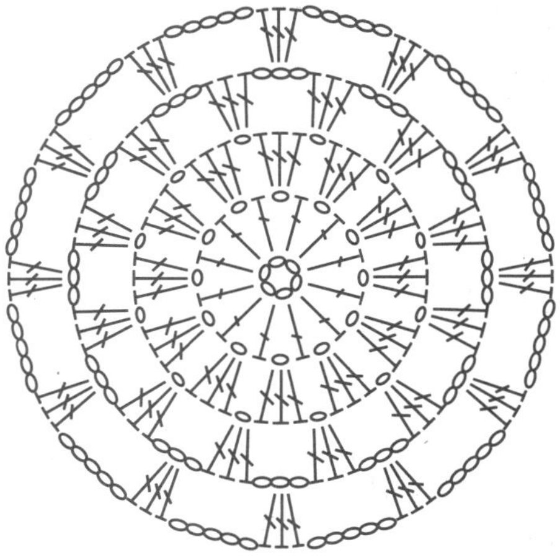

鲜艳橘红色开衫装

★材料

大红色中粗线

★工具

10号棒针

★尺寸

衣长51厘米　　胸围98厘米

袖长51厘米

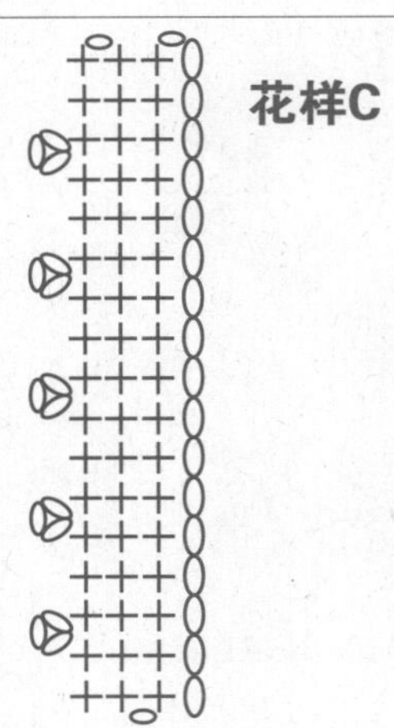
花样C

52

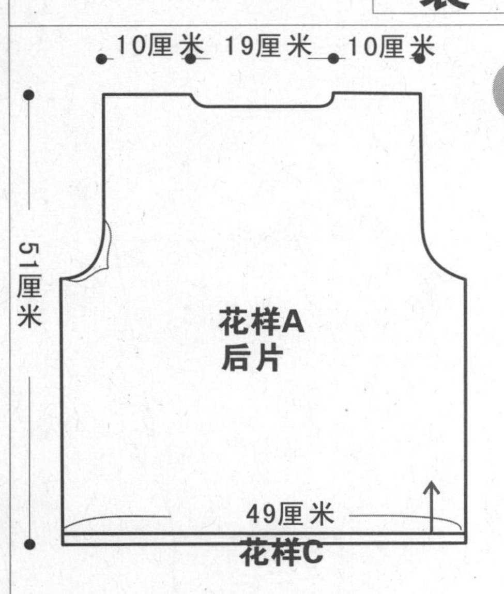
10厘米
19厘米
10厘米
51厘米
花样A
后片
49厘米
花样C

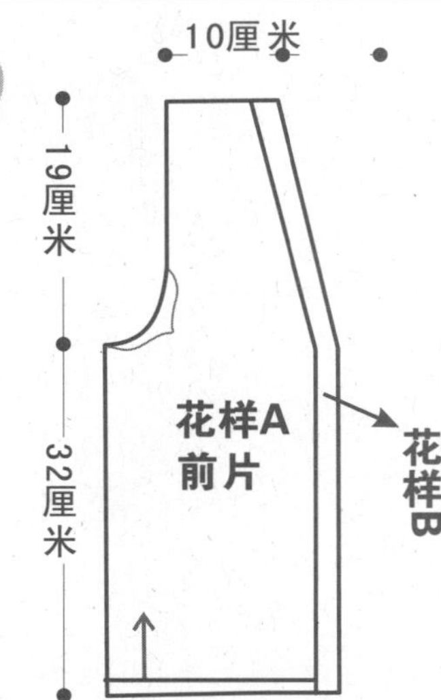
10厘米
19厘米
32厘米
花样A
前片
花样B

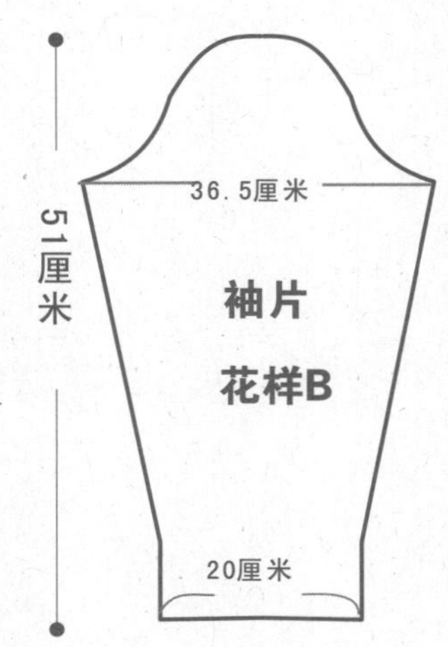
51厘米
36.5厘米
袖片
花样B
20厘米

花样A

30 25 20 15 10 5 1

1 5 10 15 20 25 30

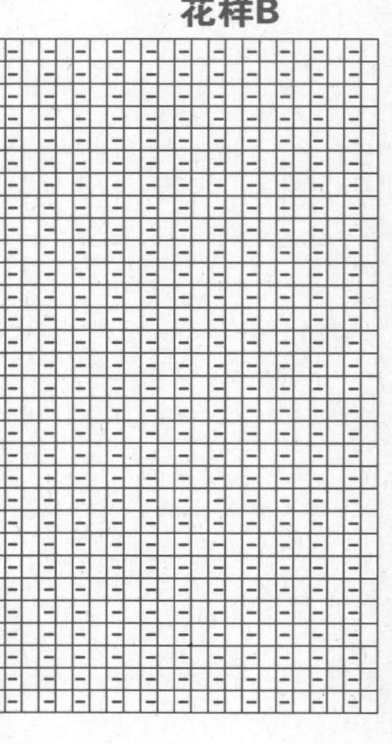
花样B

纯色清逸开衫

★**材料**

白色中粗线

★**工具**

10号棒针

★**尺寸**

衣长51厘米　胸围98厘米

袖长51厘米

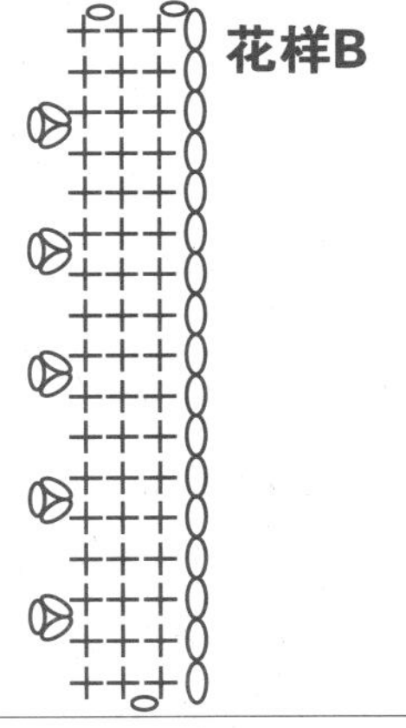
花样B

53

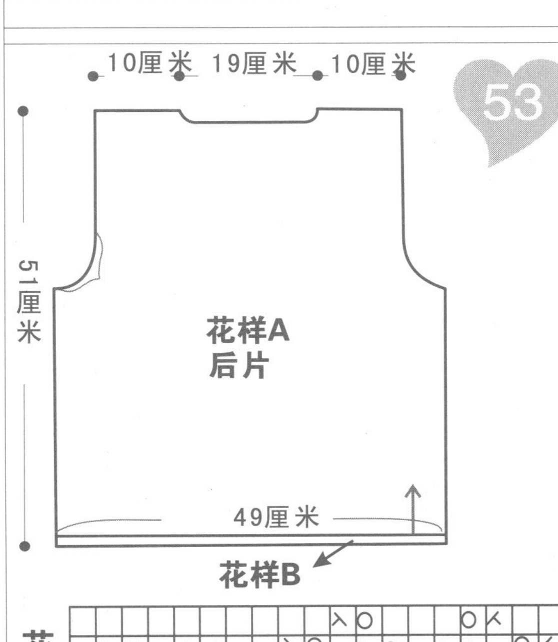
10厘米
19厘米
10厘米
51厘米
花样A
后片
49厘米
花样B

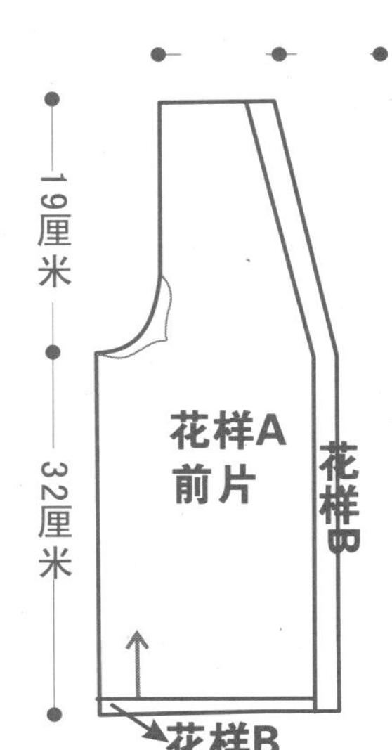
19厘米
32厘米
花样A
前片
花样B
花样B

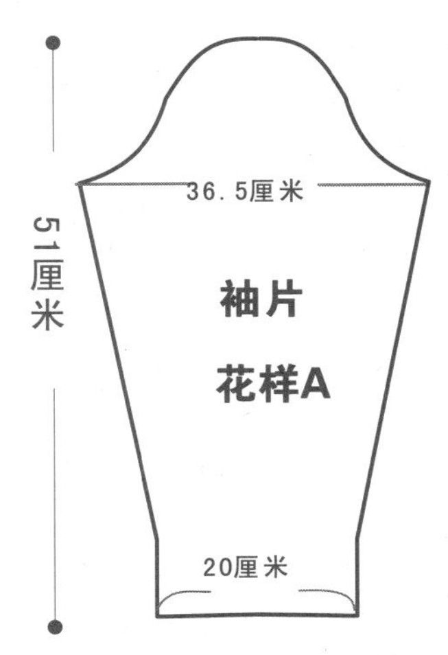
51厘米
36.5厘米
袖片
花样A
20厘米

花样A

1 5 10 15 20 25 30

清新棕色系开衫

★材料

咖啡色中细线

★工具

1毫米钩针

★尺寸

衣长55厘米　胸围98厘米

54

粉色系花纹丽人装

★**材料**

粉红色中细线

★**工具**

1毫米钩针

★**尺寸**

衣长51厘米　胸围98厘米

袖长51厘米

边缘编织花样

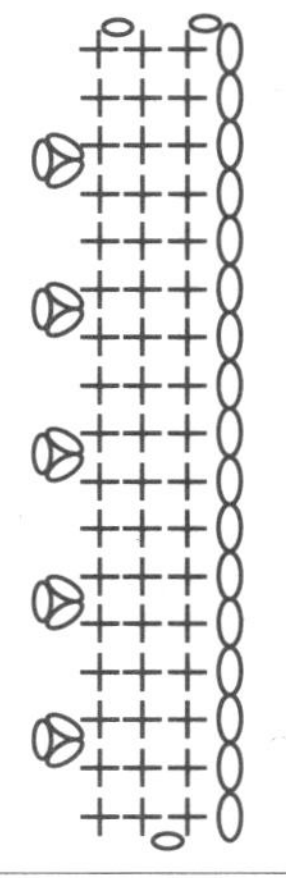

55

10厘米
19厘米
10厘米

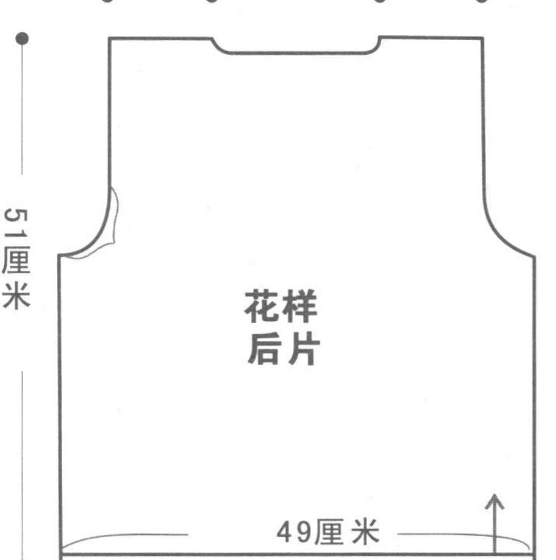

51厘米
花样
后片
49厘米

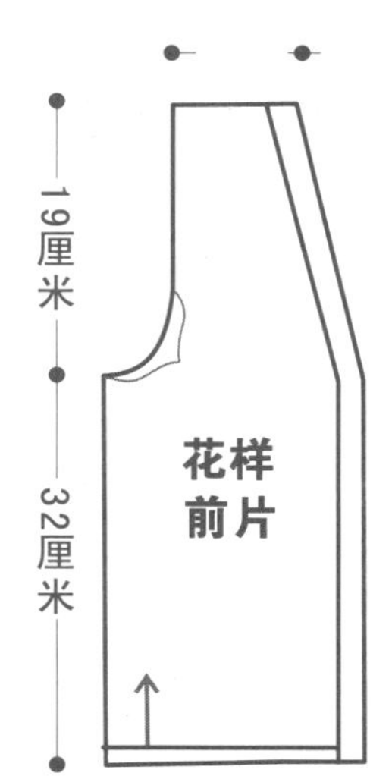

19厘米
32厘米
花样
前片

36.5厘米

51厘米

袖片

花样

20厘米

花样

网格系带扣腰带装

★材料

咖啡色中粗线

★工具

1.5毫米钩针

★尺寸

衣长78厘米　胸围98厘米

袖长51厘米

56

10.5厘米
18厘米
10.5厘米
78厘米
后片
花样
49厘米（102针）

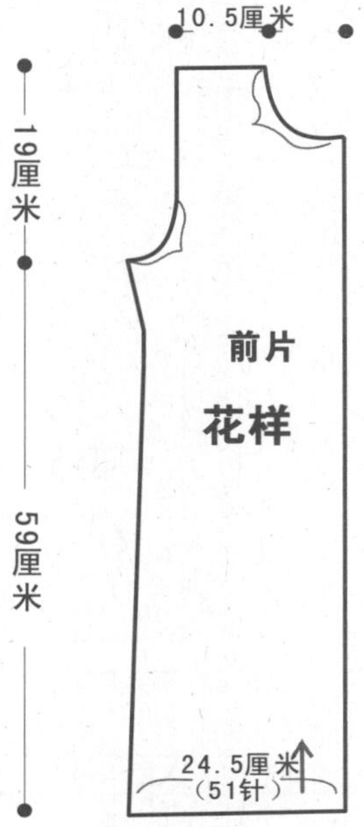

10.5厘米
19厘米
59厘米
前片
花样
24.5厘米
（51针）

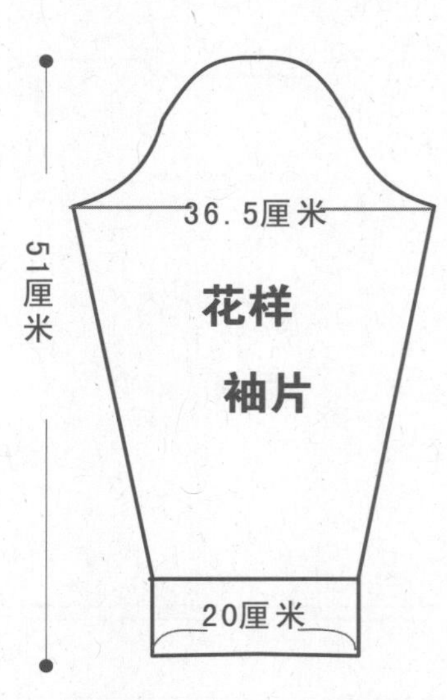

36.5厘米
51厘米
花样
袖片
20厘米

花样

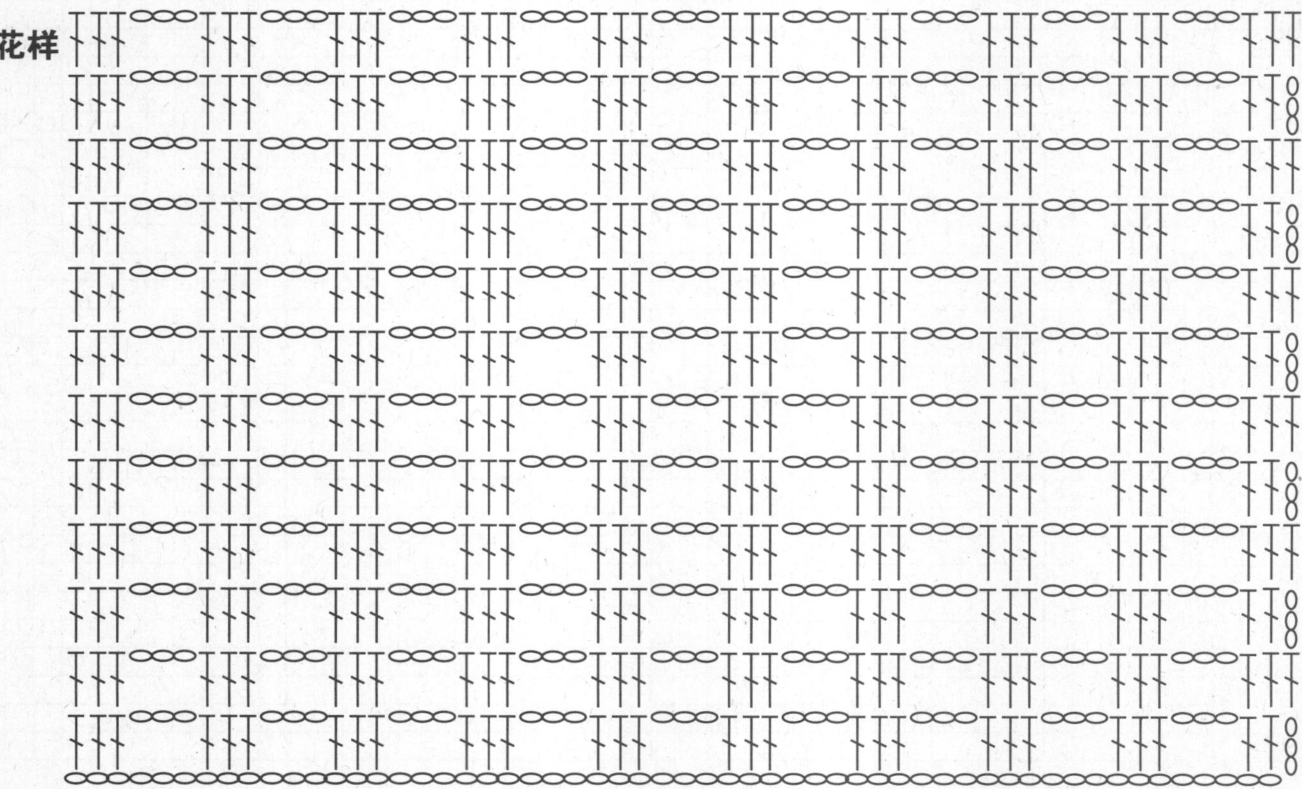

网状式洒脱开衫

★材料

黑色中粗线

★工具

1.5毫米钩针

★尺寸

衣长65厘米　胸围98厘米

袖长39厘米

60厘米
（118针）
65厘米
花样A

57
花样B

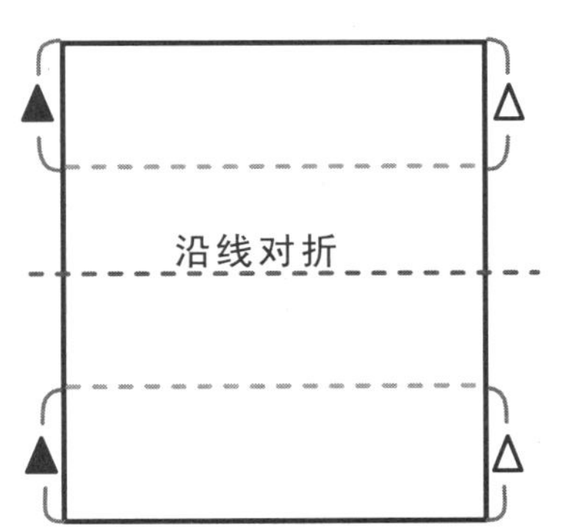
▲与▲缝合
△与△缝合
沿线对折

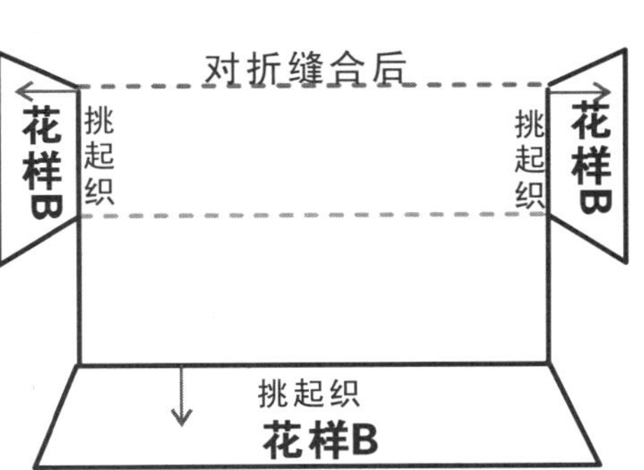
对折缝合后
花样B
挑起织
挑起织
花样B
挑起织
花样B

花样A

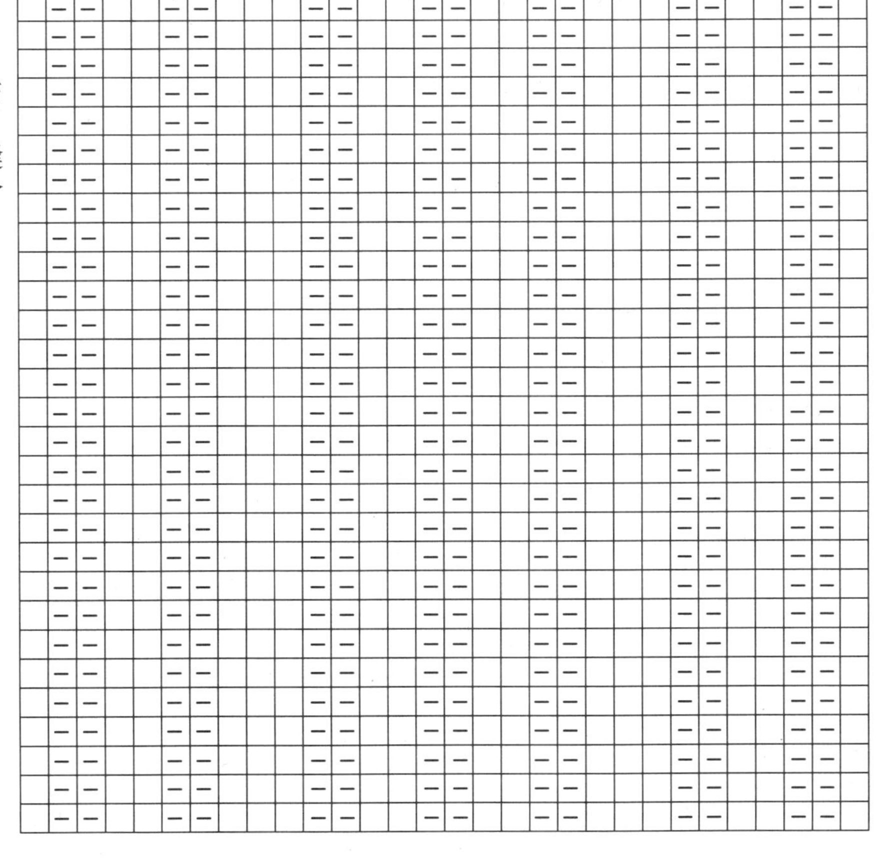
□=|

棕色短袖小外套

★**材料**

紫红色、蔚蓝色中细线

★**工具**

1毫米钩针

★**尺寸**

衣长51厘米　胸围98厘米

袖长22厘米

58

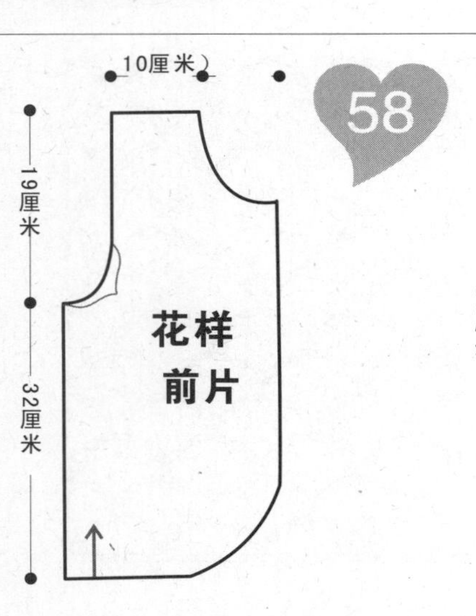
10厘米
19厘米
32厘米
花样
前片

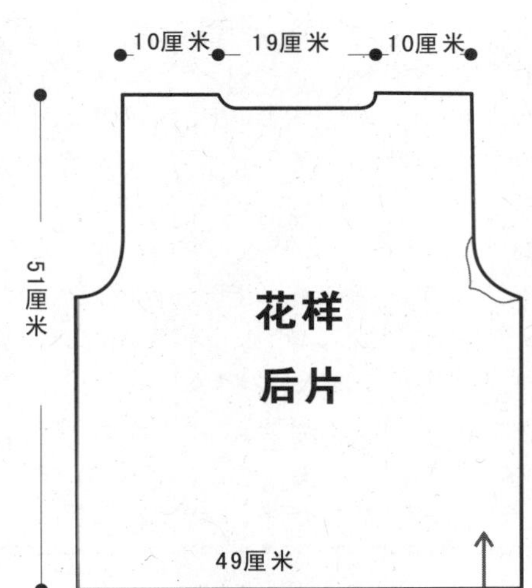
10厘米
19厘米
10厘米
51厘米
花样
后片
49厘米

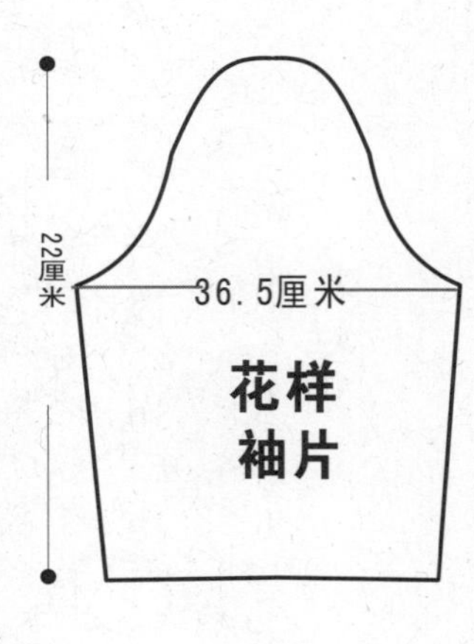
22厘米
36.5厘米
花样
袖片

花样

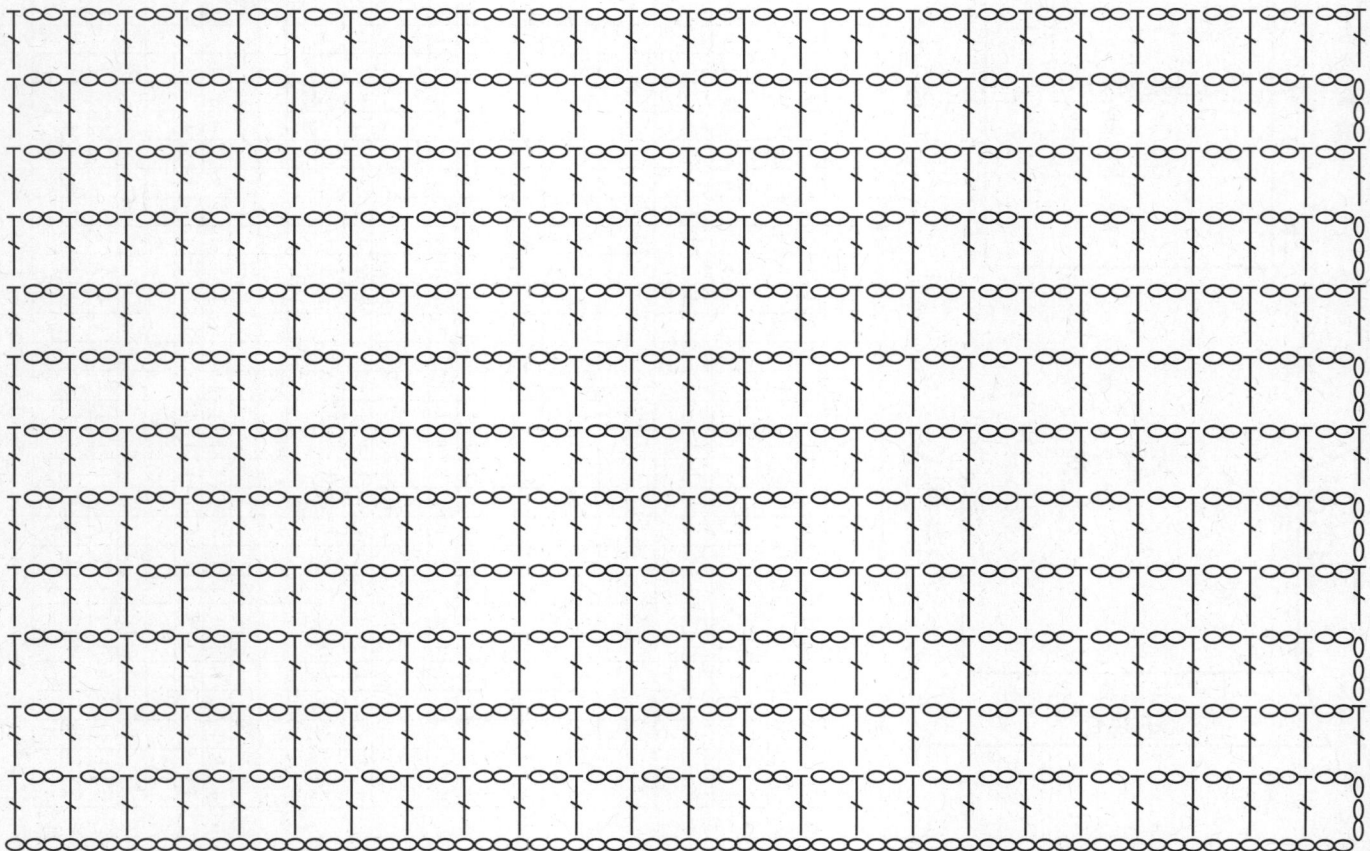

特色长袖带扣装

★材料

黑色中粗线

★工具

10号棒针

★尺寸

衣长51厘米　胸围98厘米

袖长51厘米

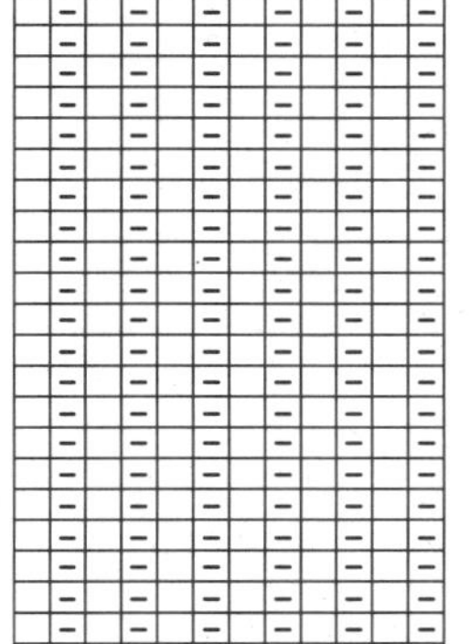
花样B

59

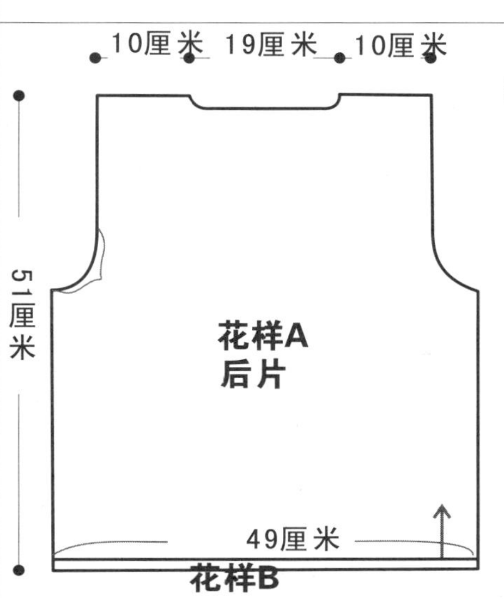
10厘米
19厘米
10厘米
51厘米
花样A
后片
49厘米
花样B

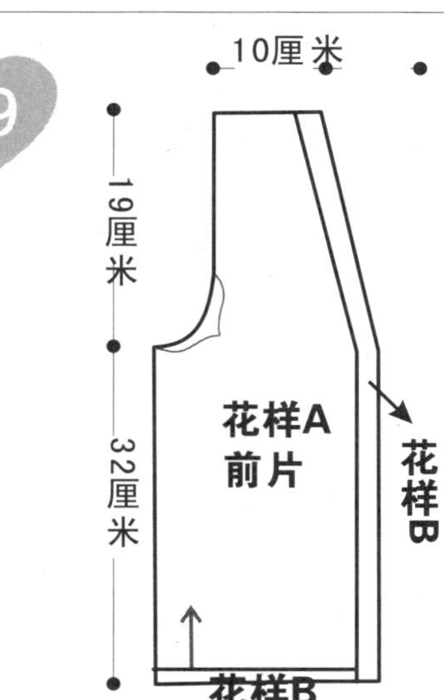
10厘米
19厘米
32厘米
花样A
前片
花样B
花样B

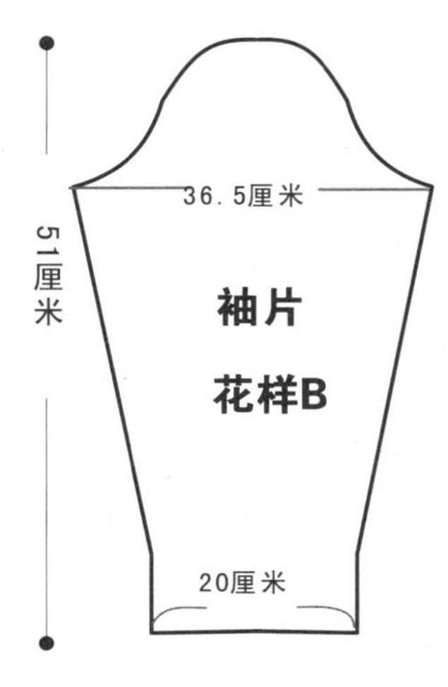
36.5厘米
51厘米
袖片
花样B
20厘米

花样A

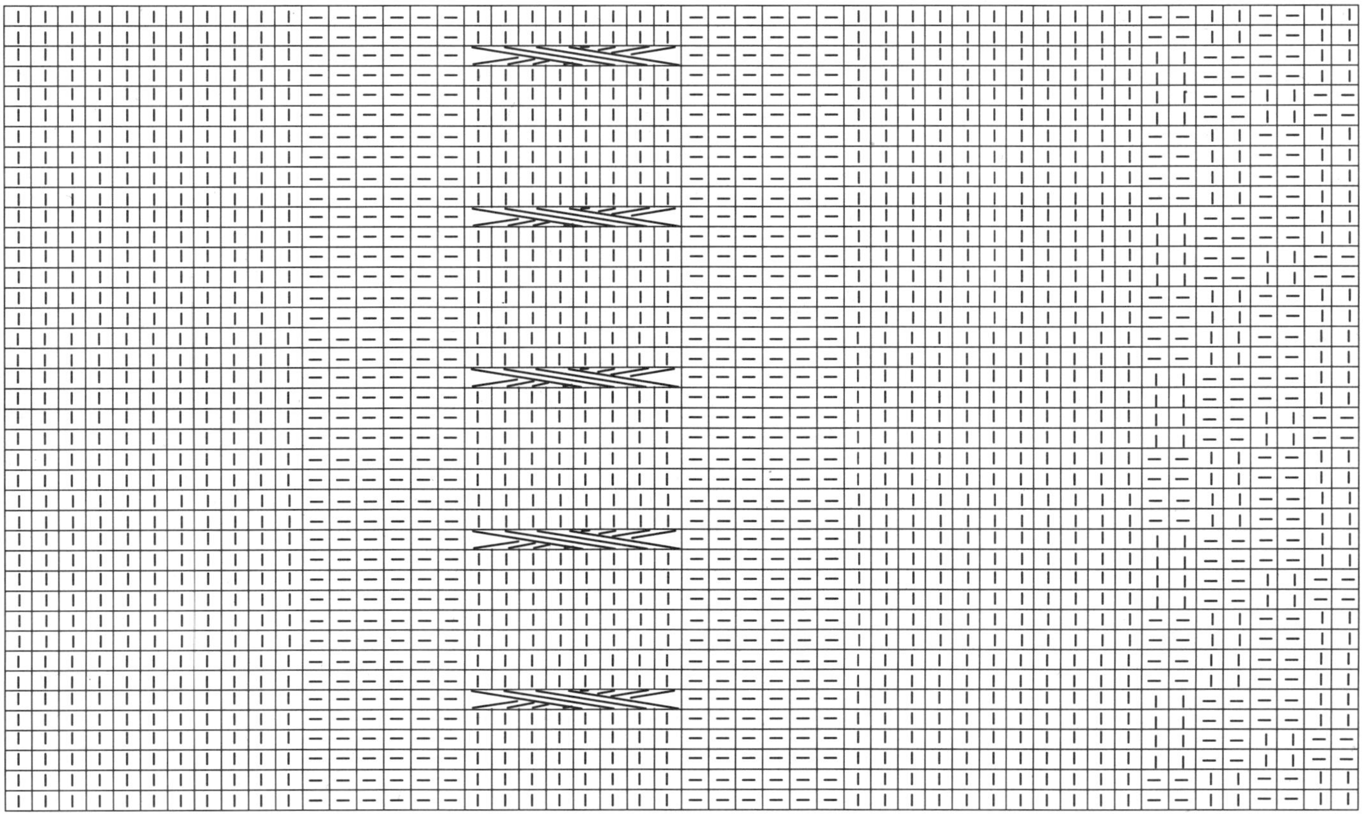

弧形长袖透视装

★材料

黑色中粗线

★工具

10号棒针

★尺寸

衣长51厘米　胸围98厘米

袖长51厘米

花样B

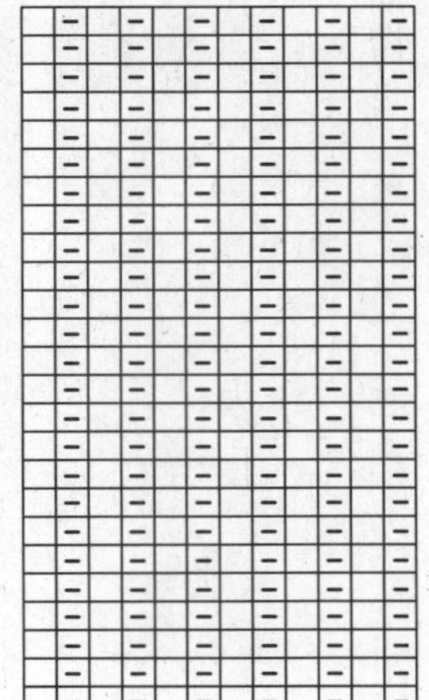

60

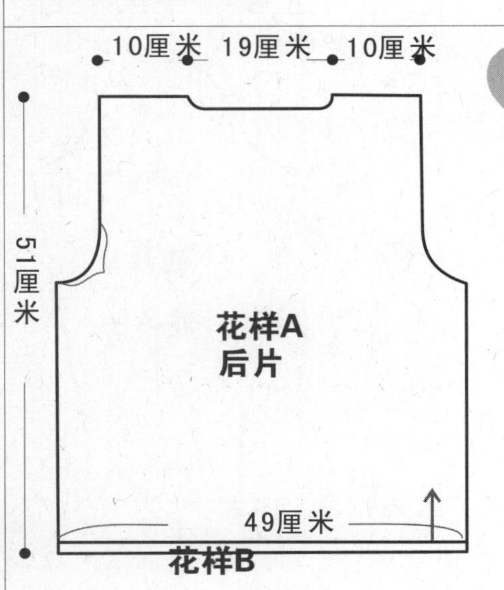
10厘米
19厘米
10厘米
51厘米
花样A
后片
49厘米
花样B

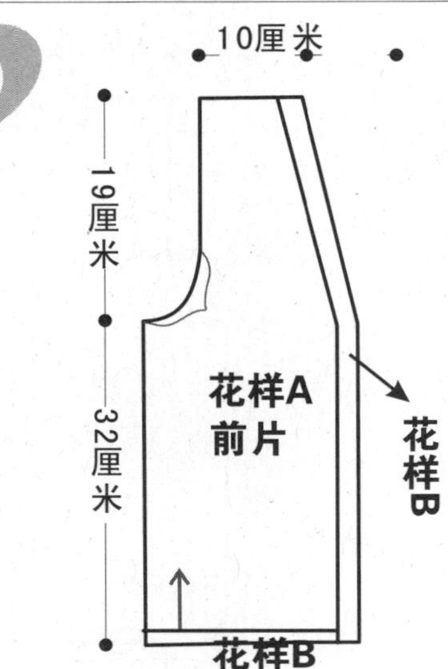
10厘米
19厘米
32厘米
花样A
前片
花样B
花样B

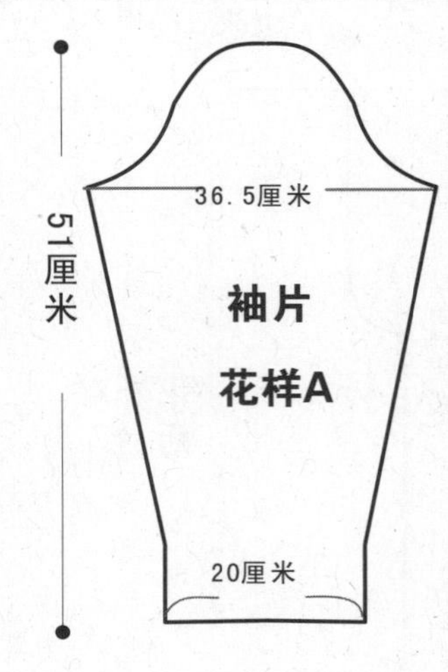
36.5厘米
51厘米
袖片
花样A
20厘米

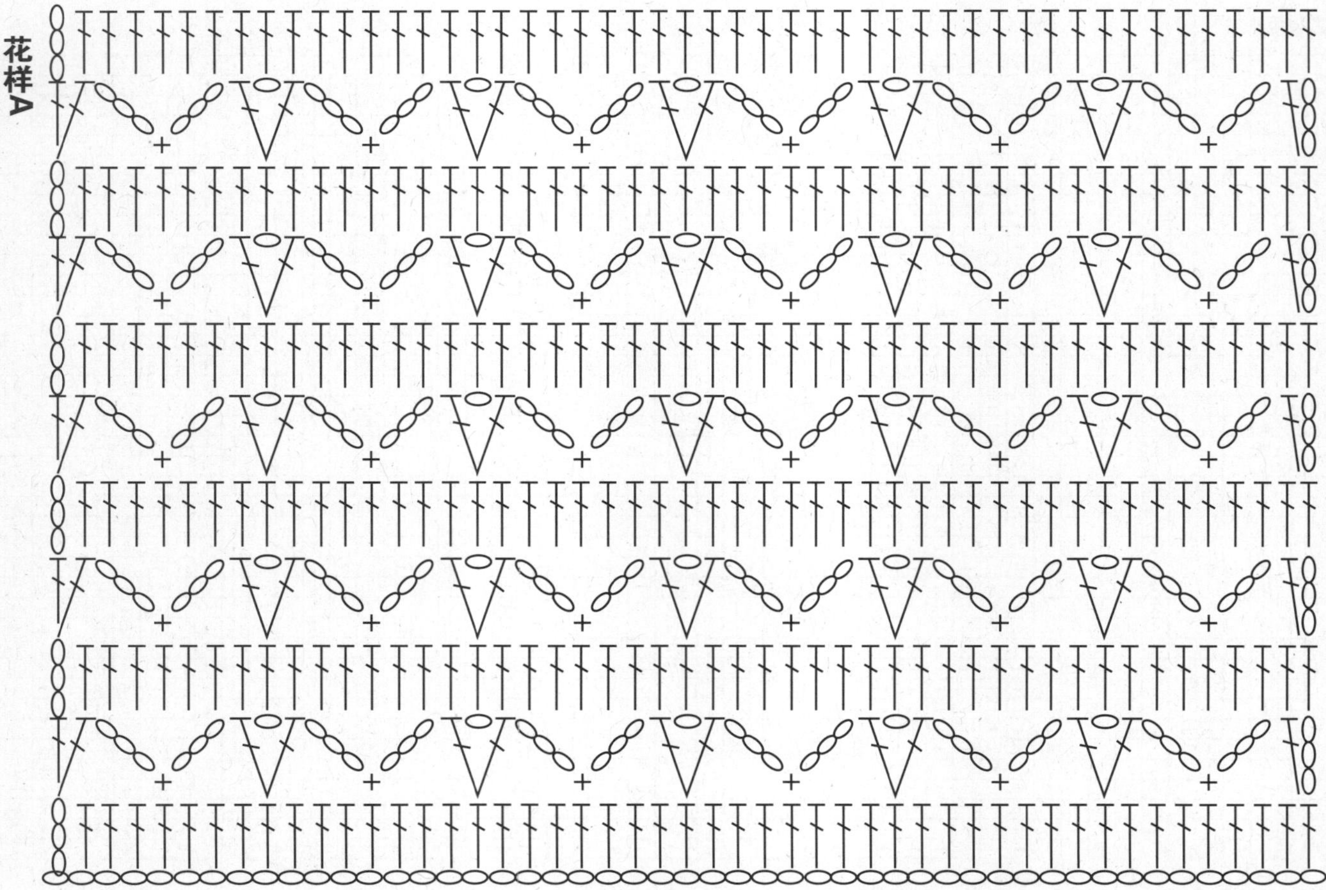

花样A

桃心领长袖性感装

★材料

咖啡色中粗线

★工具

10号棒针

★尺寸

衣长51厘米　胸围98厘米

袖长51厘米

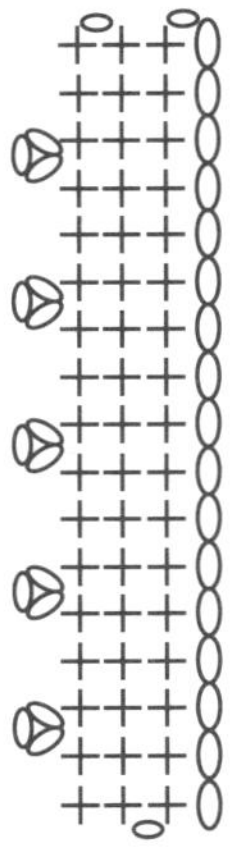

边缘编织花样

61

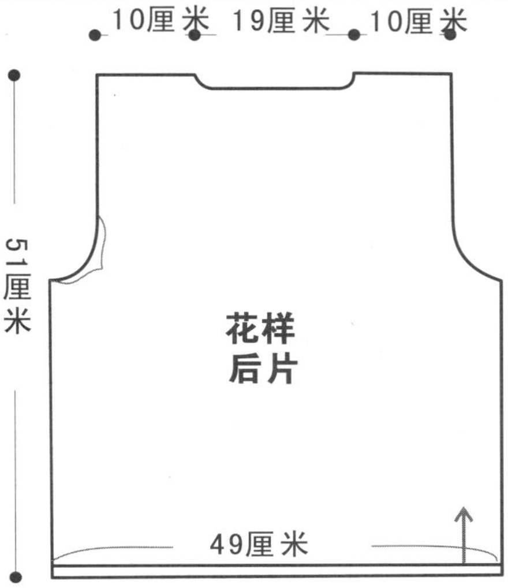

10厘米
19厘米
10厘米
51厘米
花样
后片
49厘米

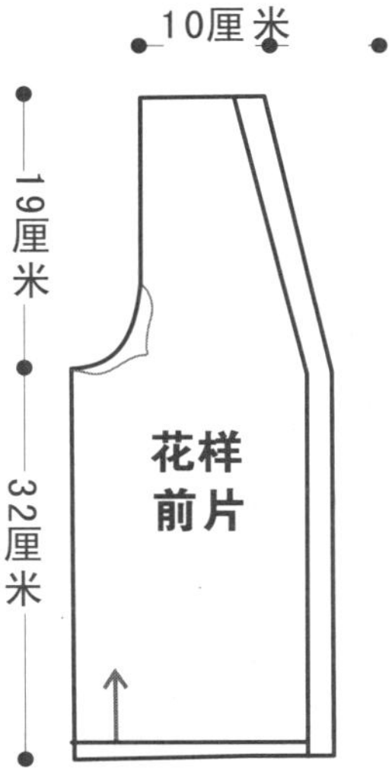

10厘米
19厘米
32厘米
花样
前片

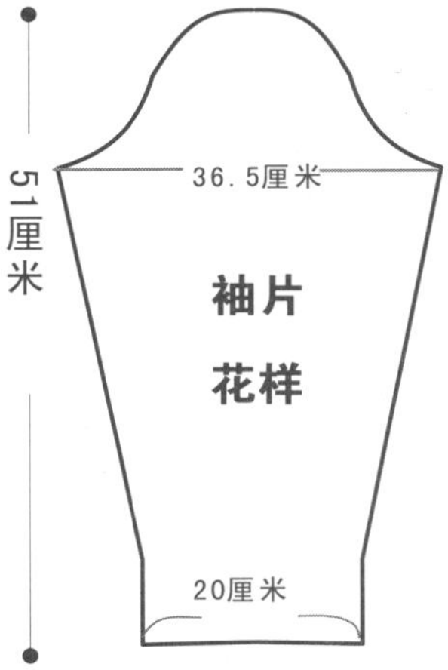

51厘米
36.5厘米
袖片
花样
20厘米

花样

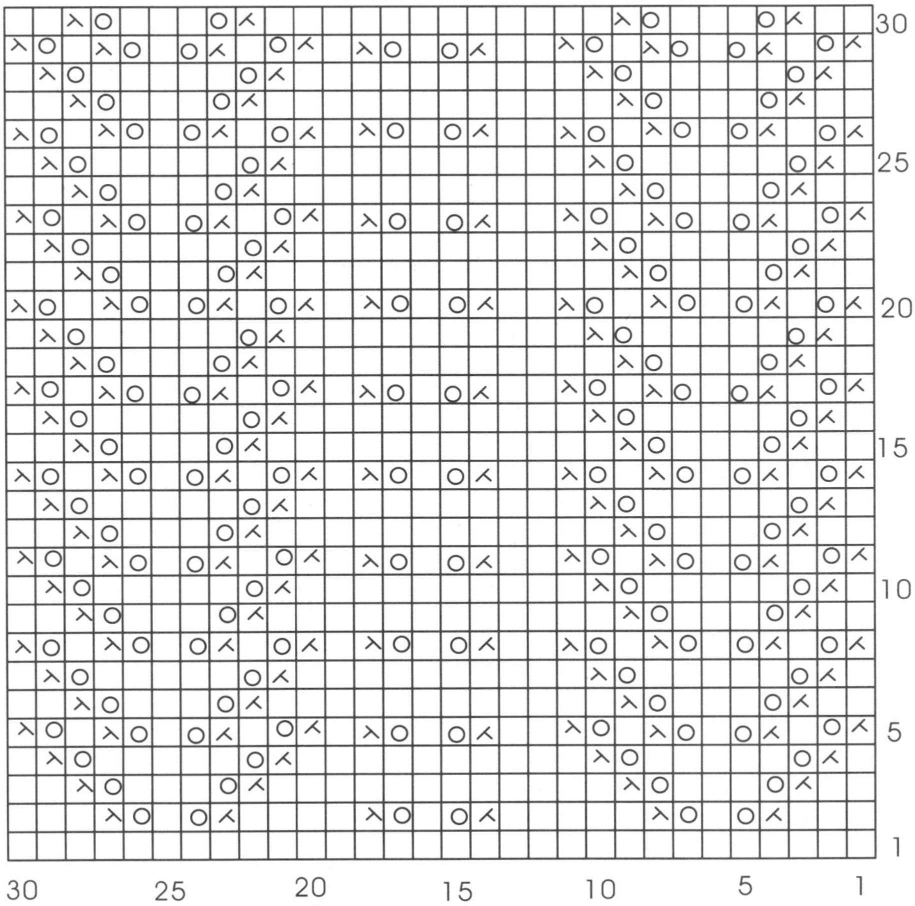

30
25
20
15
10
5
1

梅花式中袖清丽装

★材料

烟灰色中细线

★工具

1.0毫米钩针

★尺寸

衣长55厘米　胸围98厘米

袖长27厘米

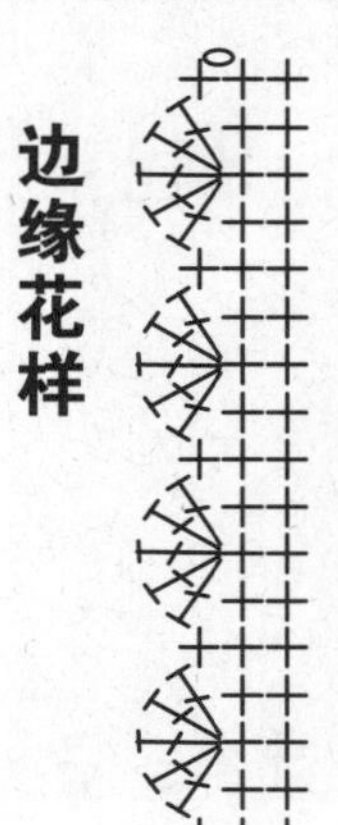
边缘花样

62

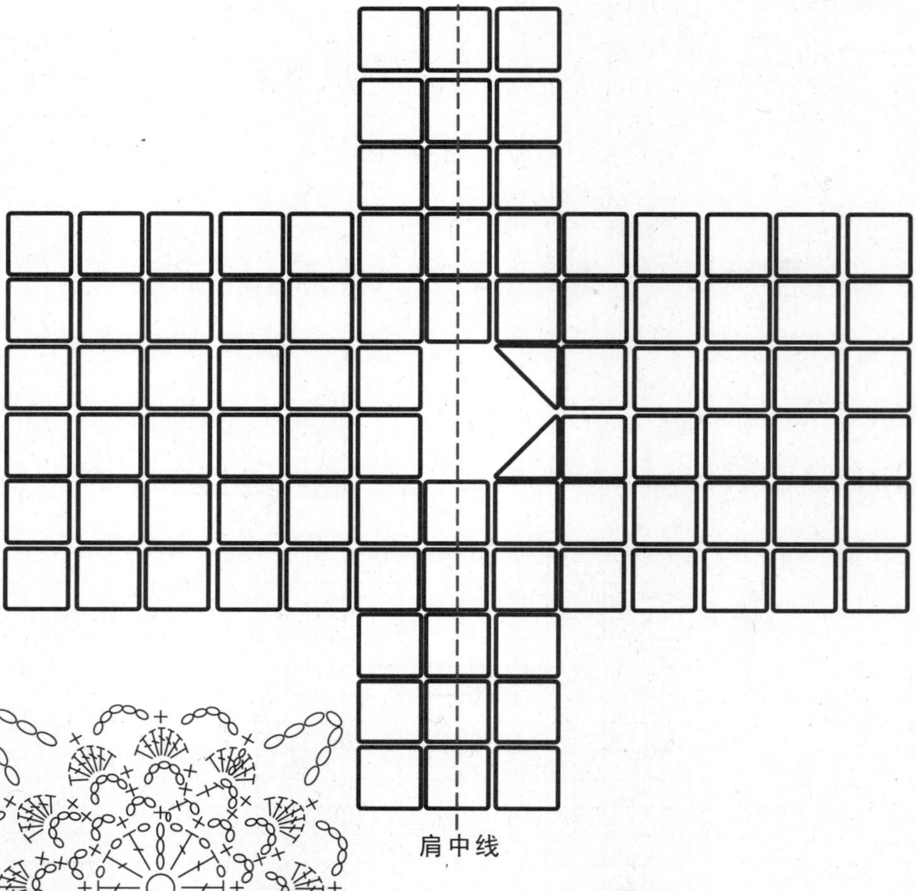

肩中线

网格式无袖活力装

★材料

黑色中细线

★工具

1毫米钩针

★尺寸

衣长71厘米　胸围98厘米

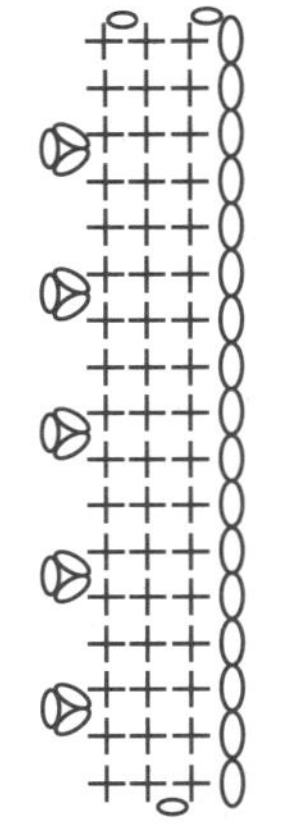

领洞及袖洞边缘花样

63

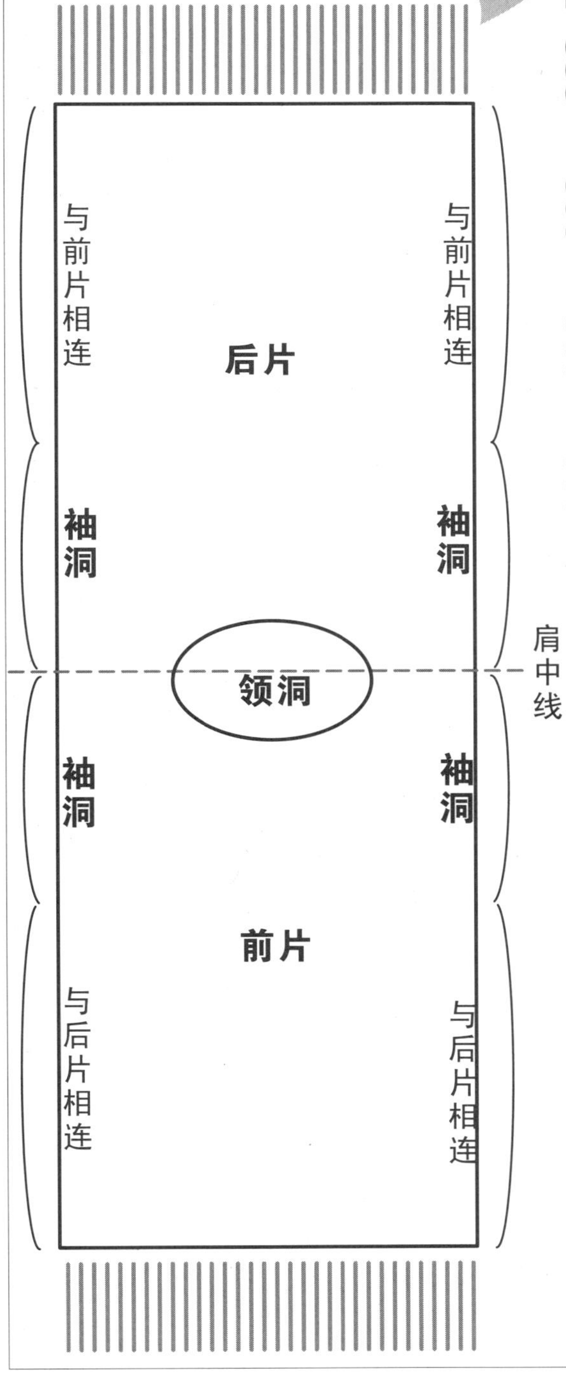

衣身花样

与前片相连

后片

袖洞

领洞

肩中线

前片

与后片相连

性感V领套头装

★**材料**

白色中细线

★**工具**

1毫米钩针

★**尺寸**

衣长50厘米　胸围98厘米

花样B

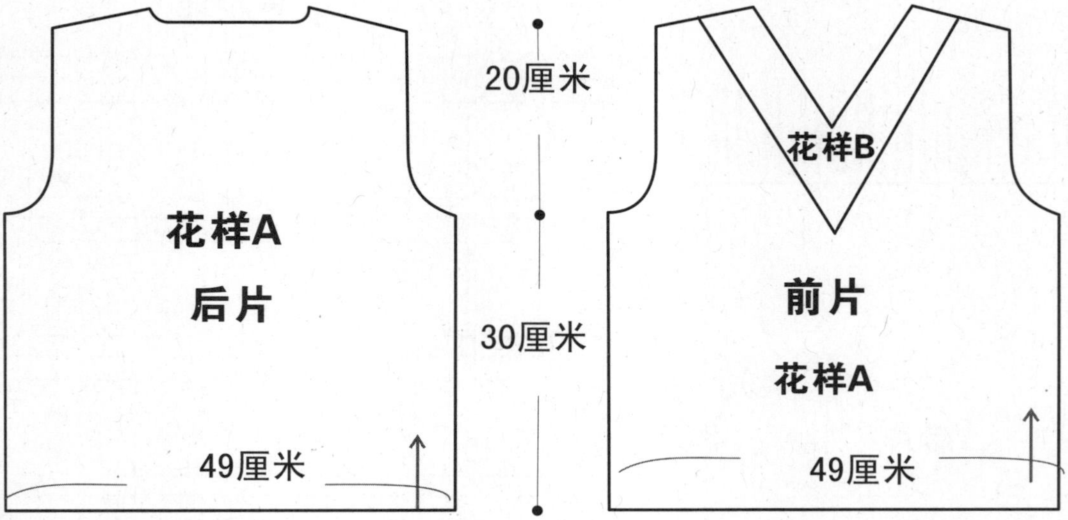

64

花样A
后片
49厘米

20厘米
30厘米

花样B
前片
花样A
49厘米

花样A

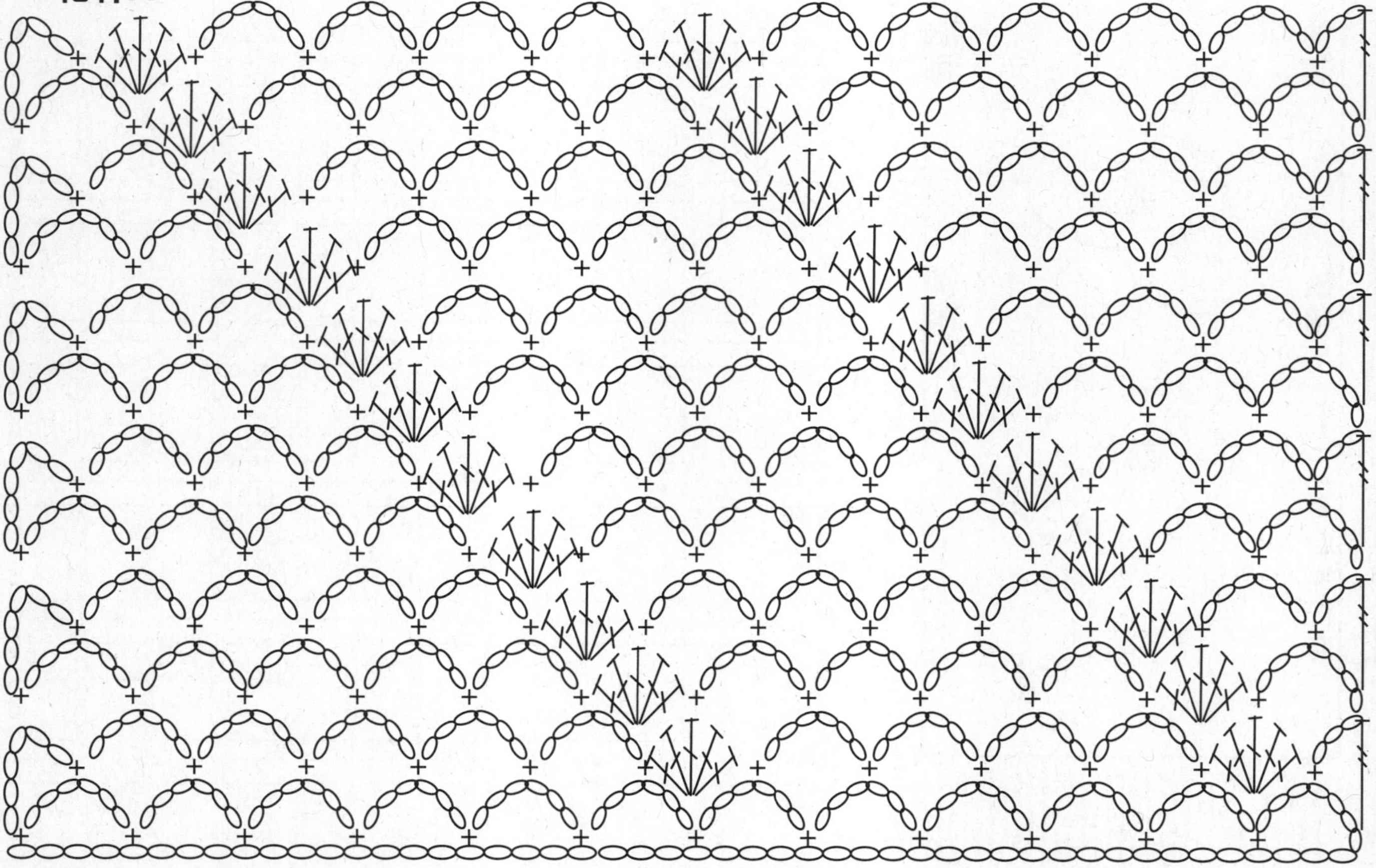

可爱圆领无袖装

★材料

白色中细线

★工具

12号棒针

★尺寸

衣长72厘米　胸围98厘米

边缘花样

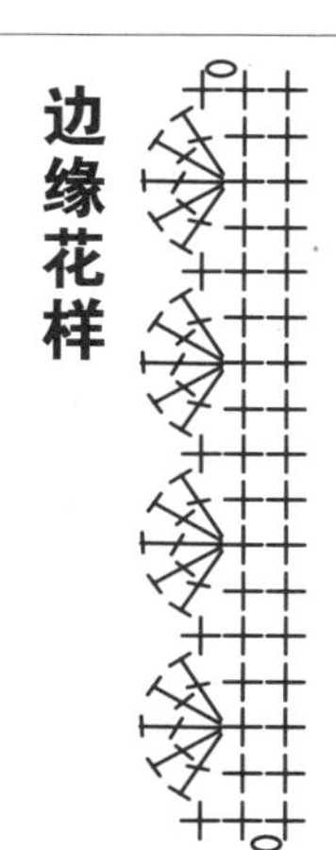

65

后领窝

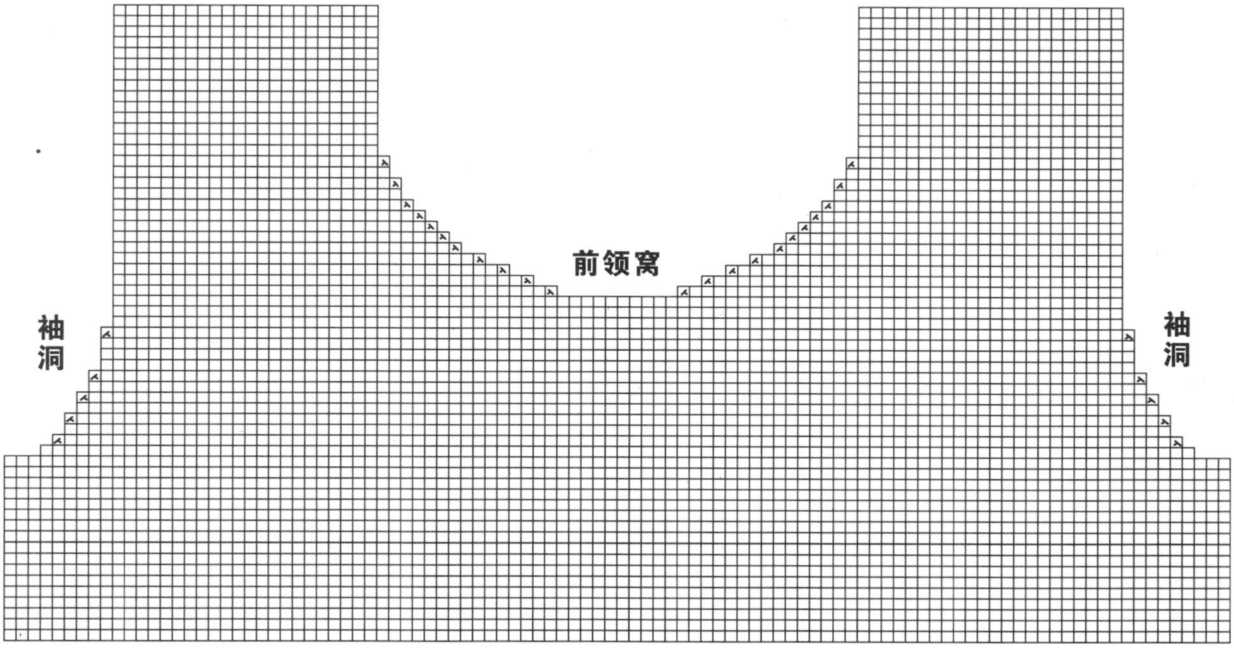

前领窝

袖洞

袖洞

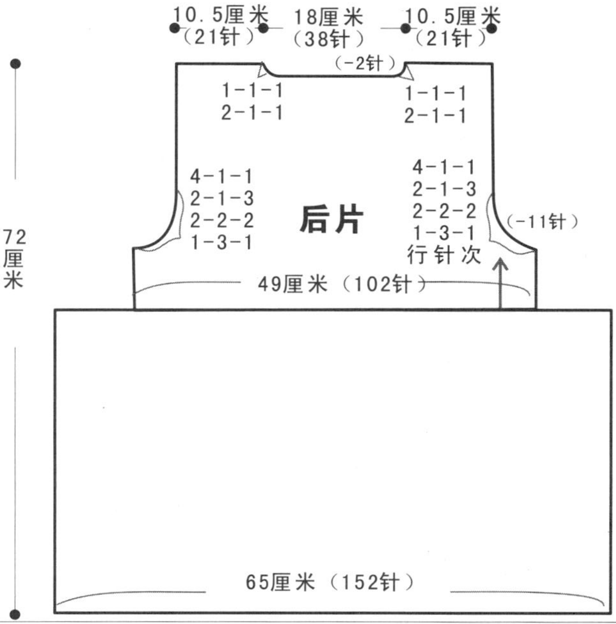

10.5厘米（21针）　18厘米（38针）　10.5厘米（21针）

（-2针）

1-1-1
2-1-1

1-1-1
2-1-1

4-1-1
2-1-3
2-2-2
1-3-1

4-1-1
2-1-3
2-2-2
1-3-1
行针次

（-11针）

后片

49厘米（102针）

72厘米

65厘米（152针）

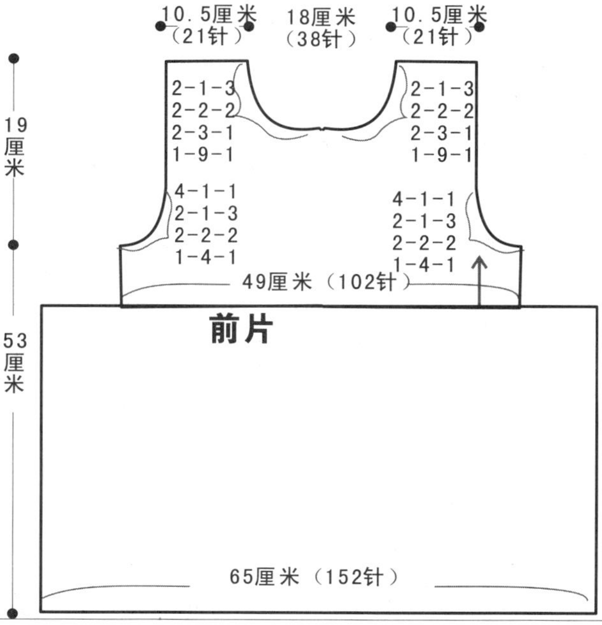

10.5厘米（21针）　18厘米（38针）　10.5厘米（21针）

2-1-3
2-2-2
2-3-1
1-9-1

2-1-3
2-2-2
2-3-1
1-9-1

19厘米

4-1-1
2-1-3
2-2-2
1-4-1

4-1-1
2-1-3
2-2-2
1-4-1

49厘米（102针）

53厘米

前片

65厘米（152针）

清纯修身无袖装

★材料

白色中细线

★工具

1毫米钩针

★尺寸

衣长55厘米

胸围98厘米

边缘编织花样

66

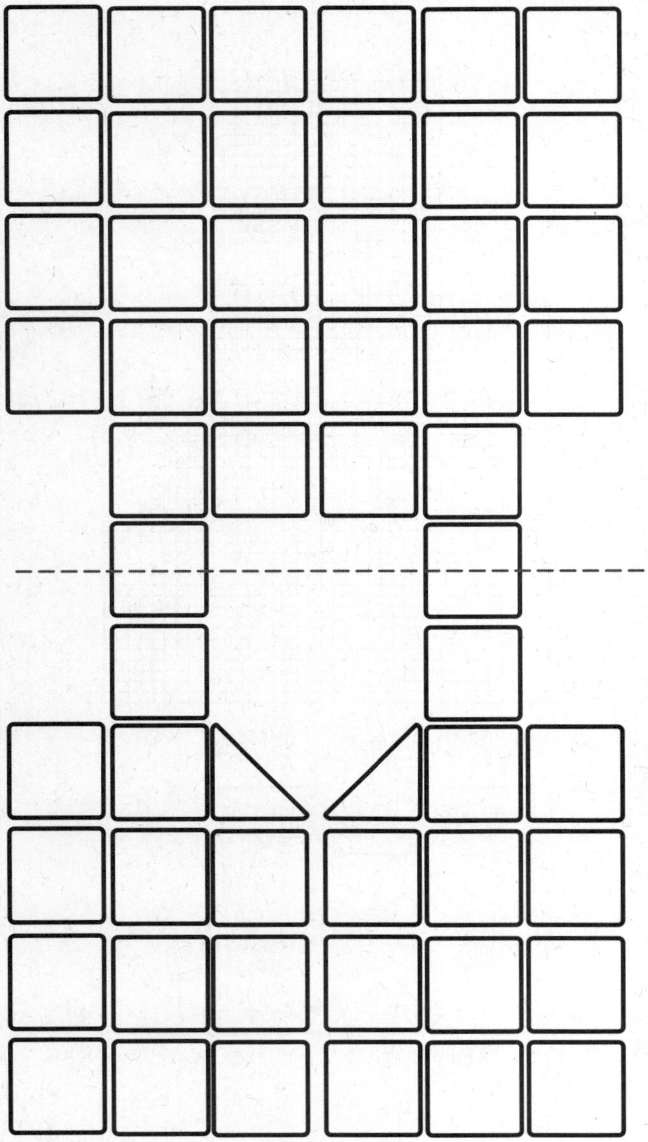

拼接示意图

单元花图解

迷人时尚套头衫

★材料

紫红色中细线

★工具

1毫米钩针

★尺寸

衣长48厘米

胸围98厘米

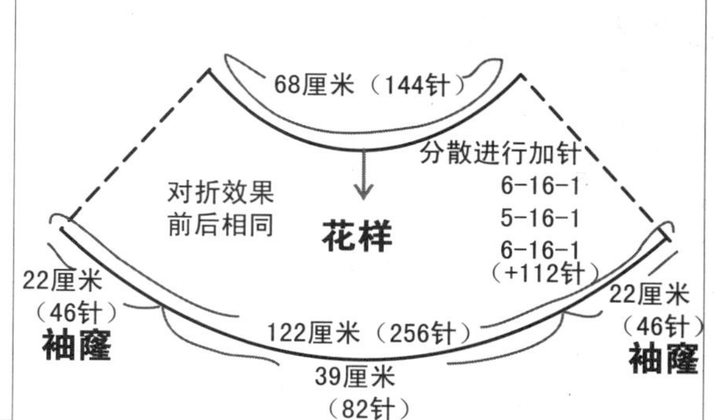

68厘米（144针）
分散进行加针
6-16-1
5-16-1
6-16-1
（+112针）
对折效果
前后相同
花样
22厘米
（46针）
袖窿
22厘米
（46针）
袖窿
122厘米（256针）
39厘米
（82针）

67

花样

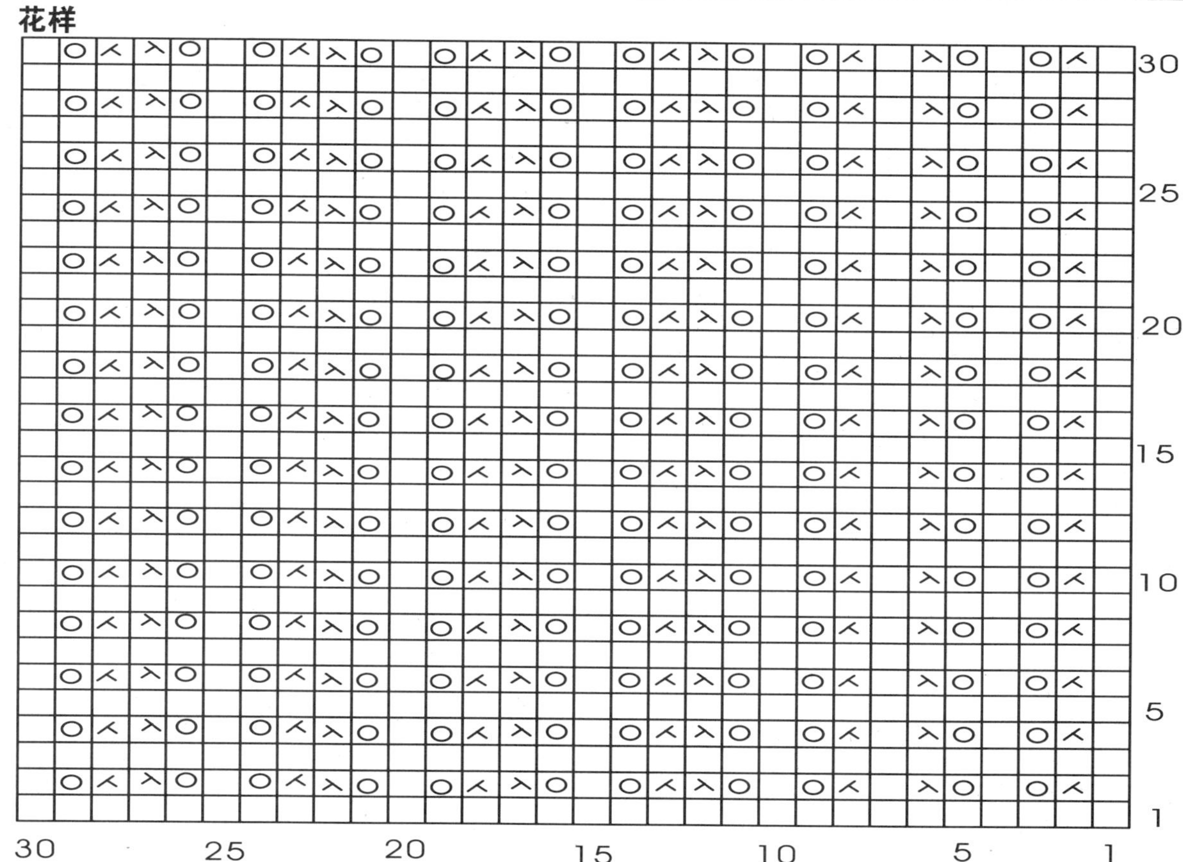

30
25
20
15
10
5
1

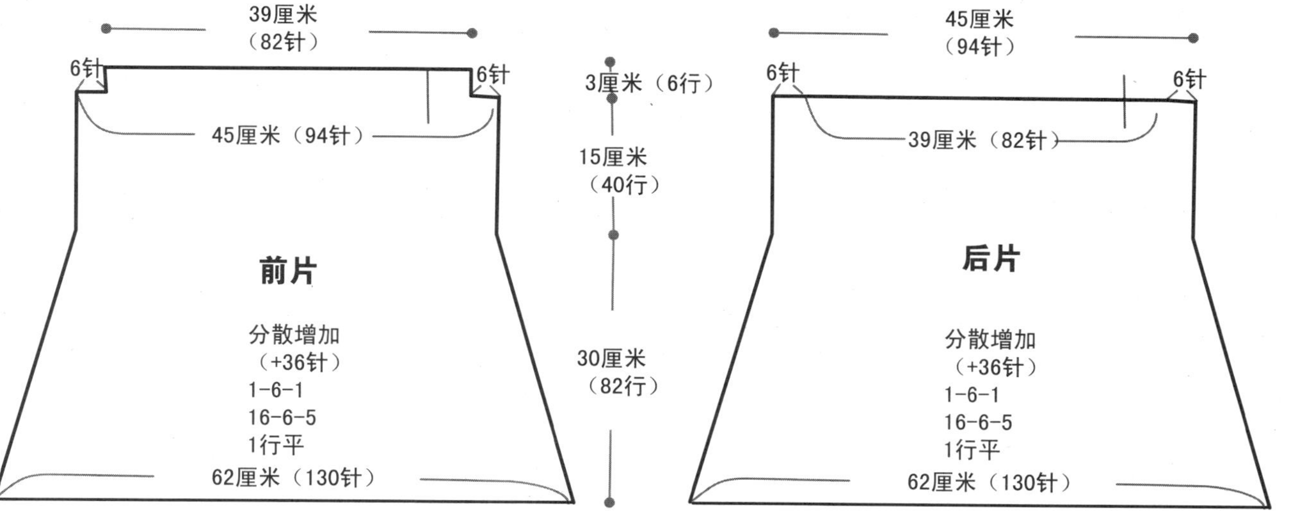

39厘米
（82针）
6针
6针
45厘米（94针）
前片
分散增加
（+36针）
1-6-1
16-6-5
1行平
62厘米（130针）
3厘米（6行）
15厘米
（40行）
30厘米
（82行）
45厘米
（94针）
6针
6针
39厘米（82针）
后片
分散增加
（+36针）
1-6-1
16-6-5
1行平
62厘米（130针）

运动短袖小外套

★材料

湖蓝色中细线

★工具

1毫米钩针

★尺寸

衣长46厘米　胸围98厘米

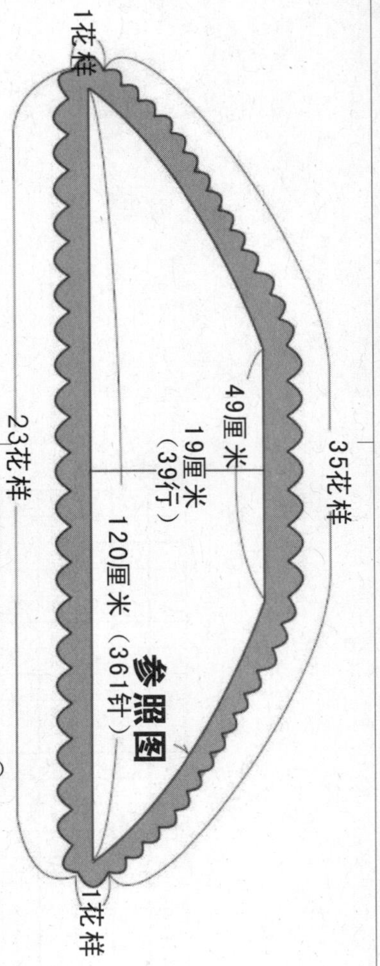

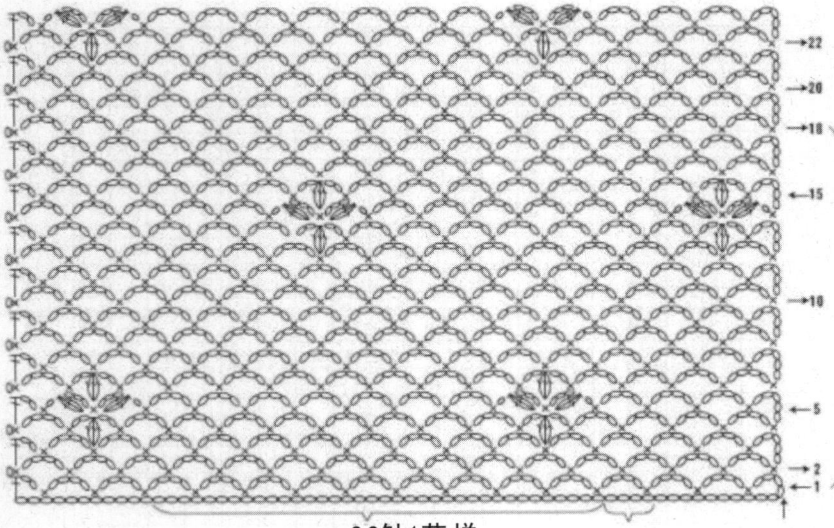

1花样
23花样
49厘米
19厘米（39行）
120厘米（361针）
35花样
参照图
1花样
68
→22
→20
→18
←15
→10
←5
→2
←1
18行（花样）
36针1花样
37个圆环
编织实图 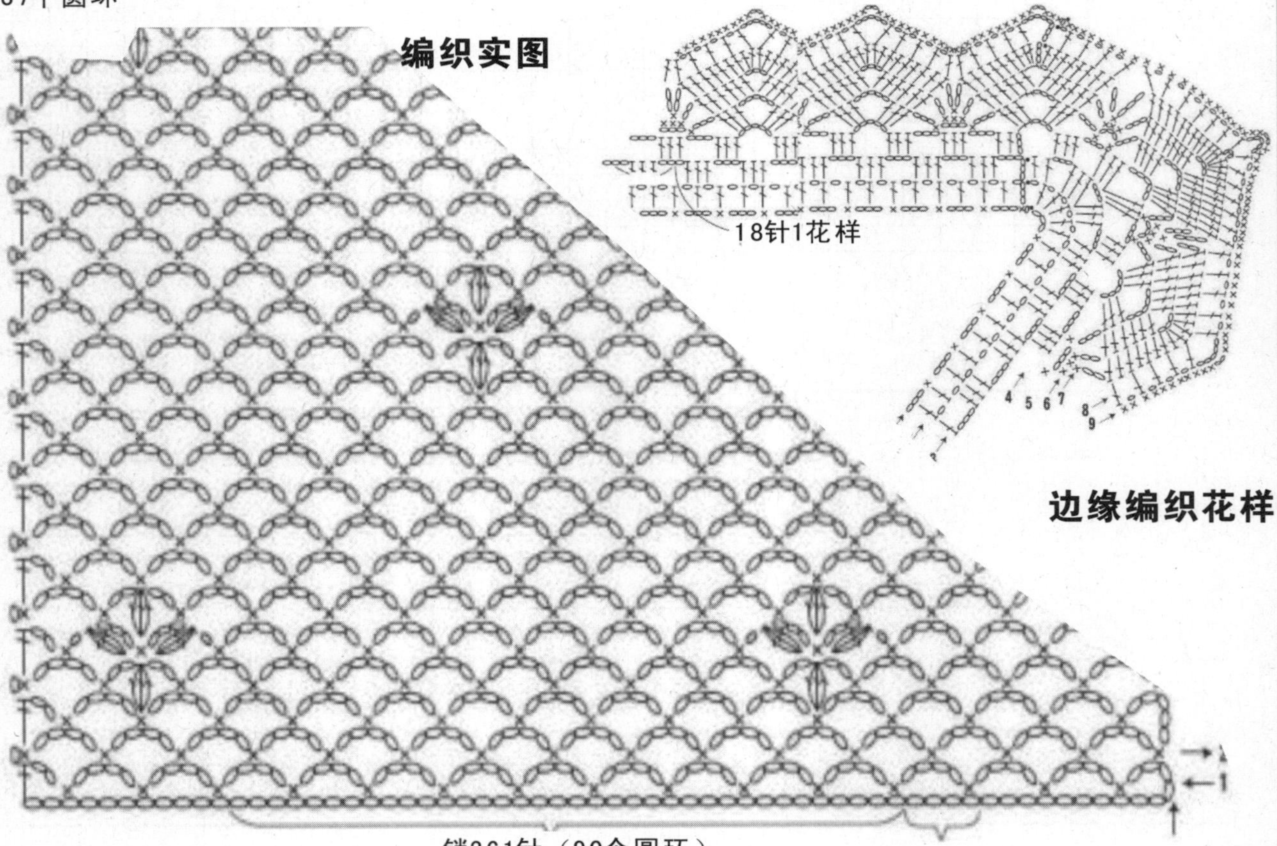
18针1花样
4 5 6 7
8 9
边缘编织花样
←1
锁361针（90个圆环）

清纯休闲套头装

★材料

白色中粗羊毛线

★工具

10号棒针

★尺寸

衣长52厘米　胸围98厘米

袖长51厘米

花样A

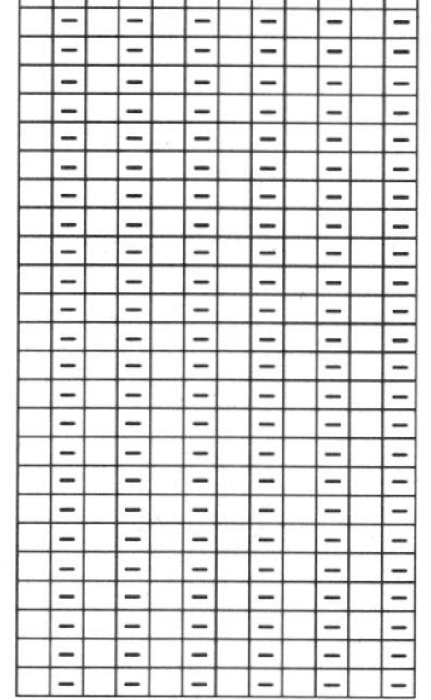

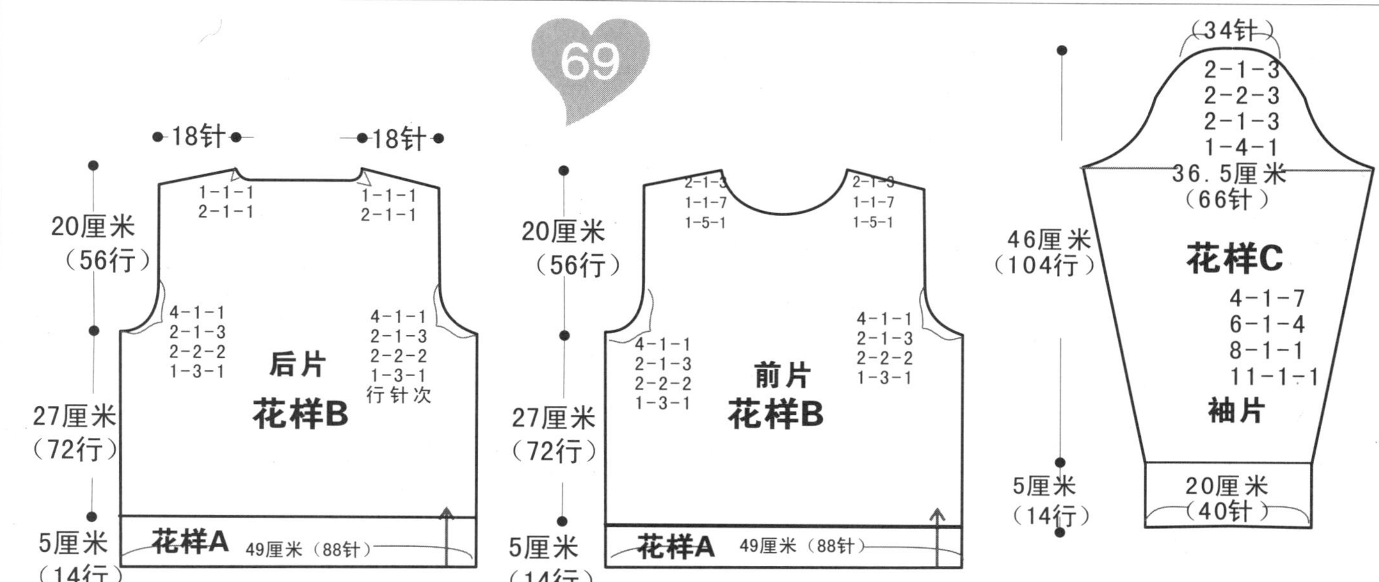
69
18针
18针
20厘米
（56行）
1-1-1
2-1-1
1-1-1
2-1-1
4-1-1
2-1-3
2-2-2
1-3-1
后片
花样B
4-1-1
2-1-3
2-2-2
1-3-1
行针次
27厘米
（72行）
5厘米
（14行）
花样A
49厘米（88针）
20厘米
（56行）
2-1-3
1-1-7
1-5-1
2-1-3
1-1-7
1-5-1
4-1-1
2-1-3
2-2-2
1-3-1
前片
花样B
4-1-1
2-1-3
2-2-2
1-3-1
27厘米
（72行）
5厘米
（14行）
花样A
49厘米（88针）
34针
2-1-3
2-2-3
2-1-3
1-4-1
36.5厘米
（66针）
46厘米
（104行）
花样C
4-1-7
6-1-4
8-1-1
11-1-1
袖片
5厘米
（14行）
20厘米
（40针）

花样B

花样C

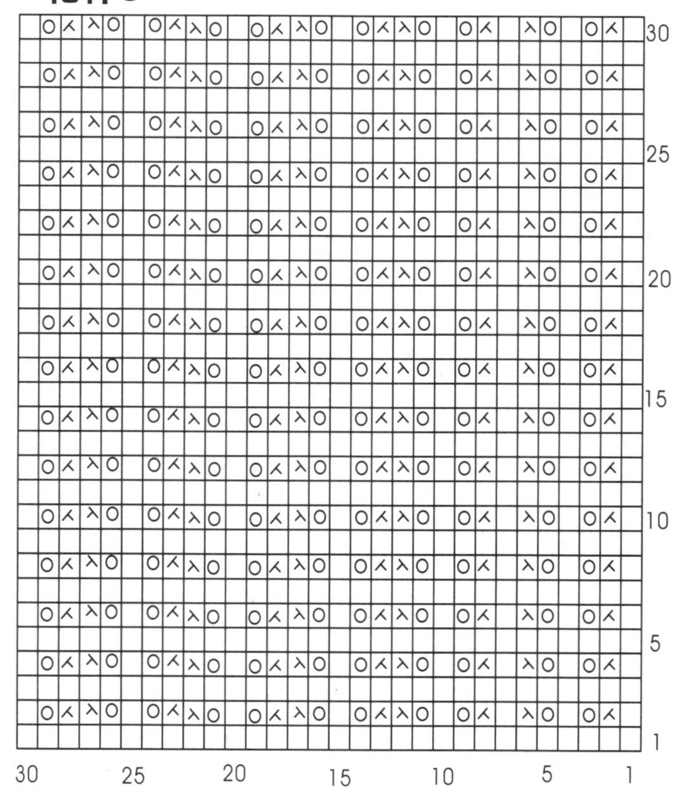

修身无袖长裙

★材料

紫色中细线

★工具

1毫米钩针

★尺寸

衣长73厘米　　胸围98厘米

边缘花样

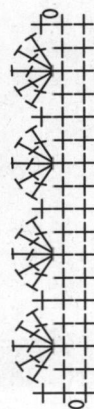

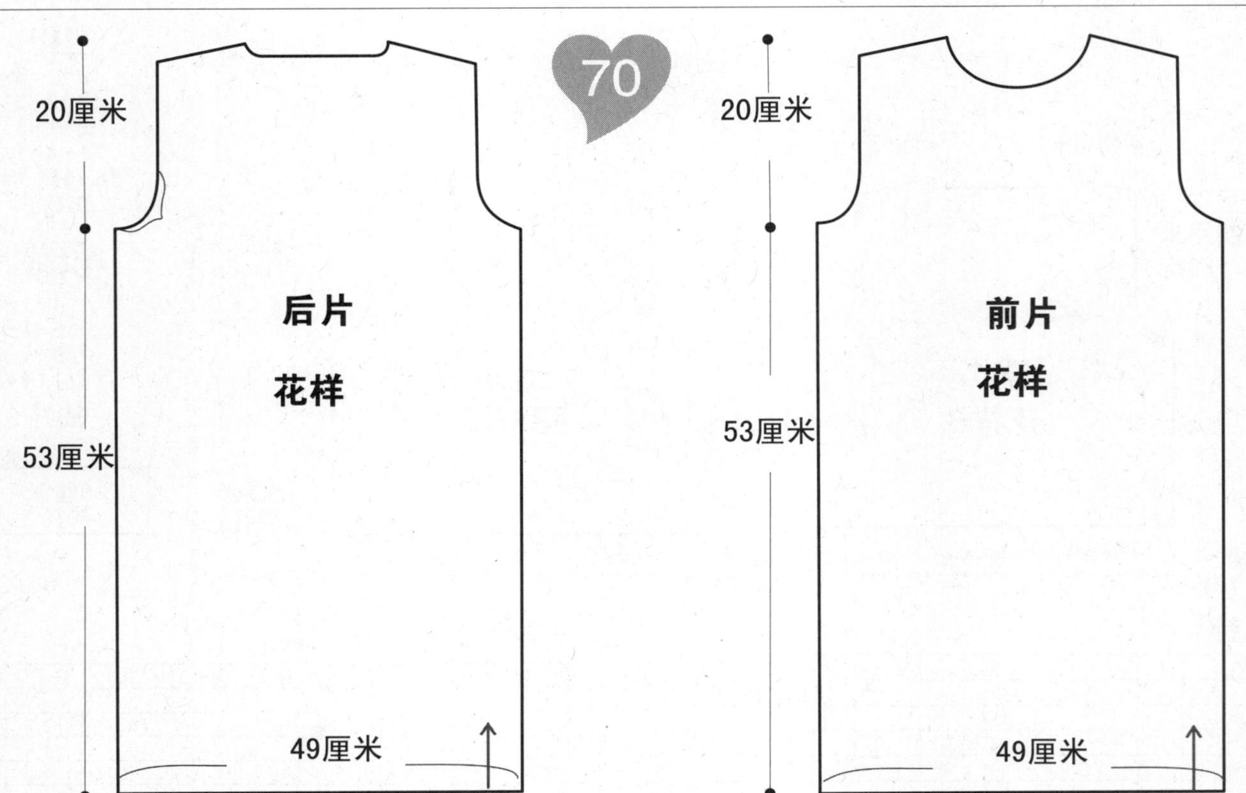

70
20厘米
53厘米
后片
花样
49厘米
20厘米
53厘米
前片
花样
49厘米

花样

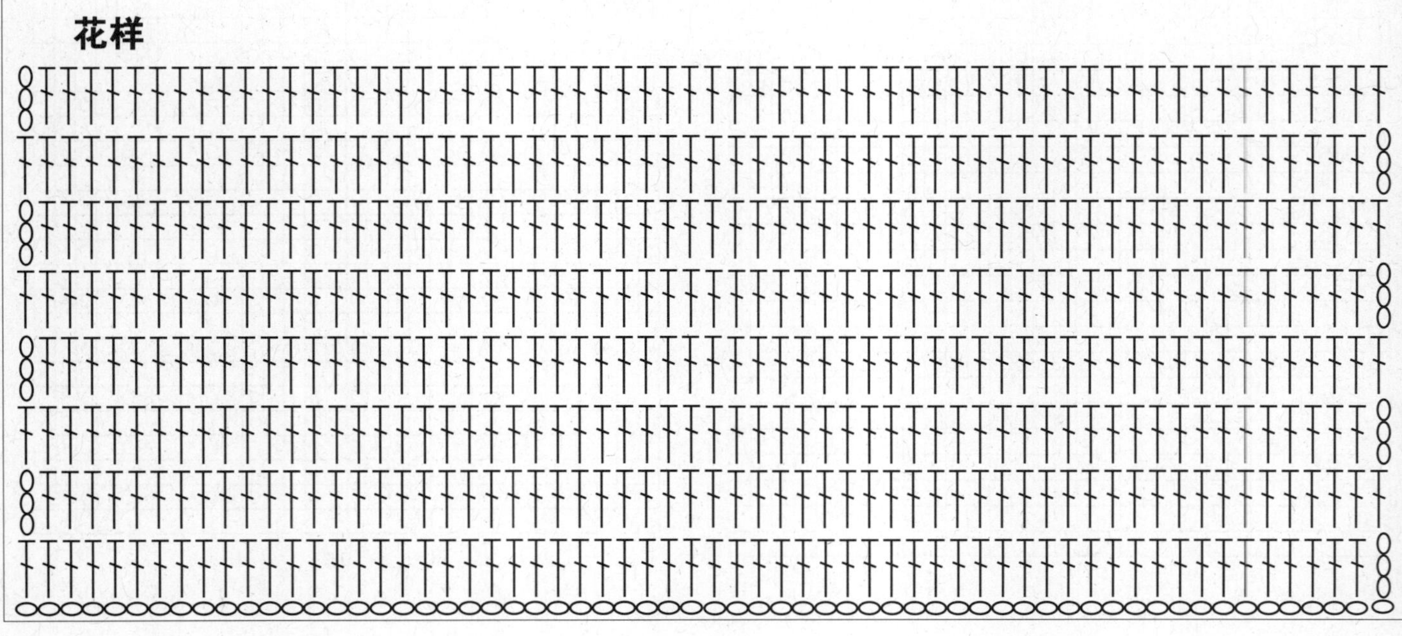

个性短袖时尚装

★材料

深紫色中粗线

★工具

1.25毫米钩针

★尺寸

衣长58厘米　胸围98厘米

袖长27厘米

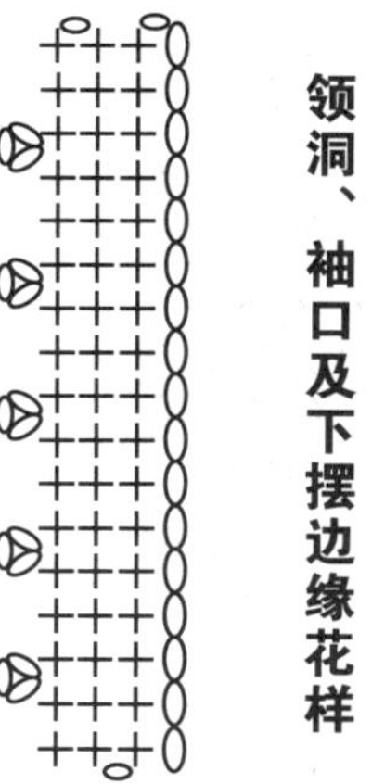
领洞、袖口及下摆边缘花样

71
肩中线

单元花图解

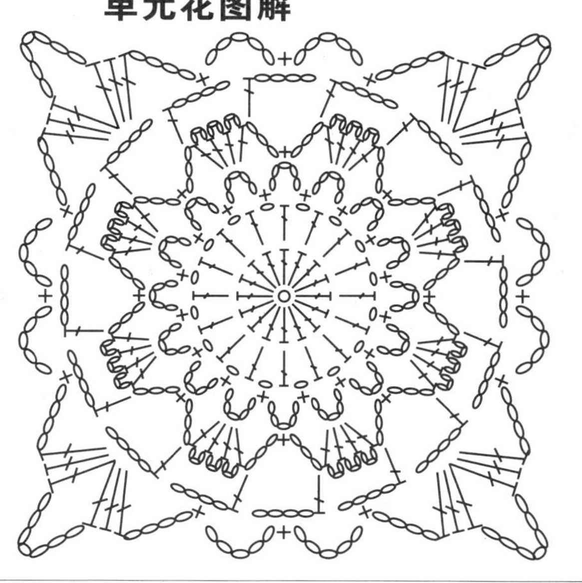

拼接示意图

黑色高领帅气装

★**材料**

黑色中粗羊毛线

★**工具**

10号棒针

★**尺寸**

衣长52厘米　胸围98厘米

袖长51厘米

花样A

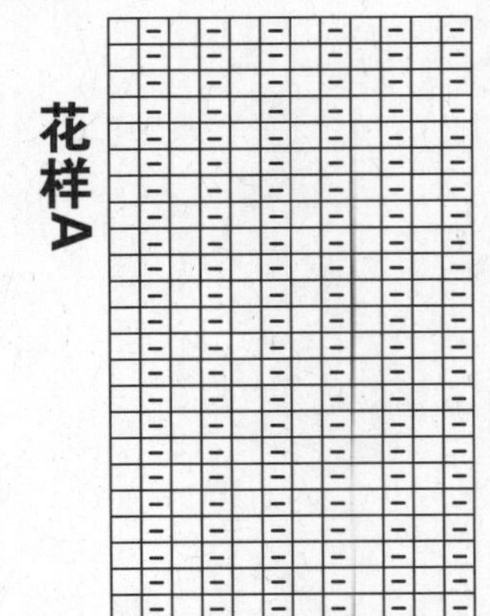

72

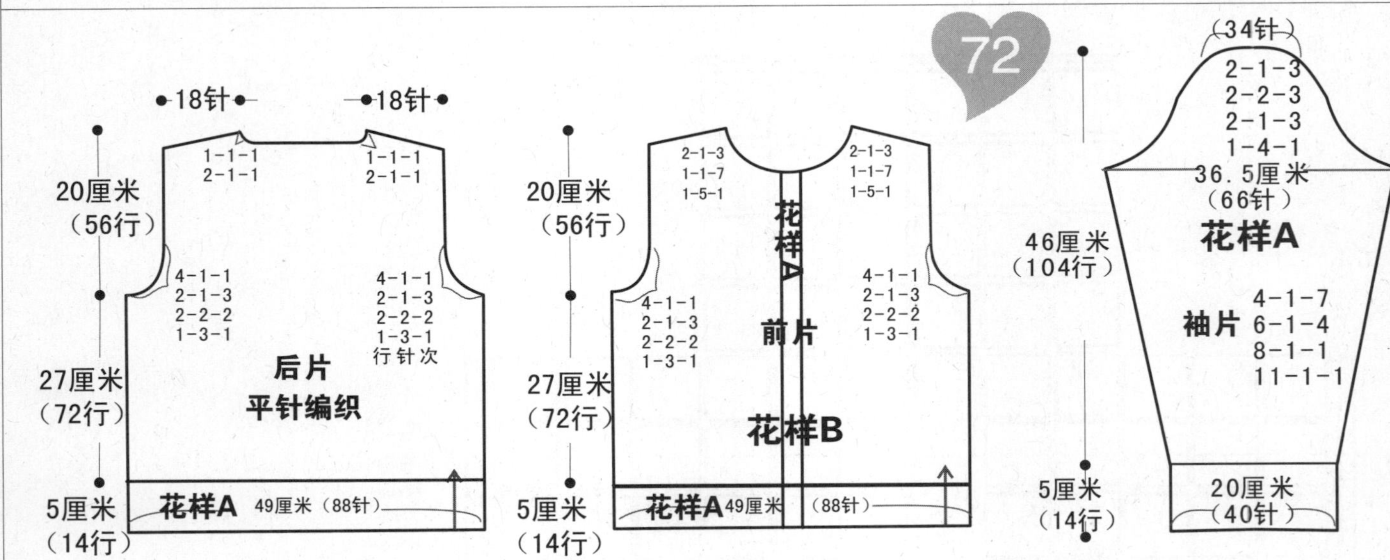

18针
18针
1-1-1
2-1-1
20厘米
(56行)
4-1-1
2-1-3
2-2-2
1-3-1
行针次
后片
平针编织
27厘米
(72行)
5厘米
(14行)
花样A
49厘米（88针）
2-1-3
1-1-7
1-5-1
花样A
前片
花样B
(34针)
2-2-3
1-4-1
36.5厘米
(66针)
46厘米
(104行)
袖片
4-1-7
6-1-4
8-1-1
11-1-1
20厘米
(40针)

花样B

淑女长袖上衣

★材料

白色中粗羊毛线

★工具

10号棒针

★尺寸

衣长52厘米　胸围98厘米

袖长51厘米

花样A

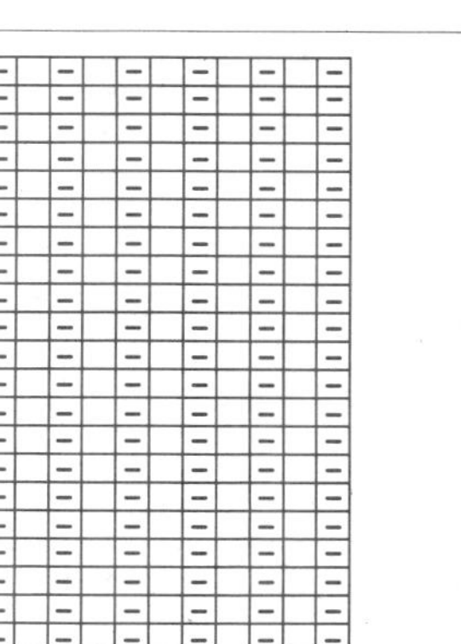

73

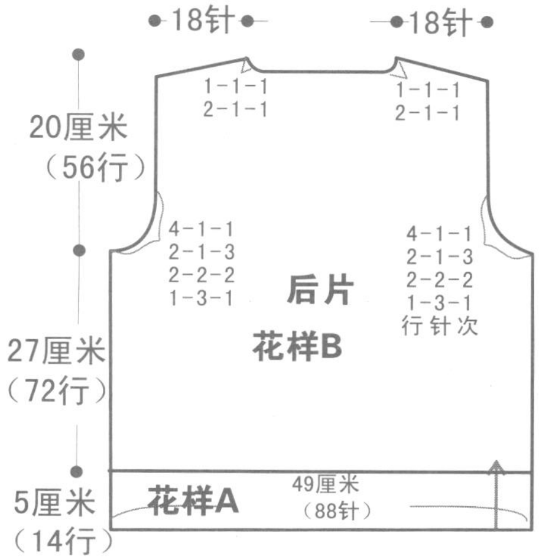

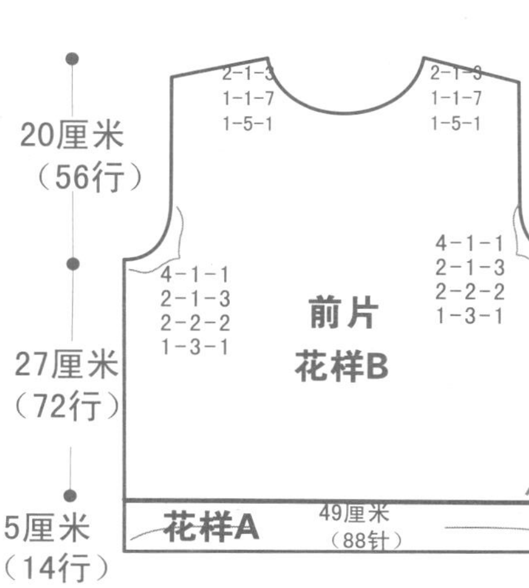

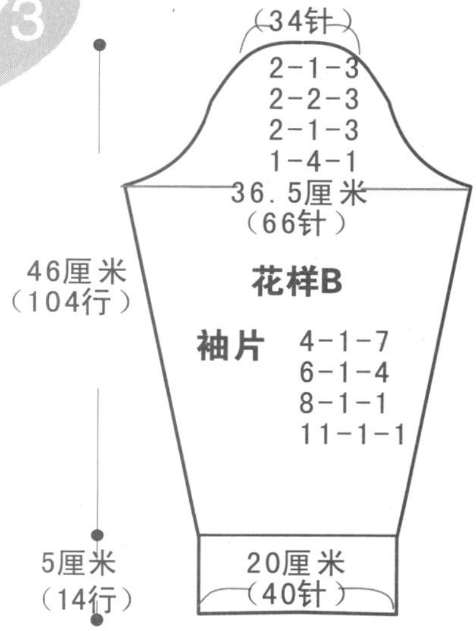

18针　18针

20厘米（56行）

27厘米（72行）

5厘米（14行）

1-1-1
2-1-1

4-1-1
2-1-3
2-2-2
1-3-1
行针次

后片

花样B

花样A

49厘米（88针）

2-1-3
1-1-7
1-5-1

前片

花样B

(34针)

2-1-3
2-2-3
2-1-3
1-4-1

36.5厘米（66针）

46厘米（104行）

花样B

袖片

4-1-7
6-1-4
8-1-1
11-1-1

5厘米（14行）

20厘米（40针）

花样B

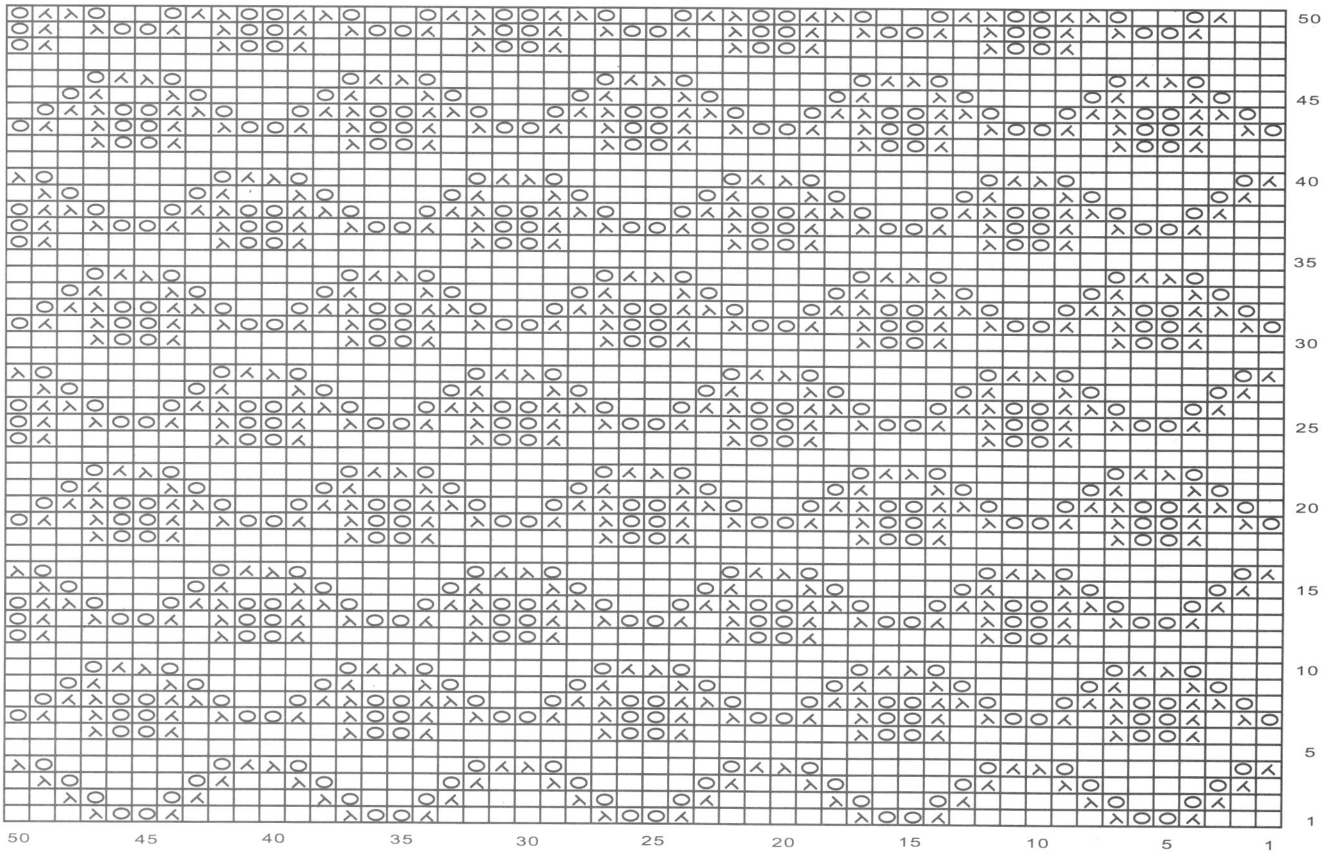

淡雅清纯可人装

★材料

白色中细线

★工具

1毫米钩针

★尺寸

衣长55厘米　胸围98厘米

袖长51厘米

边缘花样

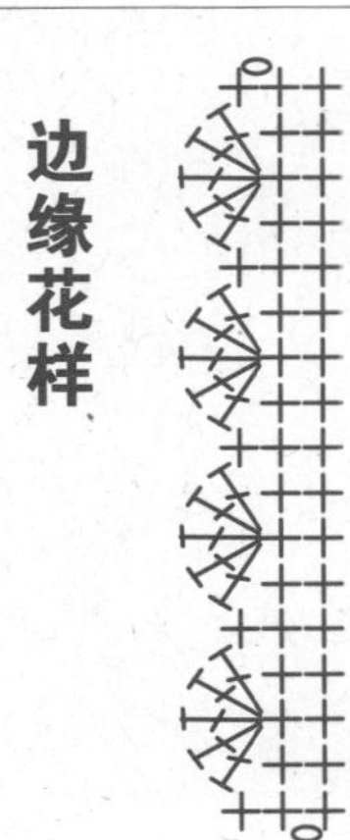

74

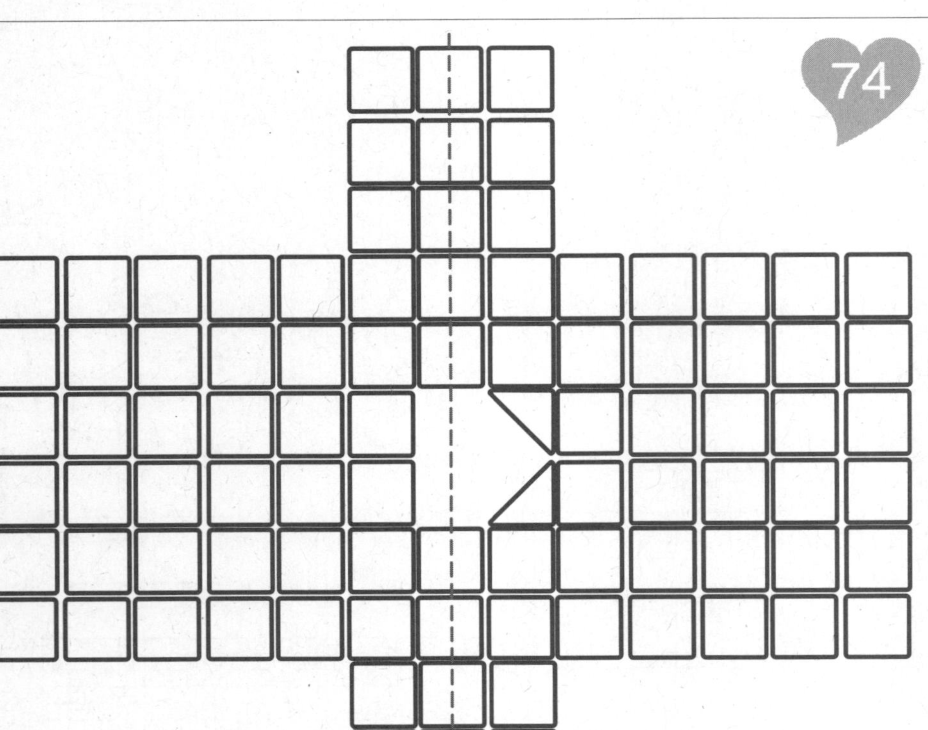

肩中线

单元花拼接图

单元花图解

修身个性上装

★材料

白色中细线

★工具

1毫米钩针

★尺寸

衣长52厘米　胸围98厘米

花样B

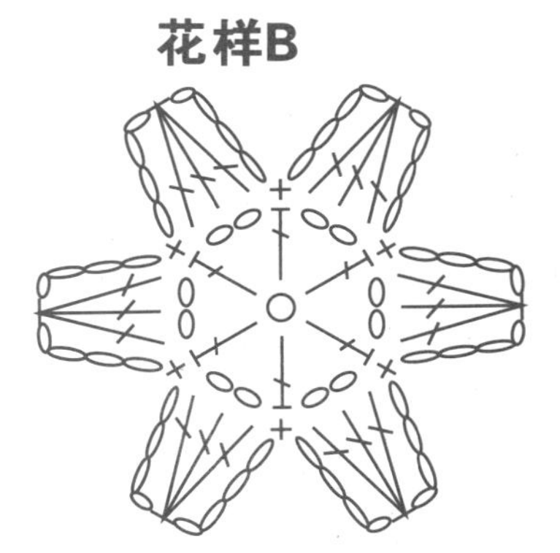

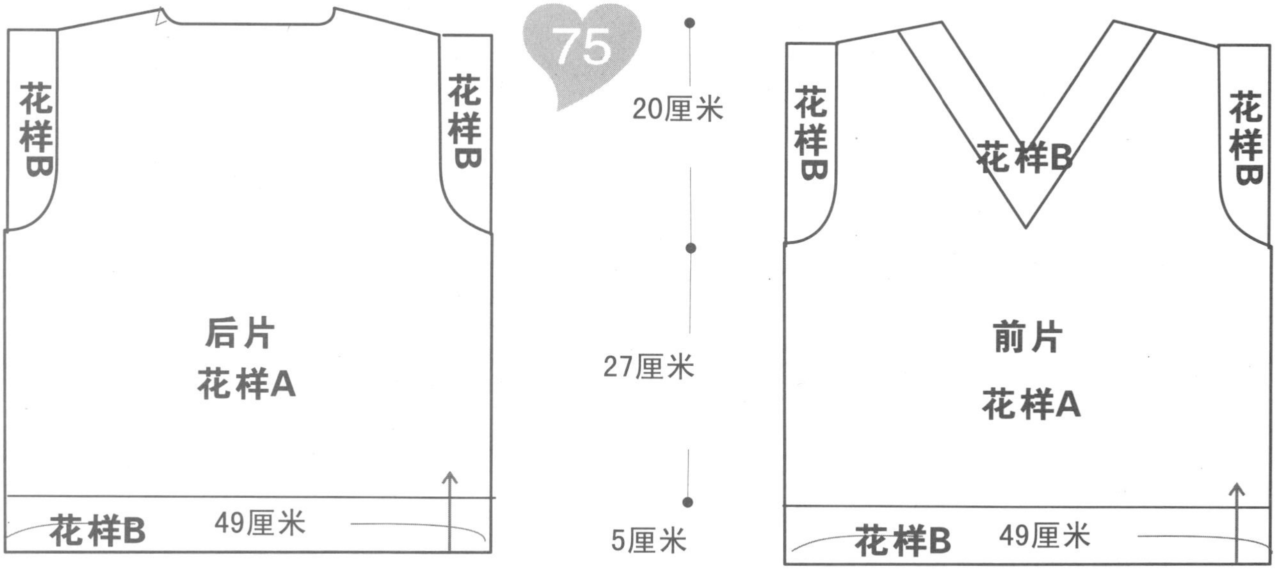

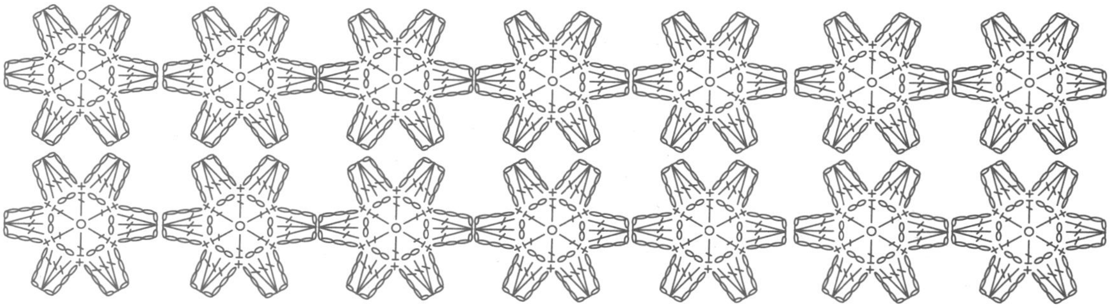

75

后片
花样A

花样B

花样B

花样B　49厘米

20厘米

27厘米

5厘米

前片
花样A

花样B

花样B

花样B

花样B　49厘米

花样A

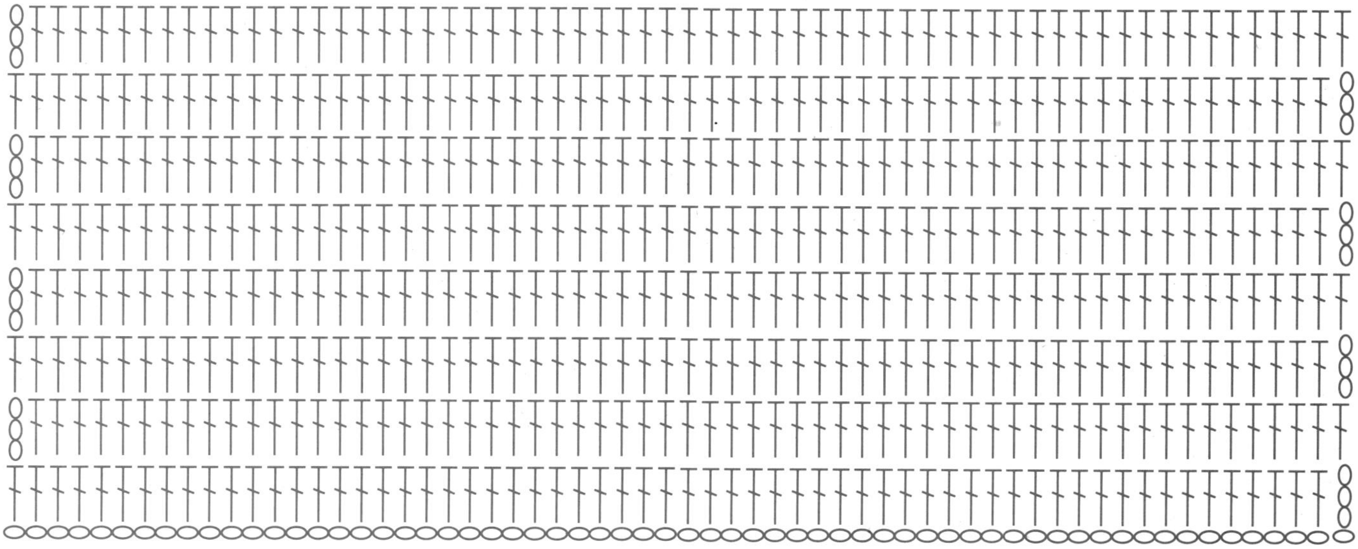

简洁青春披肩

★材料

豆绿色中细线

★工具

1毫米钩针

★尺寸

衣长47厘米

76

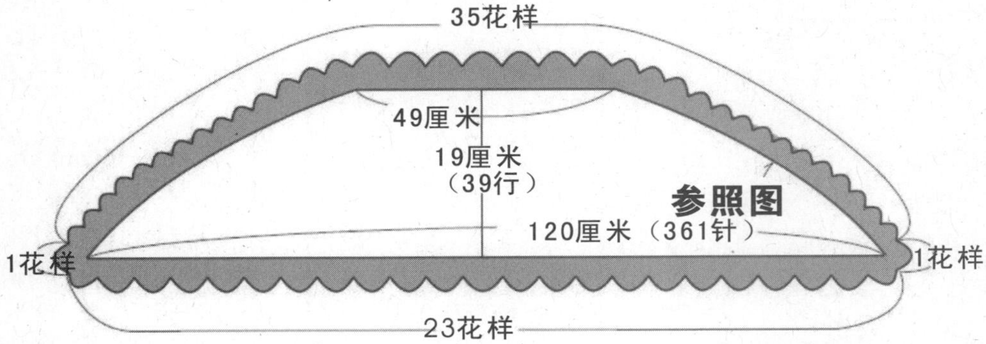

35花样

49厘米

19厘米
（39行）

参照图

120厘米（361针）

1花样

1花样

23花样

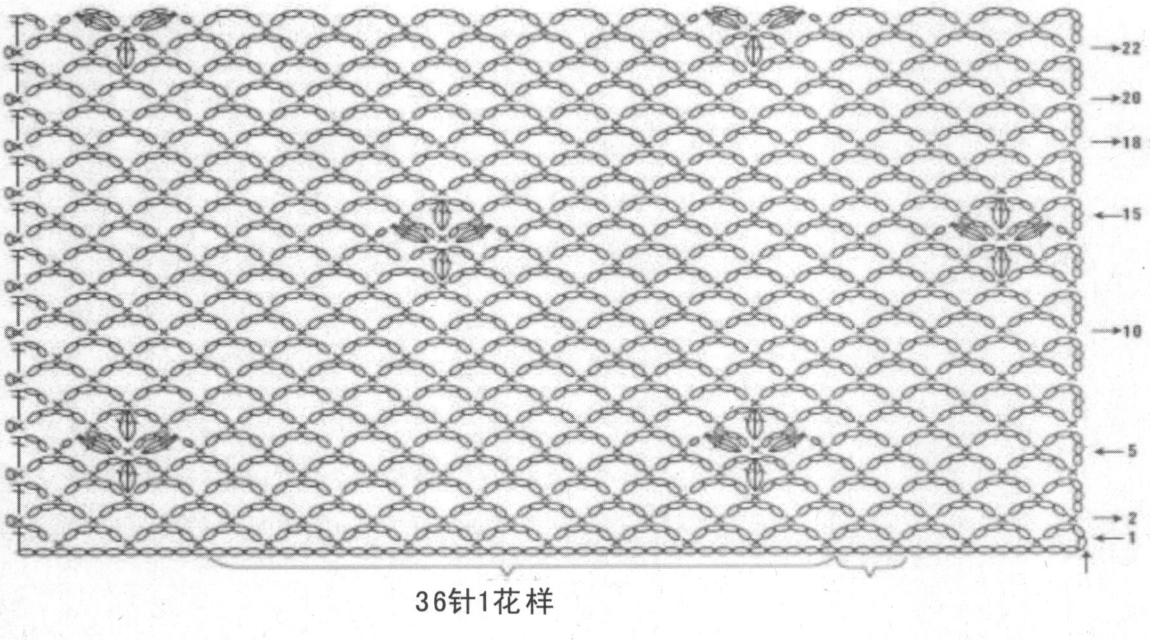

基础编织花样

22
20
18
15
10
5
2
1

18行1花样

36针1花样

后片

起针

前片

△与△缝合

▲与▲缝合

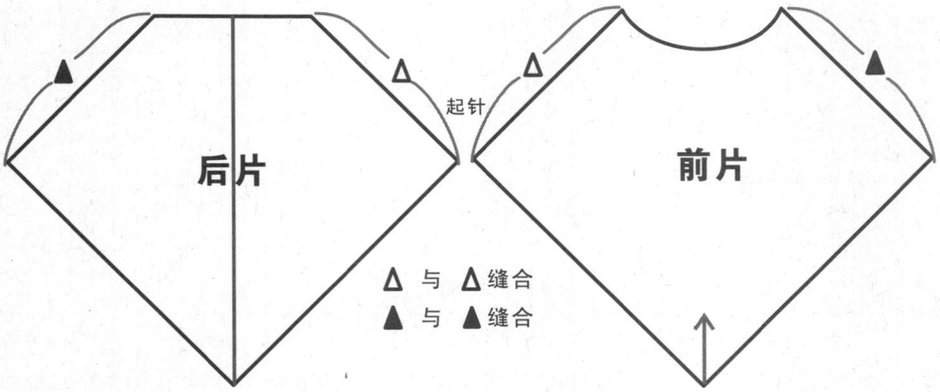

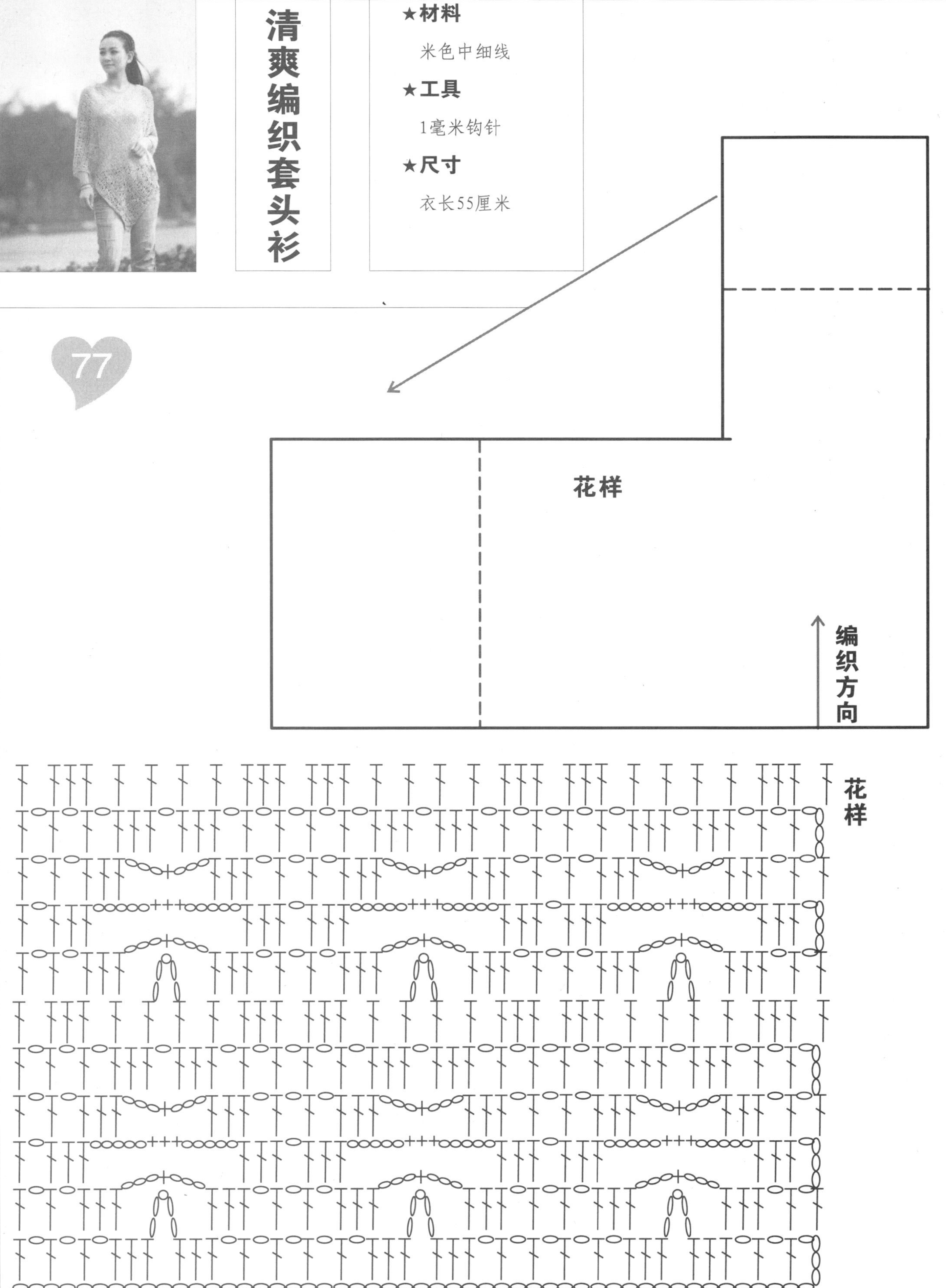
清爽编织套头衫
★材料
米色中细线
★工具
1毫米钩针
★尺寸
衣长55厘米
77
花样
编织方向
花样

清纯精致披肩

★材料

湖蓝色中粗线

★工具

2毫米钩针

★尺寸

衣长60厘米

78

领口边缘花样

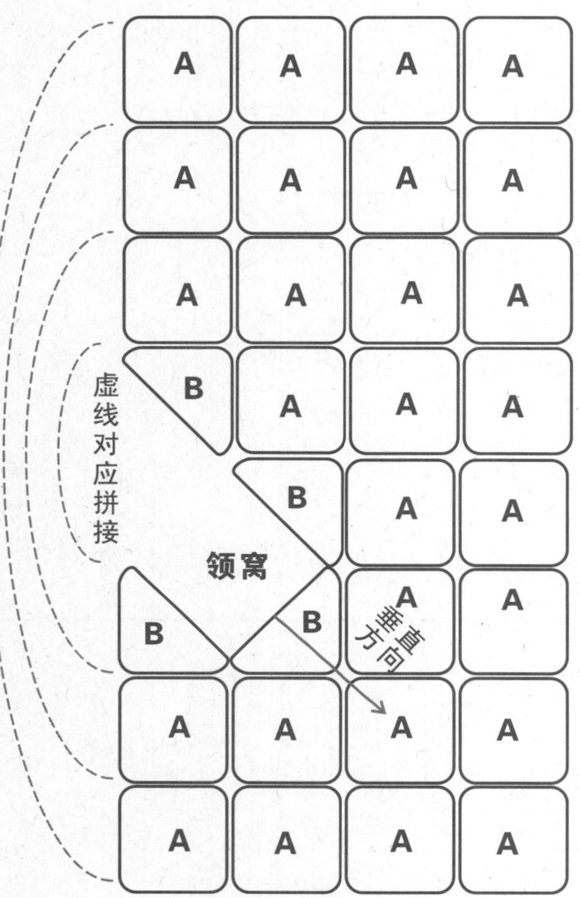
A
B
虚线对应拼接
领窝
垂直方向

拼接示意

花样A

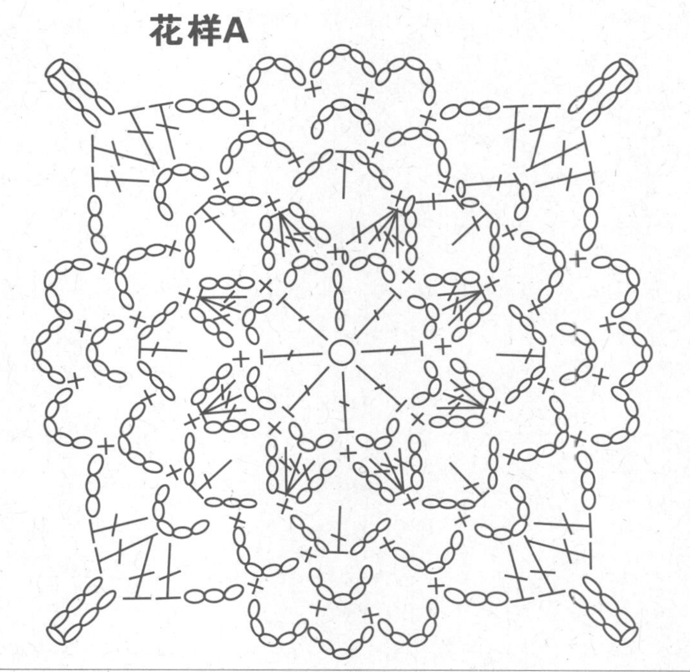

花样B

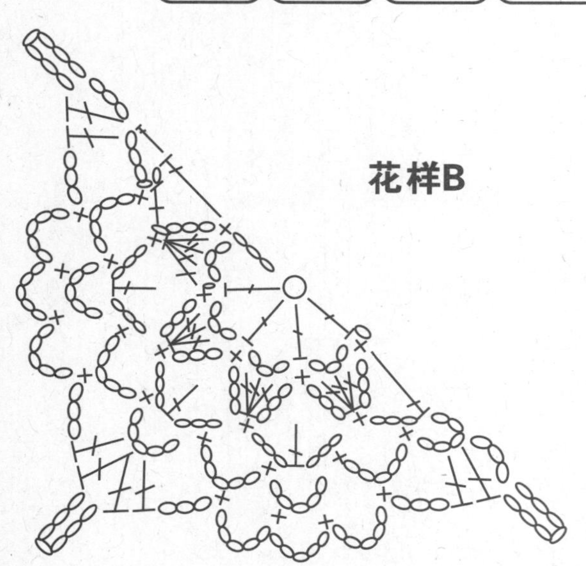

淡黄色可爱披肩

★材料

白色粗羊毛线

★工具

2.0毫米钩针

★尺寸

衣长55厘米

边缘花样图解

79

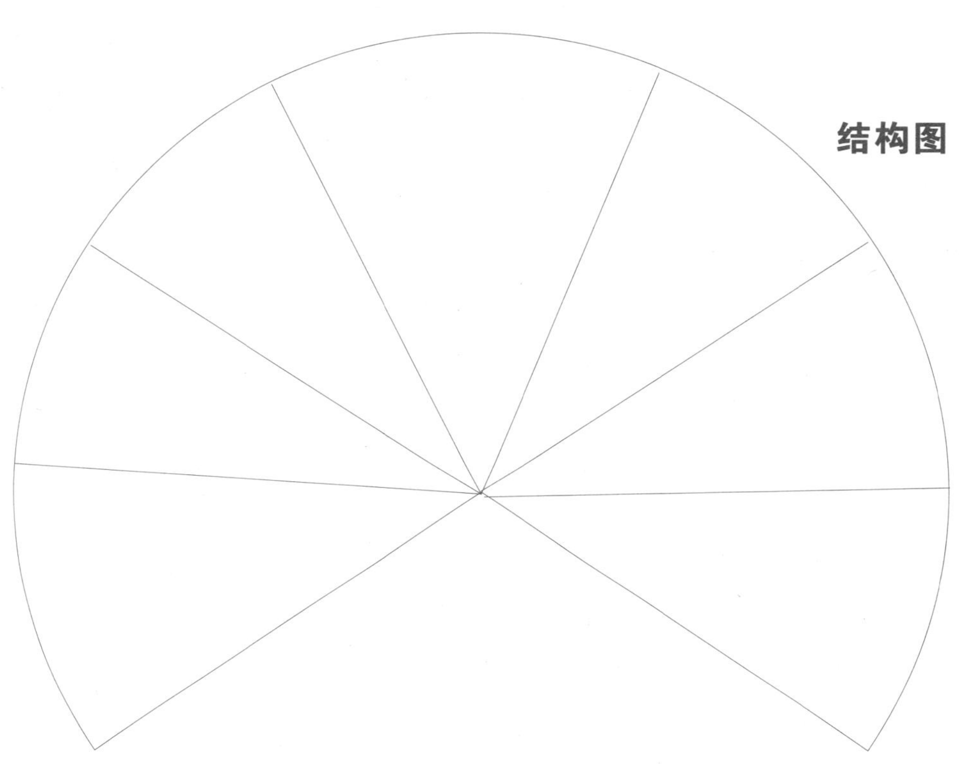
结构图

主花图解

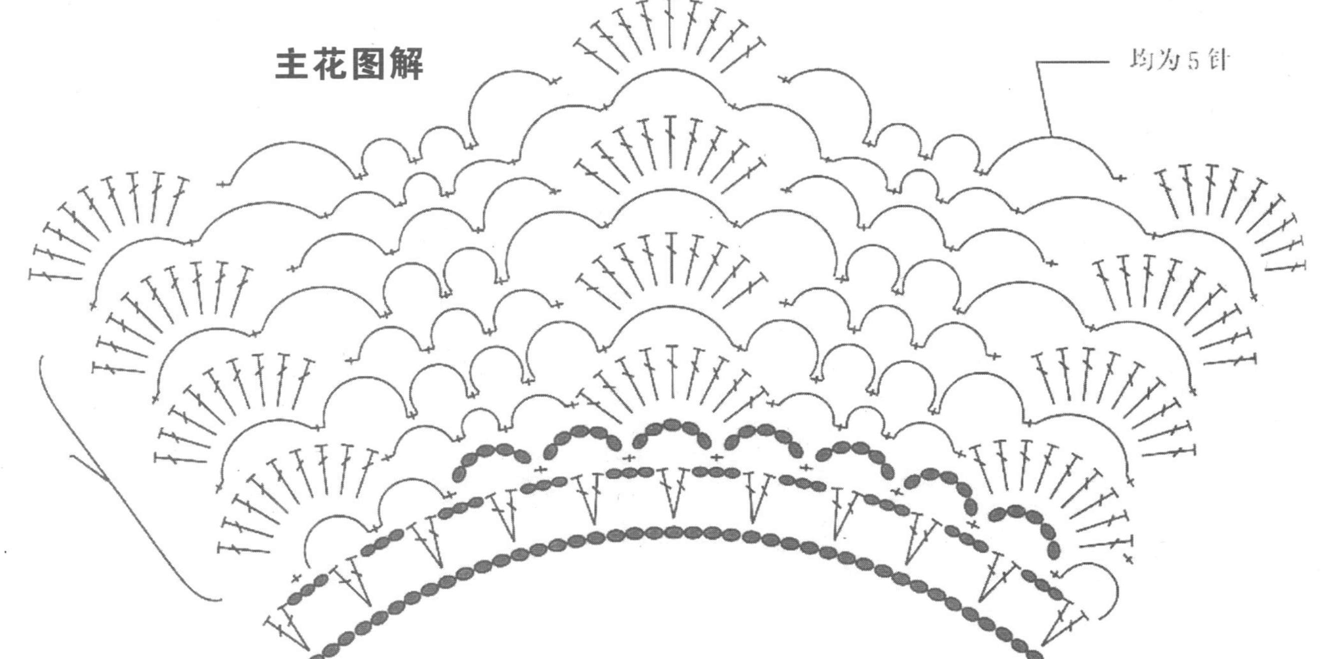
均为5针

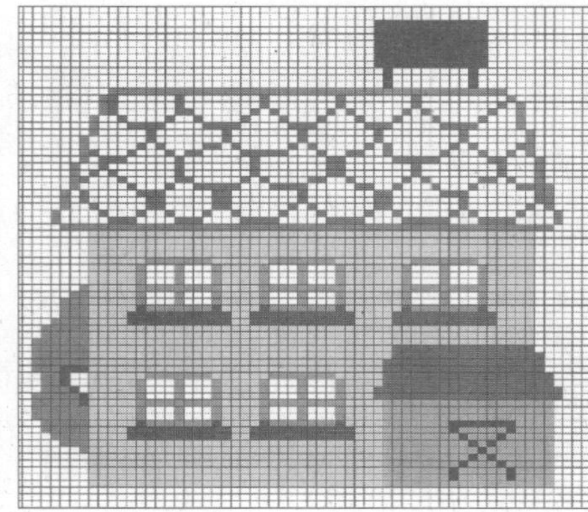

棒针编织符号说明

- 下针
- 上针
- 下针右上2针并1针
- 下针左上2针并1针
- 下针右上3针并1针
- 下针左上3针并1针
- 下针中上3针并1针
- 上针右上2针并1针
- 上针左上2针并1针
- 上针右上3针并1针
- 上针左上3针并1针
- 上针中上3针并1针

- 右加针
- 左加针
- 下针右加针
- 下针左加针
- 1针放3针
- 1针放4针
- 空针
- 扭下针
- 扭上针
- 卷针
- 挑下针
- 挑上针

- 延伸套针
- 右斜套针
- 左斜套针
- 上针延伸针
- 滑针
- 浮下针
- 上针右上1针交叉
- 上针左上1针交叉
- 上针右上1针与2针交叉
- 上针左上1针与2针交叉
- 下针右上2针交叉
- 下针左上2针交叉

- 右上交叉套针
- 左上交叉套针
- 下针中上1针右上交叉
- 下针中下1针左上交叉
- 下针右上1针交叉
- 下针左上1针交叉
- 下针右上2针交叉
- 下针左上2针交叉
- 3针卷针
- 5针卷针
- 球状编织
- 缝针针法

棒针基本针法详细图解

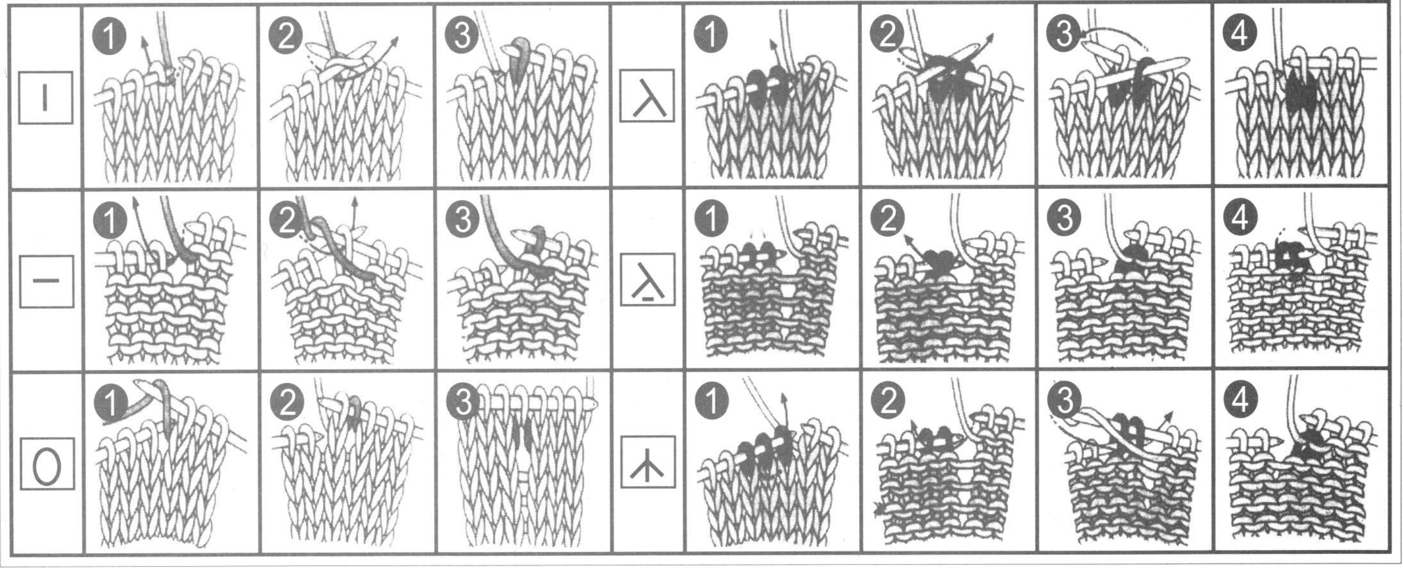

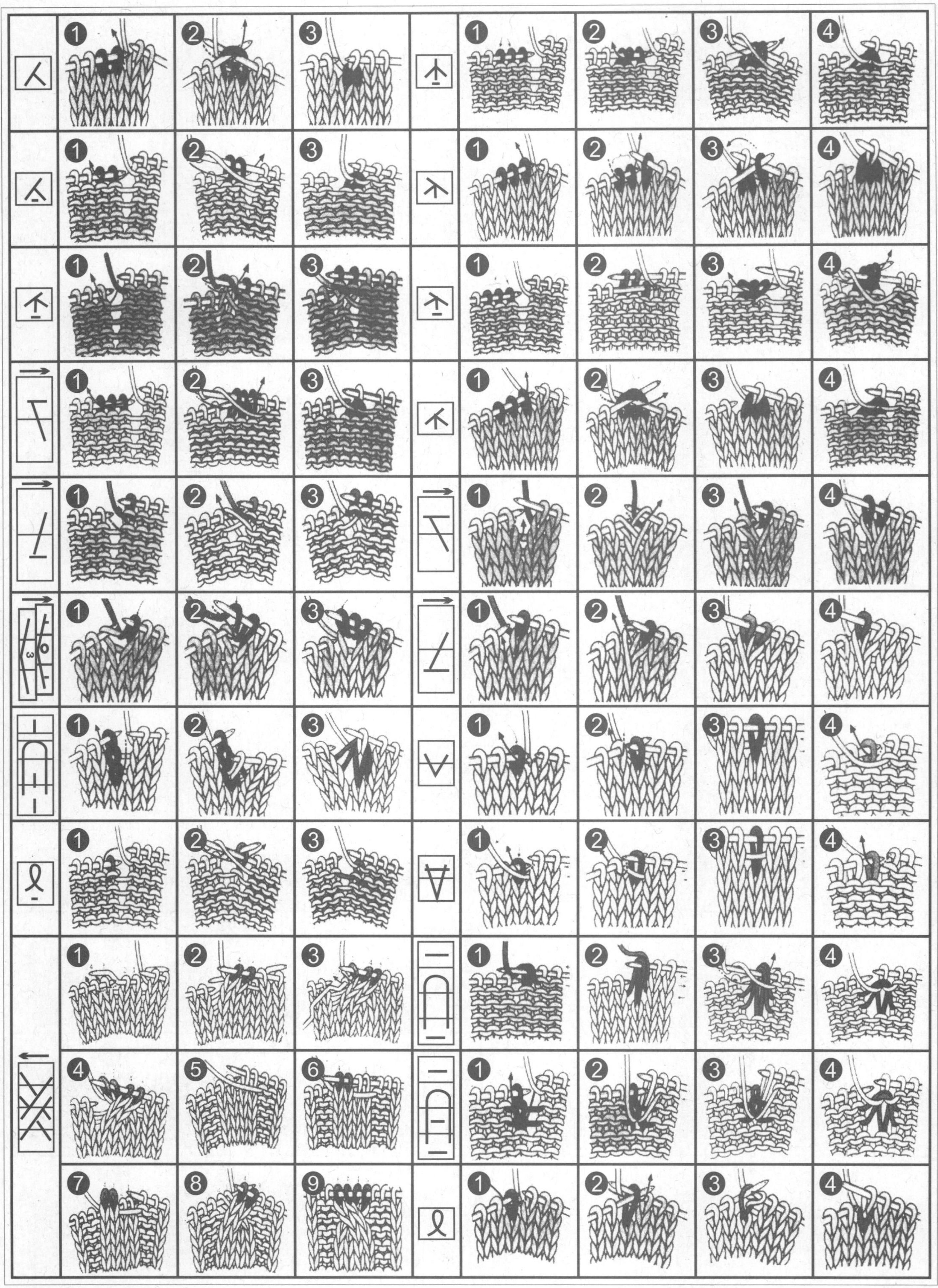

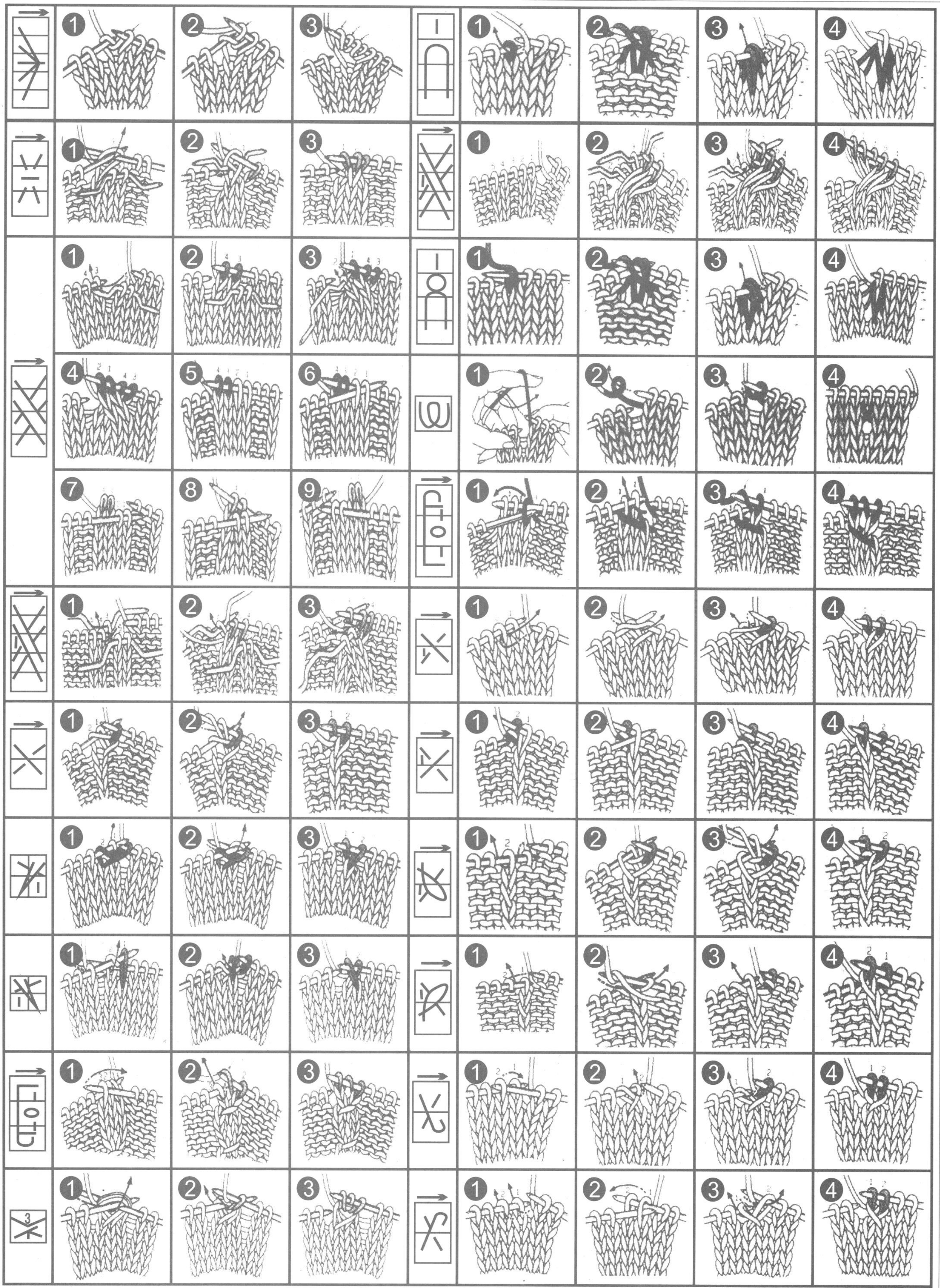

常见起针方法

单罗纹起针方法 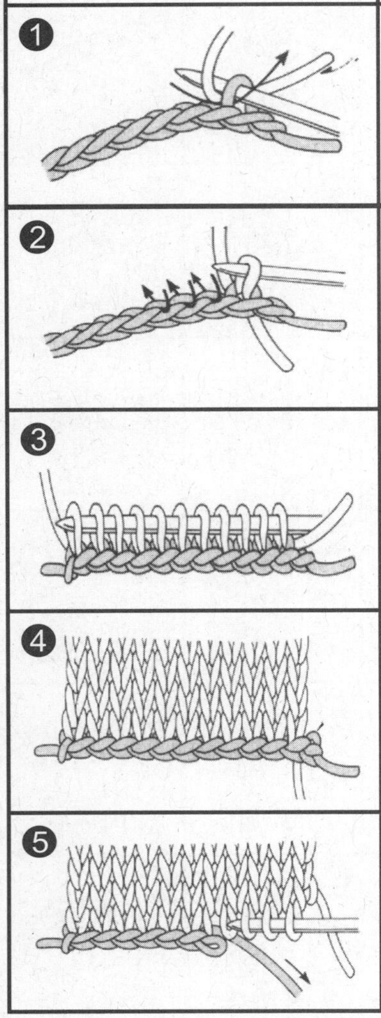	手绕起针方法 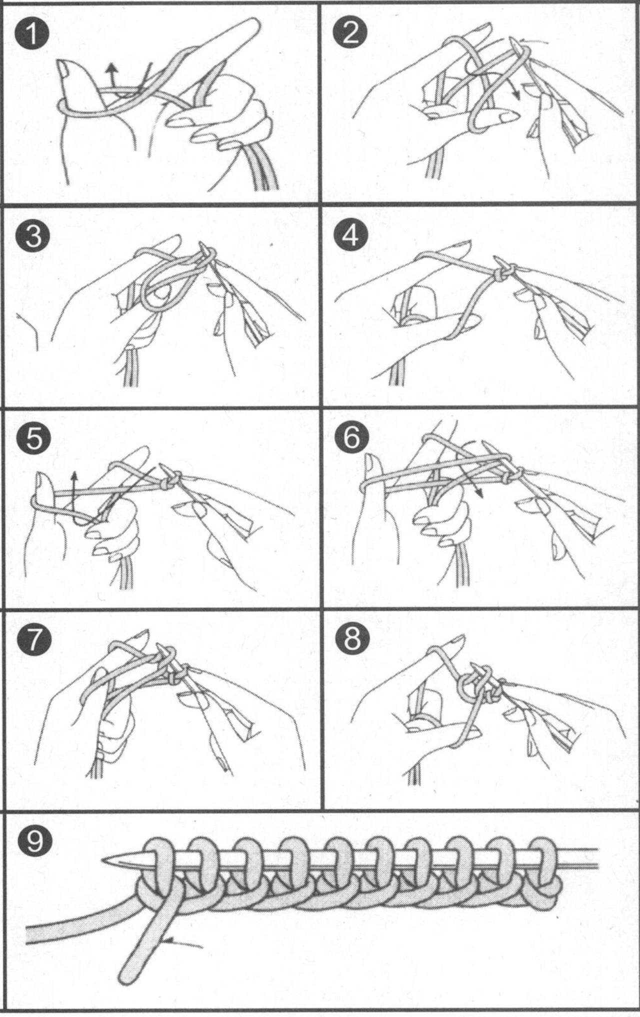	双罗纹起针方法 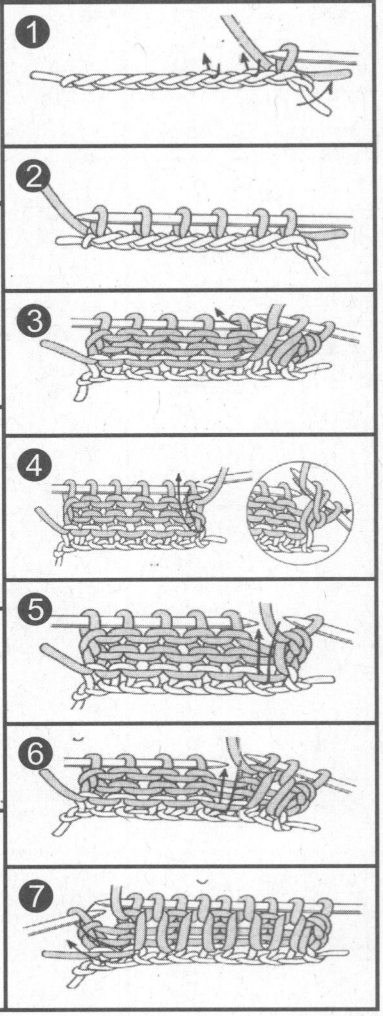

接缝编织方法

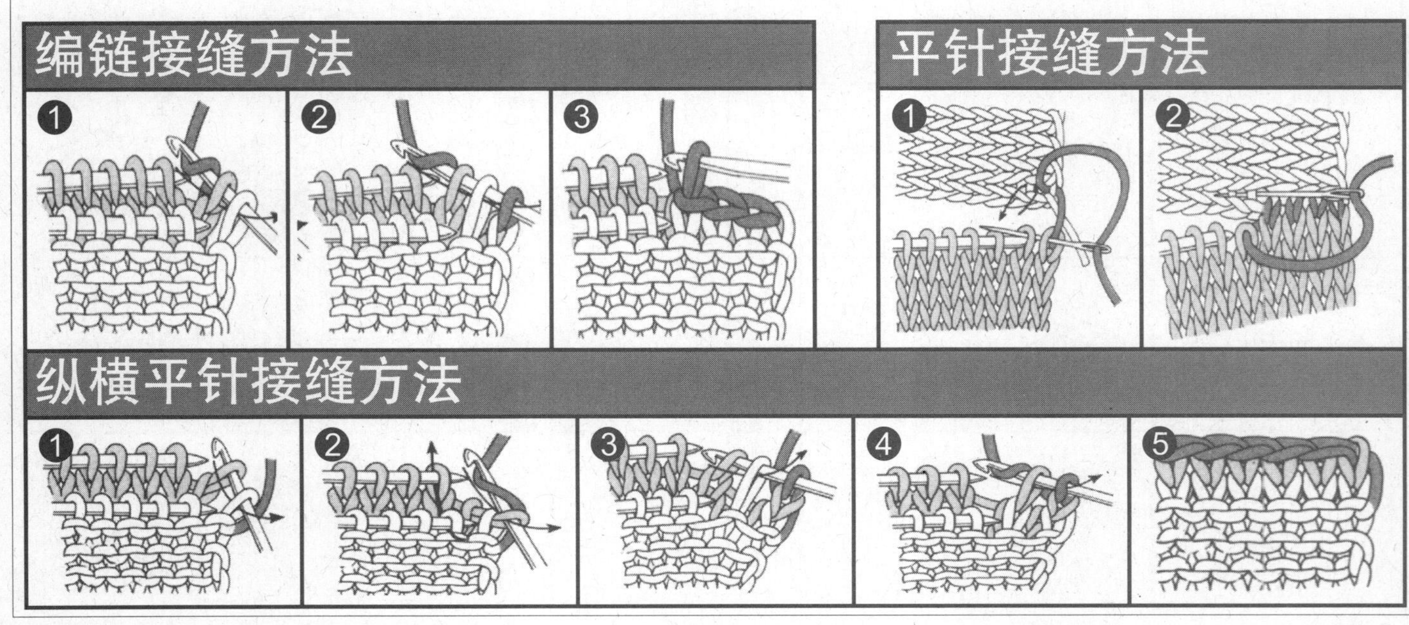

编链接缝方法
平针接缝方法
纵横平针接缝方法

基本收边方法

单罗纹收边法

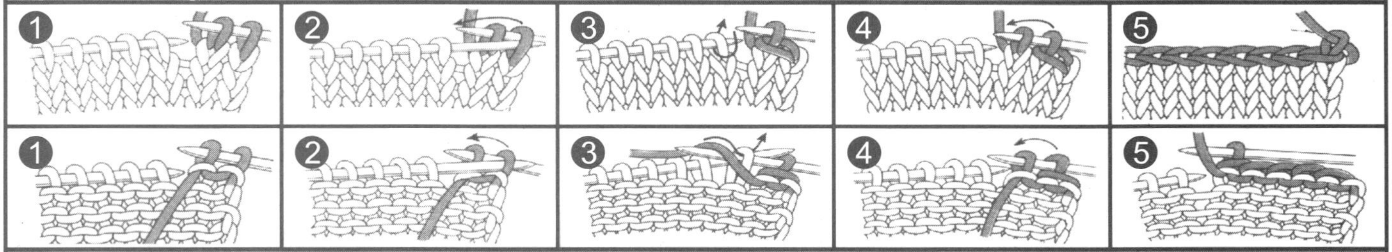

①②③④⑤

①②③④⑤

双罗纹收边法

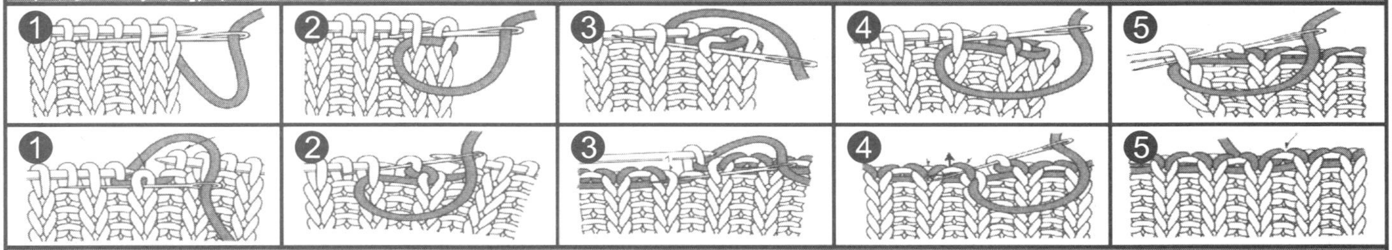

①②③④⑤

①②③④⑤

单罗纹双收法

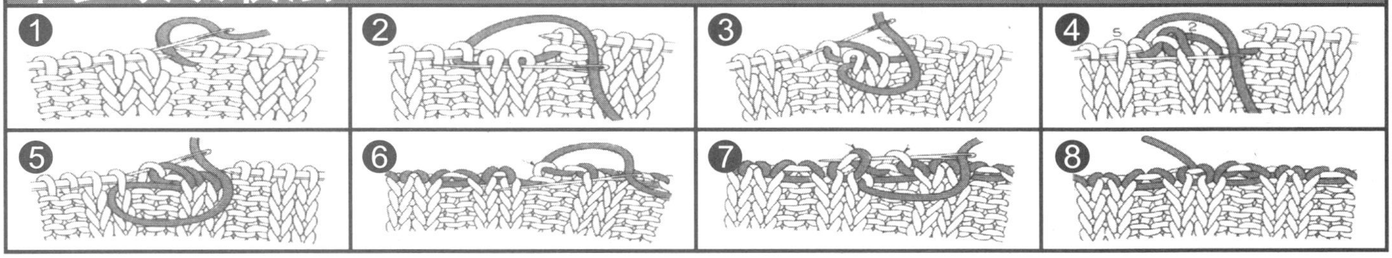

①②③④

⑤⑥⑦⑧

挂肩往返编织法

右侧

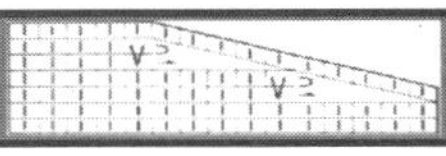

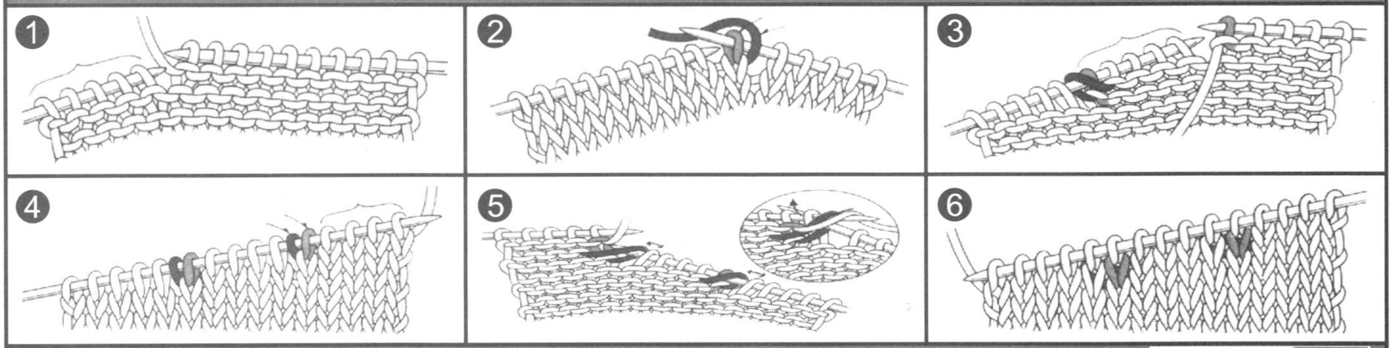

①②③

④⑤⑥

左侧

①②③

④⑤⑥

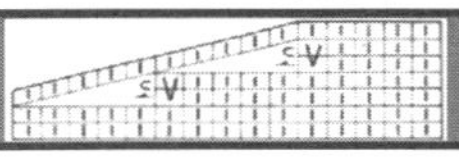

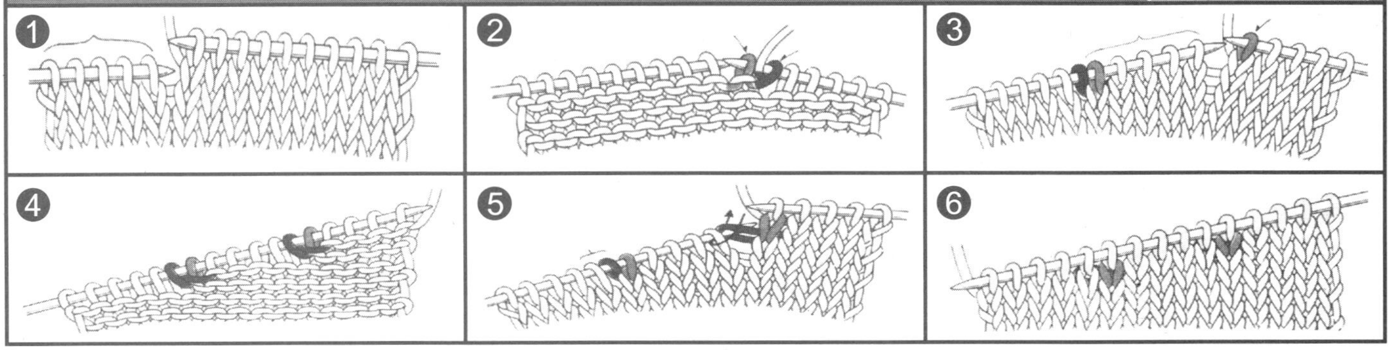

串接缝方法

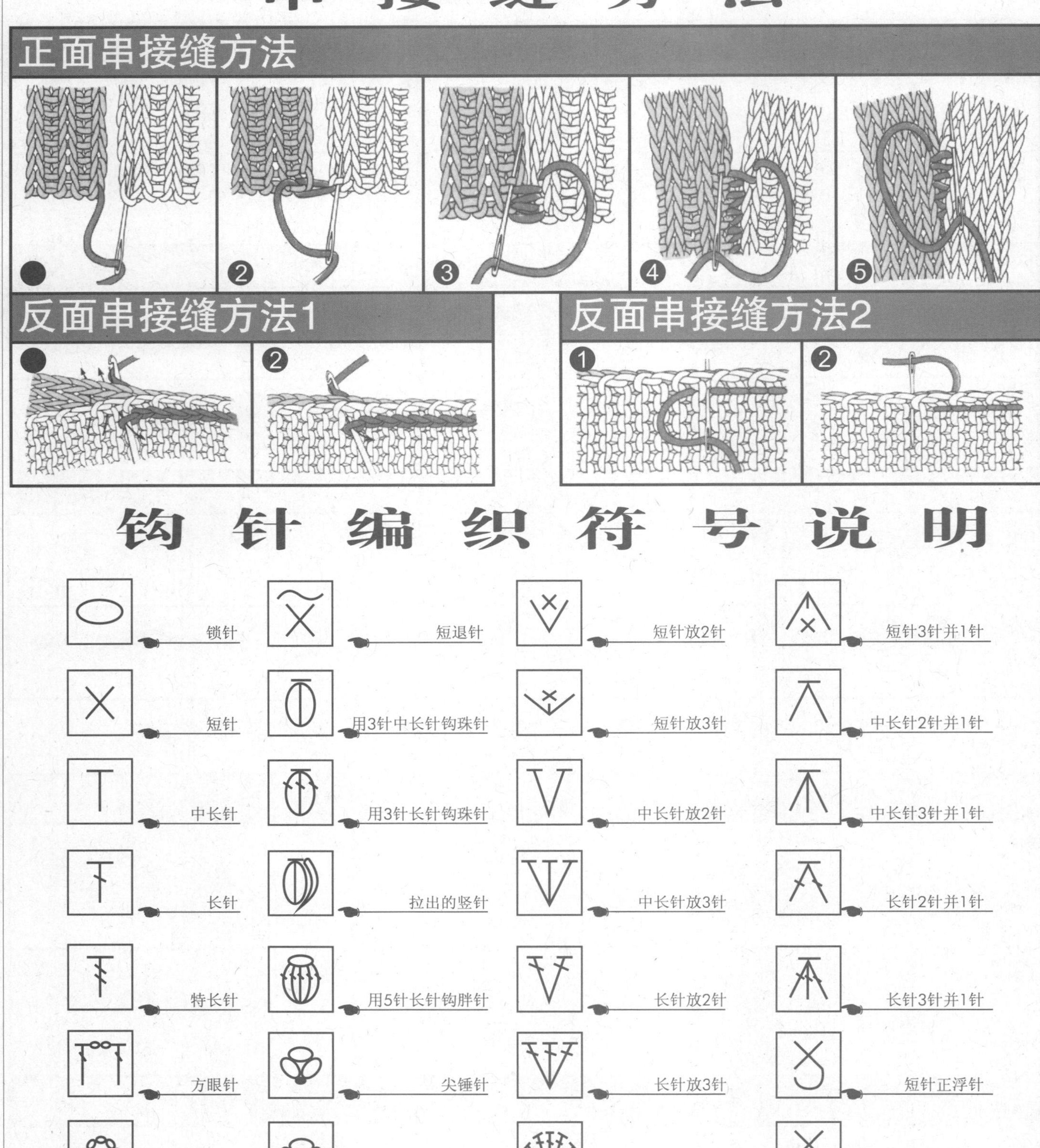
正面串接缝方法
1
2
3
4
5
反面串接缝方法1
1
2
反面串接缝方法2
1
2

钩针编织符号说明

锁针
短针
中长针
长针
特长针
方眼针
项链针
拉针
棱针、条针

短退针
用3针中长针钩珠针
用3针长针钩珠针
拉出的竖针
用5针长针钩胖针
尖锤针
变化尖锤针
短环针
长针1针交叉

短针放2针
短针放3针
中长针放2针
中长针放3针
长针放2针
长针放3针
长针放5针
贝壳针
短针2针并1针

短针3针并1针
中长针2针并1针
中长针3针并1针
长针2针并1针
长针3针并1针
短针正浮针
短针反浮针
长针正浮针
长针反浮针

钩针基本针法详细图解

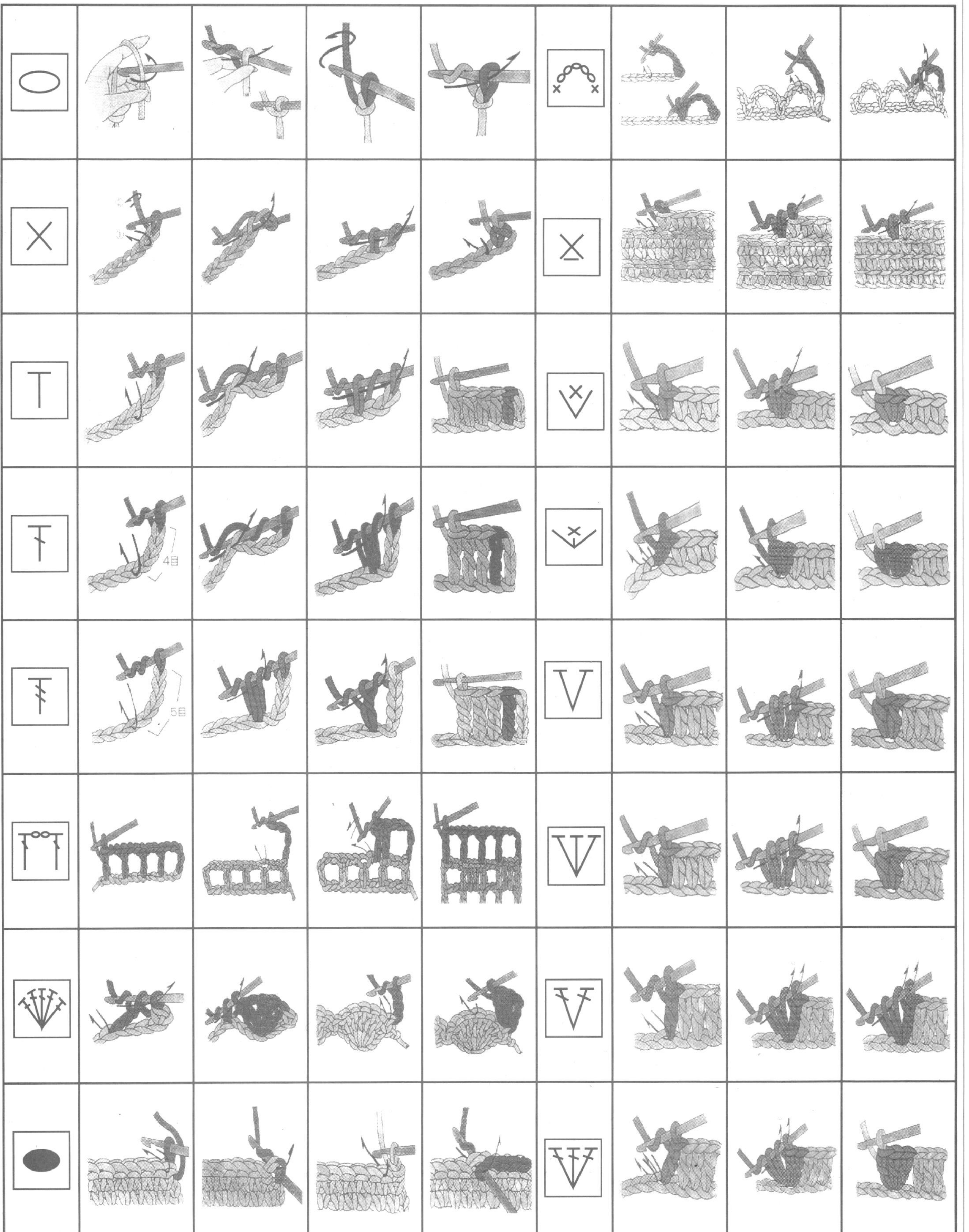
4目
5目

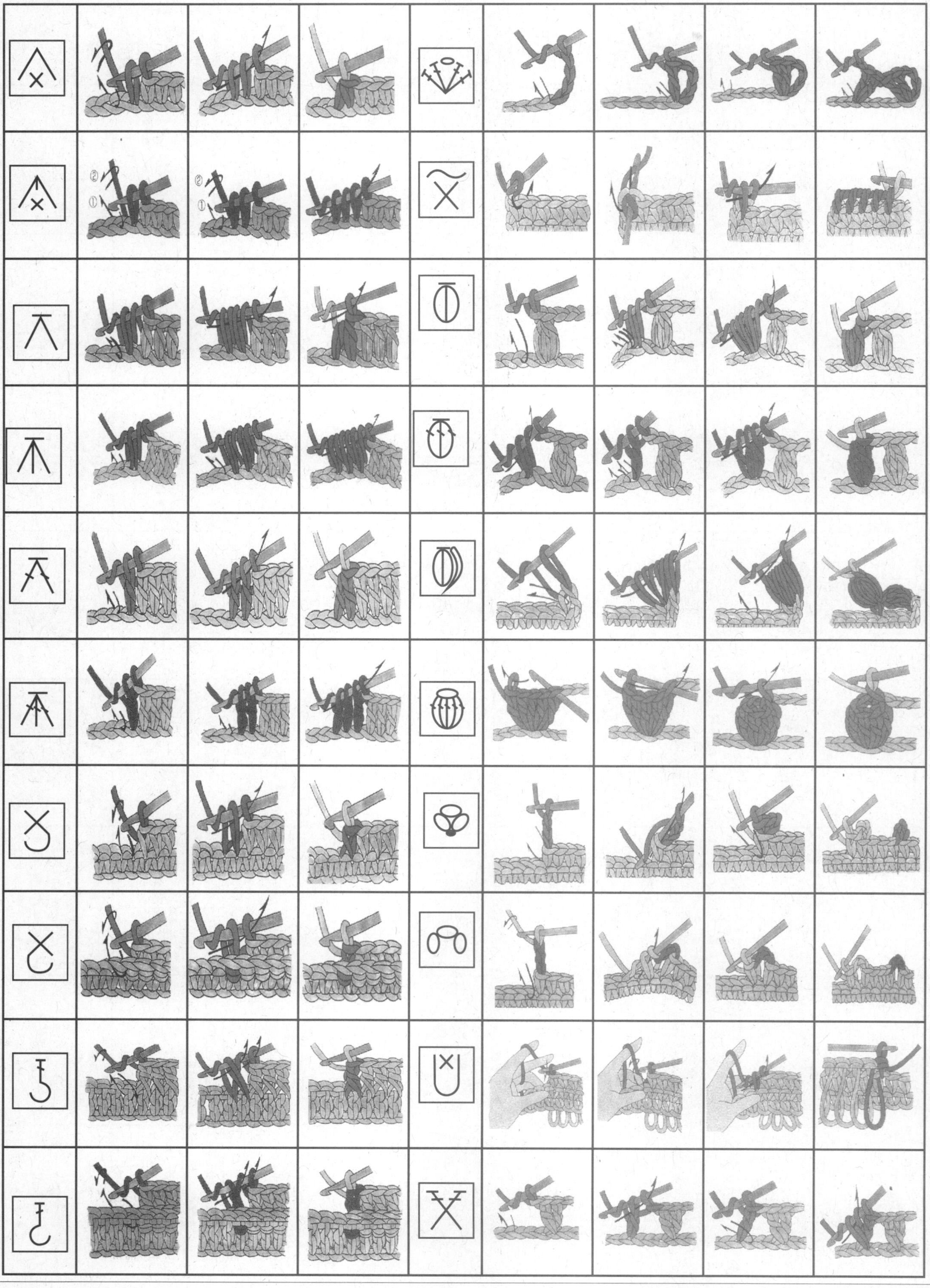